AF832308

Furniere und Sperrholz

(Veneers and Plywood)

von

E. Vernon Knight und Meinrad Wulpi

Einzige autorisierte und erweiterte deutsche Ausgabe
herausgegeben von

Direktor L. M. Cohn-Wegner
Civil-Ingenieur B. D. C.-I.

II. Band

Teil A. Furniere und Sperrholz in Möbeln und Panelen vom Altertum bis zur Gegenwart und ihre Holzarten.

Teil B. Verwendung von Sperrholz für andere Zwecke als Möbel. Technische Verwendungsgebiete, Prüfung, Betriebskontrolle in der Fertigung, Beurteilung, Prüfungszahlen, Handelsbräuche.

Mit 158 Abbildungen

M·KRAYN
BERLIN·W·

1931

Band I enthält:
Eigenschaften und Herstellung von Furnier und Sperrholz

Mit 190 Abbildungen.

Druck der Deutschen Verlags-Anstalt in Stuttgart

Vorwort
zum zweiten Band der deutschen Ausgabe.

Es war zunächst nicht beabsichtigt, den Abschnitt des amerikanischen Werkes, der sich mit der Kunstgeschichte befaßt, in der deutschen Ausgabe wiederzugeben, einmal deswegen, weil viel erschöpfendere deutsche Werke über die Kunstgeschichte des Möbels bestehen, sodann auch weil die amerikanischen Autoren nur einen Ausschnitt aus den vorhandenen Quellen benutzt haben, und zwar hauptsächlich englische und amerikanische Quellen, was von vorneherein eine gewisse Unvollständigkeit dieser Darstellungen mit sich bringen mußte. Von deutschen Quellen ist nur benutzt worden die „Geschichte des Möbels" von A. Köppen und C. Breuer, Berlin 1904, und auch nicht der Teil des Werkes, der sich mit den Möbeln an sich befaßt, sondern lediglich einige Ausführungen über Leime. In dem Literaturnachweis findet man von deutschen Werken nur angegeben das „Thaulow Museum, Katalog der Schleswig-Holstein'schen Holzschnitzwerke und Intarsien im Thaulow Museum zu Kiel 1884", im übrigen wird auf den Verlag des Börsenvereins der Deutschen Buchhändler, Leipzig, verwiesen, wo man Aufschlüsse über weitere deutsche Publikationen erhalten könne.

Wenn dennoch diese Kapitel ins Deutsche übertragen wurden und in der deutschen Ausgabe Aufnahme gefunden haben, so war dafür die Überlegung maßgebend, daß zum ersten Male eine Kunstgeschichte des Möbels von dem besonderen Standpunkt der Verwendung von Furnieren und Sperrholz im Möbel in den verschiedenen Stilperioden in dem amerikanischen Werk geschrieben worden ist. Außerdem handelt es sich um die deutsche Ausgabe eines amerikanischen Werkes und der Leser hat auch ein Recht darauf, zu erfahren, wie der Amerikaner die Kunstgeschichte sieht, ferner wird erstmalig in einem deutschen Werk auch die Entwicklung des amerikanischen Möbelbaues, beginnend mit dem Kolonialmöbel, veröffentlicht. Es ist davon abgesehen worden, die Darstellung durch Ergänzung der einzelnen Kapitel mit Rücksicht auf Deutschland und Mitteleuropa zu erweitern, nur wo dieses notwendig war, um irrtümliche Darstellungen zu berichtigen, so z. B. in der Geschichte des Furniers während der gotischen und Frührenaissance-Periode sind entsprechende Hinweise aufgenommen worden. Naturgemäß sind in dem Kapitel, das die Gegenwart behandelt, auch die Verhältnisse in Mitteleuropa behandelt worden.

Der Abschnitt, der die Furnierhölzer bespricht, mußte mit Rücksicht auf die europäischen Verhältnisse wesentliche Erweiterungen erfahren.

Für die letzten drei Kapitel hat das amerikanische Originalwerk nur sehr wenig Material enthalten, nur das, was in diesen Kapiteln über amerikanische Verhältnisse berichtet ist, die übrigen Ausführungen sind dem Werk neu zugefügt.

Im Vorwort des ersten Bandes ist bereits gesagt worden, daß nur die Offenbarung dessen, was dem Werkstoff seine besonderen Eigenschaften verleiht, ihm Vertrauen erringen kann, nicht die Behauptung allein, daß er sie besitze. Die bisher mangelnde Offenbarung war ein Haupthindernis dafür, daß der Verbraucher den hohen Wert des Sperrholzes erkennen konnte. Merkwürdig ist es, daß die Offenbarung dessen, was der erste Band enthält, bereits manchen zu weit gegangen erscheint, so daß man die Befürchtung glaubte laut werden lassen zu müssen, daß den bestehenden Sperrholzfabriken durch die Darstellungen des ersten Bandes Konkurrenz erwachsen könnte und daß damit den Interessen der Sperrholzfabrikanten nicht gedient sei. Das Werk ist nicht im Interesse einzelner Gruppen, sondern im Interesse der größtmöglichsten Verbreitung der Kenntnisse über den Wert des Sperrholzes und seiner weitgehendsten Anwendung am richtigen Platz geschrieben. Der Wert von Sperrholz kann nur erkannt werden, wenn man auch über den technischen Aufbau nicht den Mantel des Geheimnisses hüllt, sondern ihn so klar offenbart, daß der Laie Zutrauen zu der Fabrikation und zum fertigen Produkt erhält, gleichgültig, ob dasselbe in einer Fabrik oder in einer Werkstatt hergestellt worden ist.

Wem die weiteste Verbreitung der Anwendung von Sperrholz am Herzen liegt, darf nicht kleinliche Befürchtungen hegen, es könnte aus den Darstellungen über den Fabrikationsgang noch etwas anderes geschlossen werden, als auf die Zweckmäßigkeit des Aufbaues und die Zuverlässigkeit desselben, sondern auch auf die Möglichkeit der eigenen Betätigung auf diesem Gebiete. Es gehört schon ein Halbwissertum oder noch weniger dazu, auf solche Ideen zu kommen. Dem Tüchtigen gehört die Welt, nicht den ängstlichen Geheimniskrämern, welche die gefährlichsten Schädlinge der Sperrholzindustrie gewesen und es noch heute sind.

Die fabrikationsmäßige Herstellung des Halbfabrikates Sperrholz im spezialisierten Betriebe wird, wenn sie wissenschaftlich und betrieblich richtig durchgeführt wird, stets gegenüber der Einzelanfertigung im Vorteil sein und bleiben. Wer die Materie kennt, dem können Zweifel darüber nicht kommen.

So wenig wie im ersten Bande ist im zweiten äußerlich kenntlich gemacht worden, was der deutsche Herausgeber hinzugefügt hat. Es geht dies für den aufmerksamen Leser aus dem ganzen Zusammenhang so klar hervor, daß die Einheitlichkeit des äußeren Bildes, wie auch die der Darstellung deswegen nicht gestört zu werden brauchte.

Am Schluß des zweiten Bandes ist ein Gesamt-Sachregister für beide Bände gegeben worden, um ein Suchen in beiden Registern zu vermeiden.

Berlin, im Januar 1931. Der Herausgeber.

Inhalt

Teil A. Furniere und Sperrholz in Möbeln und Panelen vom Altertum bis zur Gegenwart und ihre Holzarten.

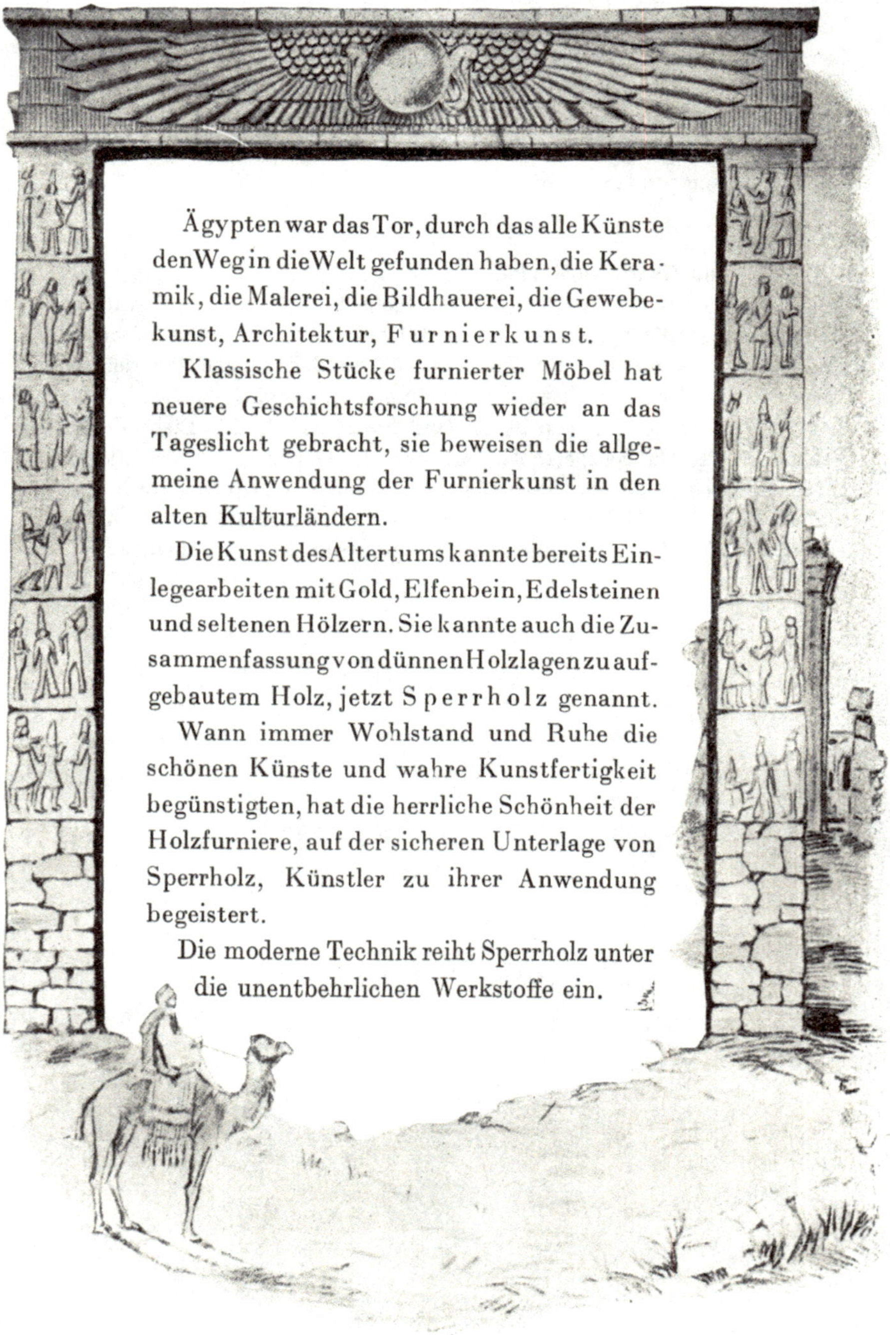

Ägypten war das Tor, durch das alle Künste den Weg in die Welt gefunden haben, die Keramik, die Malerei, die Bildhauerei, die Gewebekunst, Architektur, *Furnierkunst*.

Klassische Stücke furnierter Möbel hat neuere Geschichtsforschung wieder an das Tageslicht gebracht, sie beweisen die allgemeine Anwendung der Furnierkunst in den alten Kulturländern.

Die Kunst des Altertums kannte bereits Einlegearbeiten mit Gold, Elfenbein, Edelsteinen und seltenen Hölzern. Sie kannte auch die Zusammenfassung von dünnen Holzlagen zu aufgebautem Holz, jetzt *Sperrholz* genannt.

Wann immer Wohlstand und Ruhe die schönen Künste und wahre Kunstfertigkeit begünstigten, hat die herrliche Schönheit der Holzfurniere, auf der sicheren Unterlage von Sperrholz, Künstler zu ihrer Anwendung begeistert.

Die moderne Technik reiht Sperrholz unter die unentbehrlichen Werkstoffe ein.

Teil A.

Furniere und Sperrholz in Möbeln und Panelen vom Altertum bis zur Gegenwart und ihre Holzarten.

Kapitel I.

Einleitung.

Nachdem im ersten Bande dieses Werkes bereits gezeigt worden ist, wie aus dem von der Natur gewonnenen Rohstoff Furnier und Sperrholz in früheren Tagen und jetzt entstanden sind und entstehen, soll sich der zweite Band damit beschäftigen, zu zeigen, wie die Verwendung von Furnieren und Sperrholz aus den ersten Anfängen bis zu der heutigen Zeit sich entwickelt haben.

Die Entwicklung in der Verwendung der verschiedenen Werkstoffe ist nicht immer die gleichen Wege gegangen. Beim Stein, bei der Bronze und beim Eisen führte der Weg über das Nützliche zum Schönen. Beim Eisen ist das Nützliche, die Technik, lange Jahrhunderte hindurch das Vorherrschende gewesen, das Schöne kam erst später.

In der weiteren Entwicklung mit der sich immer mehr durchsetzenden Industrialisierung erlangte die Zweckmäßigkeit wieder das Übergewicht in der Gestaltung, bis in neuerer Zeit die Erkenntnis sich durchsetzt, daß Zweckmäßigkeit und Schönheit sich zu künstlerischer Vollkommenheit vereinen lassen. Der Weg von Furnier und Sperrholz führte, besonders beim Furnier, umgekehrt vom Schönen zum Nützlichen, vom Schönen zur Technik. Auch hier strebt man jetzt dem Ziele zu, die zweckmäßigste Gestaltung in künstlerisch schöner Form zu finden. Das verarbeitete Furnier in seiner, wenn man sich so ausdrücken darf, stabilen Form, dem Sperrholz, hat erst vor kurzem begonnen, im heutigen Sinne den Weg in die Technik zu finden, es steht erst am Anfang dieses Weges, es sind noch mannigfache Widerstände zu überwinden, um ihm den Platz zu sichern, der ihm in der Reihe der Werkstoffe gebührt, trotzdem die alte Geschichte seiner Anwendung die glänzendsten Beispiele für seine Bewährung bietet.

In den nächsten Kapiteln soll die Entwicklung der Anwendung der Furniere von den ältesten Anfängen her bis auf die heutige Zeit verfolgt werden, es soll gezeigt werden, welche Holzarten heute hauptsächlich zur Herstellung von Furnieren und Sperrholz dienen, welche Verwendungsgebiete bereits von Furnier und Sperrholz beherrscht und erobert sind, und auf welchem Wege für diese beiden Werkstoffe nahe Möglichkeiten gegeben sind. Es sollen die Prüfungsmethoden von Sperrholz und seinen einzelnen Elementen, die Handelsbräuche, Liefervorschriften für Furnier- und Sperrholz erörtert werden.

Während in dem Teil, den der erste Band behandelt hat, die amerikanischen Darstellungen im großen ganzen übernommen werden konnten und nur eine, wenn auch recht umfangreiche Ergänzung erfolgen mußte, um den europäischen Verhältnissen gerecht zu werden, so reizten die geschichtlichen Darstellungen des zweiten Bandes dazu, beinahe jedes Kapitel einer Umarbeitung in dieser Beziehung zu unterziehen und das aus den einzelnen Perioden noch hinzuzufügen, was in deutschen Landen während dieser Perioden geschehen und geleistet worden ist, denn die amerikanischen Herausgeber haben die Leistungen Deutschlands in der Geschichte von Sperrholz und Furnier gänzlich übergangen, wie sie angeben,[1]) weil ihnen die deutschen Literaturquellen nicht zugängig gewesen wären. Es ist jedoch auf diese Umarbeitung verzichtet worden, weil es nützlich erschien, den europäischen Lesern zu zeigen, wie der Amerikaner die Weltgeschichte heute sieht, und wenn es auch nur die Weltgeschichte von Furnier und Sperrholz ist. Nur an den Stellen, an denen die Außerachtlassung der deutschen Leistungen eine wesentliche Lücke in den Darstellungen schafft, wie zum Beispiel während der gotischen Stilperiode, sind einige Ergänzungen und berichtigende Worte eingeschaltet worden. Es kann auch um so mehr auf diese Umarbeitung verzichtet werden, als vorzügliche deutsche Spezialwerke vorhanden sind, welche sich mit der Kunstgeschichte des Möbels befassen, wenn auch in diesen vielleicht der Entwicklung von Furnier- und Sperrholz weniger Rechnung getragen ist. Es seien nur genannt: „Kunstgeschichte des Möbels“ von Adolf Feulner, im Propyläen-Verlag; „Das Möbel“ von Hermann Schmitz, Verlag Ernst Wasmuth, Berlin; „Deutsche Möbel“, Verlag Julius Hofmann, von dem bisher die drei Bände erschienen sind: „Der Klassizismus, Barock und Rokoko“, „Mittelalter und Renaissance“, „Die Geschichte des Möbels“, von Koppen und Breuer.

Neu wird auch für den Leser, der die deutschen Werke über Kunstgeschichte des Möbels kennt, das Kapitel sein, in dem das amerikanische Kolonialmöbel besprochen wird, und in dem die Auswirkung der europäischen Stile auf Amerika behandelt ist.

Die Kapitel über Prüfungs- und Untersuchungsmethoden mußten fast völlig neu bearbeitet werden, die amerikanische Ausgabe enthielt nur wenige Angaben, desgleichen die Anwendungsgebiete, und selbstverständlich auch die letzten Kapitel, die außer den amerikanischen Handelsgebräuchen die europäischen, soweit solche bestehen, berücksichtigen.

[1]) Auf Anfrage des Deutschen Herausgebers.

Kapitel II.

Nachweis der Benutzung von Furnieren in den ältesten Zeiten der Zivilisation.

Ägypten.

Außerordentlich interessant, nicht nur als Erbe der Gründer der westlichen Zivilisation, sondern als Beweis dafür, daß Furniere und die Kunst des Furnierens bereits vor mehr als 35 Jahrhunderten bekannt waren, sind die auf uns überkommenen altägyptischen Möbel aus Sperrholz, die diese lange Zeit überdauert haben. Durch all die Zeiten, die seit dem 15. und 14. Jahrhundert vor der christlichen Zeitrechnung verflossen sind, haben sich diese Arbeiten erhalten, den Generationen, die dieser Zeitperiode folgten, unzugänglich, sind die ägyptischen Gräber auf Grund wissenschaftlicher Forschung durch Gesellschaften und Regierungen eigentlich erst im letzten Jahrhundert wieder geöffnet worden.

Die gefundenen Stücke sind ein stummes Zeugnis für die große Kunstfertigkeit und das hohe Kunstverständnis der Arbeiter dieser längst verflossenen Tage, von denen diese wunderbaren furnierten Möbel für Ramses, Tothmes, Tutankhamen und die weniger berühmten Pharaonen hergestellt worden sind.

Gleichwie die Pyramiden, welche dem Zahn der Zeit und den Angriffen der Sandstürme vieler Jahrhunderte getrotzt haben, sind die furnierten und eingelegten ägyptischen Möbel Gegenstand höchsten Interesses für unsere moderne Fabrikation, die es kaum fertigbringen würde, derartige Arbeiten ohne die vollendeten Werkzeuge der Gegenwart herzustellen.

Über die Methoden ist wenig bekannt — wie das Holz in Bretter zerlegt worden ist, wie der Leim hergerichtet worden ist, der noch nach 3500 Jahren die Außenfurniere fest auf ihrer Unterlage oder Mittellage hält —, aber die Arbeit hat die Zeiten überdauert und spricht für sich selbst.

Einer der bekanntesten Sachkenner sagt, daß das künstlerische Gefühl und die geschickte Hand die minderwertigen Werkzeuge mehr als ausgeglichen hätten. Sir J. Gardner Wilkenson, ein bekannter britischer Archäologe, beschreibt die Arbeit in seinem Werk „The Manners and Customs of the Ancient Egyptians“.[1]) Abbildung 1 ist eine Reproduktion einer seiner Strichzeichnungen nach

---

[1]) „The Manners and Customs of the Ancient Egyptians“ von Sir Gardner Wilkenson, Verlag John Murray, London 1878, Band II, Seite 198. Siehe ferner „The Life of Rekmara“ von Percy E. Newbury, Verlag Constable & Co., London 1900.

einer Wanddarstellung im alten Theben. Wilkenson schreibt über seine Beobachtung folgendes:

> „In den Skulpturen Thebens findet man bereits aus der Zeit Thotmes III Nachweise über Furnierungen und das Aufbringen eines Stückes seltenen Holzes roter Farbe auf ein gelbes Brett einer Sykomore oder eines anderen gewöhnlichen Stück Holzes, das als solches gekennzeichnet ist. Um zu zeigen, daß das gelbe Holz minderer Qualität ist, hat der Arbeiter seine Axt nachlässig in einen Holzblock derselben Farbe hineingeschlagen, während er sich mit dem Aufbringen des besseren Holzes auf das minderwertigere beschäftigt. Nahe bei ihm sieht man seine Werkzeuge und eine Schachtel oder kleine Truhe, die mit eingelegtem oder furniertem Holz verschiedener Färbung ausgestattet ist.“

In diesem in die Wand gemeißelten Bilde sieht man auch den Leimtopf auf dem Feuer stehen und auch Steinbeilagen und etwas, was man höchstwahrscheinlich als Säcke mit heißem Sand ansprechen kann, die sowohl zur Beschwerung wie auch zur Zuführung von Wärme für das Abbinden des Leimes gedient haben werden. Diese Darstellung kann als zwingender Beweis dafür angesehen werden, daß die Kunst des Aufbaues von Sperrholz auch schon in diesen alten Zeiten bekannt war.

Die alten Pharaonen regierten in einem Lande, das in der fruchtbaren Ebene des Nils lag, das reich und blühend war. Da es ihnen gut ging, entwickelte sich eine höhere Zivilisation, die naturgemäß den Wunsch nach mehr Komfort und Bequemlichkeit mit sich brachte und schließlich die Freude an schönen Dingen.

Das gewöhnliche Baumaterial war Stein, während Holz und Metall zur Herstellung der mehr künstlerischen Teile benutzt wurden. Wie dem auch sei, alle drei Werkstoffe mit kostbarem Elfenbein und kostbaren Steinen als Einlage wurden zur Herstellung von Möbeln benutzt. Schon im 15. Jahrhundert v. Chr. hat man die Erfahrung gemacht, daß sich Holz von allen Werkstoffen am leichtesten verarbeiten ließ und sich am besten zur Herstellung von schön geformten luxuriösen Möbeln eignete. Keine Funde, die aus der Zeit während der folgenden 3500 Jahre gemacht worden sind, kommen diesen Möbeln gleich.

Das Land war verhältnismäßig arm an Hölzern, die sich zu Ornamenten verarbeiten ließen, nur die Palme, Sykomore, Tamariske und Akazie waren vorhanden, deswegen wurden seltene Holzarten von Indien eingeführt, sicher Ebenholz, vielleicht auch Rosenholz und Teakholz.

Bei den Ägyptern versuchte jede Dynastie die voraufgegangene in ihrer königlichen Pracht zu übertreffen. Man entdeckte, daß ein Möbel wesentlich verschönert werden konnte, wenn Furniere schöner Zeichnung auf ein gewöhnliches, haltbareres Holz aufgebracht wurde. In ihrer Geschichte der alten ägyptischen Kunst geben Georges Perrot und Charles Chipiez[1]) eine Beschreibung der wertvollen Möbel, die bei Hofe benutzt wurden:

„Das Innere eines altägyptischen Hauses muß sehr wesentlich von der Art verschieden gewesen sein, die die Besucher des heutigen Ostens dort finden. Stühle mit oder ohne Armlehnen, Tische der verschiedensten Formen, Faltstühle, Fußbänke, Armleuchter, Blumenvasenträger, verschließbare Schränke, in denen Wertgegenstände aufbewahrt wurden, füllten die Räume. Die oberen Klassen des alten Ägyptens besaßen Geschmack und Eleganz neben Zivilisation. Ein großer Herr aus der Zeit eines Tothmes, eines Ramses begnügte sich nicht, wie ein heutiger türkischer Bey oder Pascha mit einem Diwan, ein paar Teppichen oder einer Matratze, die tagsüber in einem Schrank aufbewahrt, nachts auf den Fußboden als Lager ausgebreitet werden, er hatte sein richtiggehendes Bettgestell, oft mit Metall oder Elfenbein ausgelegt, wie ein moderner Europäer, und hatte außerdem andere Möbel.

Es sind heute noch Bilder vorhanden, in denen ägyptische Empfangsräume wie-

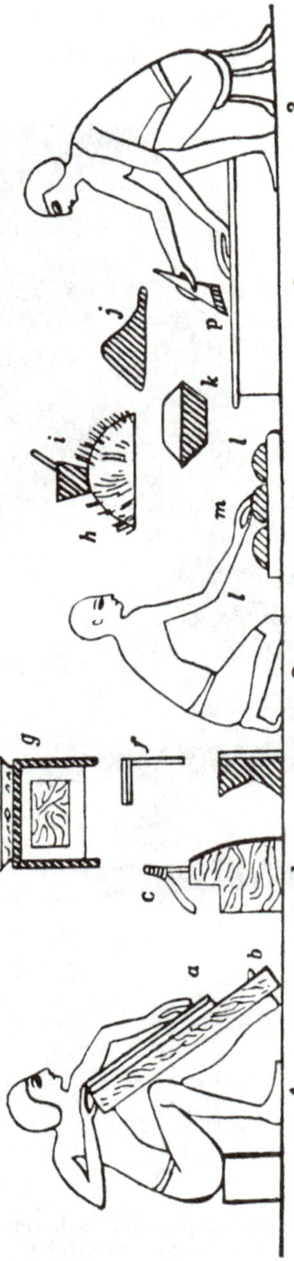

Fig. 1. Schon im alten Aegypten waren Furnier und Sperrholz hoch geschätzt.

Figur 1: a eine dünne Platte dunkles Holz wird auf ein Stück gewöhnliches Holz b aufgeleimt; c Axt in einem Holzblock d derselben Art wie b; e Lehre; f ein Winkel, wie ihn ähnlich heute noch der Tischler benutzt; g ein Behälter.
Figur 2: der Arbeiter schleift eine Platte n mit einem Schleifmittel m und l.
Figur 3: Ein Leimtopf i steht auf einem Feuer h, j ein Stück Leim, k ein Leimbehälter, o ein Arbeiter trägt mit einem Pinsel p Leim auf.

(Nach einer Skulptur, gefunden im alten Theben, aus der Zeit Thotmes III.)

[1]) „A History of Art in Ancient Egypt" nach dem Französischen von Georges Perrot und Charles Chipiez. Übersetzung herausgegeben von Chapman & Hall, Ltd., London 1833, Band II, Seite 42.

dergegeben sind. Die Gesellschaft kauert nicht in orientalischer Weise auf dem Boden, sondern Männer und Frauen sitzen auf Stühlen, von denen manche gepolsterte Sitze haben."

Die Reichheit und Schönheit mancher Stühle sind aus Abbildung 2 und 3 zu ersehen. Die Lehnen zeigen künstlerische Figurenarbeiten, zum Teil aus ein-

Fig. 2. Eingelegter ägyptischer Stuhl der Prinzessin Sitamon. 14. Jahrhundert v. Chr. Gefunden in den Gräbern von Iouya und Touya. Die geschnitzten Köpfe sind Darstellungen des Kopfes der Prinzessin, deren Bild auch auf dem Rücken des Stuhles eingeschnitzt ist. Der Stuhl befindet sich zur Zeit im Museum von Kairo.

(Dank dem Entgegenkommen von Dean-Hicks Co., Verleger von „Decorative Furniture" von G. L. Hunter.)

gelegten, zum Teil aus aufgelegten Furnieren. Offensichtlich sind sie die Muster zu späteren Stühlen des Empirestils gewesen.

In dem Museum der „Historical Society“ in NewYork kann man alte ägyptische Stühle mit runden Einlagen aus Knochen und Ebenholz sehen. Auch

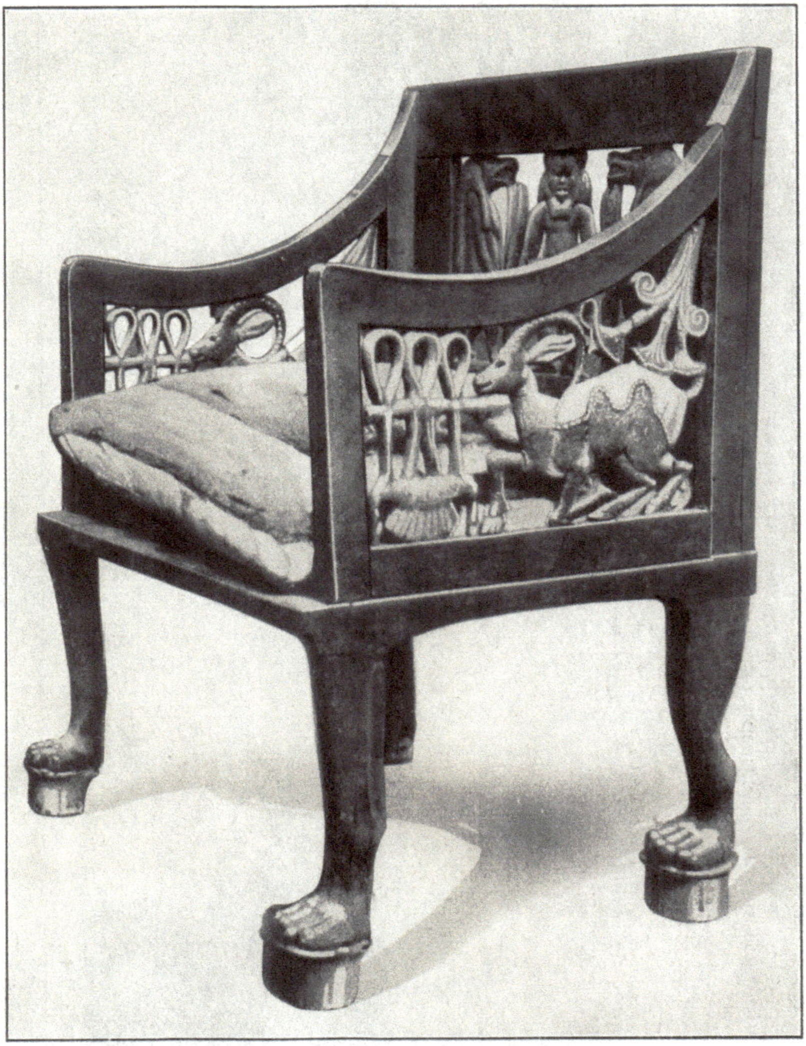

Fig. 3. Alter ägyptischer Kinderstuhl, jetzt im Museum in Kairo. Die Lehne zeigt kunstvolle Schnitz- und Einlegearbeit in Furnieren.
(Dank dem Entgegenkommen von Dean-Hicks Co., Verleger von „Decorative Furniture“ von G. L. Hunter.)

im Britischen Museum und im Museum von Kairo stehen derartige Stühle.

Die Bibliothek von Louisville (Kentucky) ist die glückliche Besitzerin von 24 ägyptischen Blättern, die Hunderte von künstlerischen Farbplatten zeigen, bei deren näherer Untersuchung sich herausgestellt hat, daß die prachtvollen

Fig. 4. Ägyptisches Bett mit Löwenfüßen aus dem 14. Jahrhundert v. Chr. Gefunden in den Gräbern von Iouya und Touya, den Urgroßeltern der Frau von Tutankhamen.

(Dank dem Entgegenkommen von Dean-Hicks Co., Verleger von „Decorative Furniture“ von G. L. Hunter.)

Oberflächen des Dargestellten Furniere sind, und daß ausgiebig Sperrholz zu ihrem Aufbau verwendet worden ist.[1])

Wilkenson sagt in seiner oben angezogenen Arbeit:

„Behälter, Stühle, Tische, Sofas und andere Möbel wurden oft aus Ebenholz mit Einlagen von Elfenbein gefertigt. Sykomore und Akazie waren mit dünnen Blättern oder mit ausgeschnittenen Figuren aus seltenen Hölzern, die aufgebracht waren, furniert."

Zwei Umständen ist es zu verdanken, daß von den alten ägyptischen Arbeiten mehr auf uns überkommen ist, als von den Arbeiten viel jüngerer Gene-

Fig. 5. Furnierter Sarg der Nephthis, Tochter eines ägyptischen Königs aus der 12. Dynastie. Jetzt im Metropolitan Museum of Art, New York.

rationen, und daß der heutige Forscher in der Lage ist, die Handarbeiten zu bewundern, die vor 3500 Jahren hergestellt worden sind, einmal ist es das außerordentlich trockene Klima und dann der religiöse Glaube an ein Leben nach dem Tode, ähnlich dem irdischen Leben. In der Annahme menschlicher Bedürfnisse auch in einem Jenseits hat man Gebrauchsgegenstände für alle möglichen Zwecke des täglichen Lebens um die Sarkophage gruppiert. Einige dieser

[1]) Diese Blätter sind von den Gelehrten und Archäologen, die Napoleon auf seiner berühmten Expedition begleitet haben, gefunden worden, und zwar gleichzeitig mit dem berühmten „Rosetta-Stein" (jetzt im Britischen Museum), der den Schlüssel zur Entzifferung der Hieroglyphen geliefert hat.

Gegenstände waren aus Holz gefertigt, viele von ihnen aus Sperrholz, die in wunderbar gut erhaltenem Zustande bei den Ausgrabungen zutage gefördert worden sind.

Die wichtigsten Funde, vom Standpunkt der Möbel aus gesehen, wurden in den Gräbern von Iouya und Touya und Tutenkhamen gemacht. Die neu gefundenen Schätze des Königs Tutenkhamen haben das Interesse an der alten ägyptischen Kunst wieder wachgerufen, und die sorgfältige Untersuchung der Funde hat er-

Fig. 6. Große Truhe aus Zedernholz, mit Ebenholz und Elfenbein furniert, mit Einlegearbeiten, ferner mit Tragstangen zum Transport. Aus dem Grabe Tutankhamens.
(Dank dem Entgegenkommen von Georg H. Doran Co., den Herausgebern von „The Tomb of Tutankhamen" von Howard Carter und A. C. Mace.)

staunliche Ergebnisse in bezug auf die Geschichte von Furnier und Sperrholz gezeitigt.

Außerordentlich interessant ist es, das Bettgestell zu untersuchen, das in Figur 4 dargestellt ist und das zur Zeit im Museum in Kairo steht. Es wurde im Grabe von Iouya und Touya, den Urgroßeltern der Frau von Tutenkhamen, gefunden. Das Betthaupt dieses berühmten Möbels ist aus richtigem Sperrholz aufgebaut, überfurniert und mit Einlagen versehen. Das Bett macht mit seiner langen, geschweiften Linie einen überraschend modernen Eindruck. Die Lagerstätte ist im Gegensatz zu der heutigen, geraden Ausführung leicht gewölbt. Das Betthaupt ist mit Laburnumholz und Akazie überfurniert, reichlich eingelegt mit Juwelen, Gemmen, Elfenbein und Gold.

Die prachtvollen Särge, die für die Beerdigung der alten ägyptischen Könige, Königinnen und Mitglieder der königlichen Familie benutzt wurden, waren überfurniert.

Im Metropolitan-Museum für Kunst in NewYork befindet sich im 9. ägyptischen Raum ein besonders schöner Sarg aus der Zeit der 12. Dynastie,

Fig. 7. Handarbeitstruhe mit Elfenbeineinlage aus der 18. Dynastie.

in der Nephtis, Tochter eines ägyptischen Königs, beerdigt ist. Dieser Sarg ist vollkommen aus überfurniertem Sperrholz aufgebaut. (Siehe Fig. 5.)

Weitere Funde der Tischlerkunst zeigen dort einen ausgesprochenen Geschmack in Einlegearbeiten. Ein Faltstuhl mit geschnitzten Beinen zeigt zur Unterstützung der Schnitzarbeit Einlagen von Elfenbein, ein anderer Stuhl aus rotem Holz ist mit Elfenbein und Ebenholz eingelegt. Truhen sind durch Gemälde verziert oder mit kostbaren Hölzern, Elfenbein, Silber oder Emailleplaketten eingelegt.

Figur 6 zeigt eine große Truhe aus Zedernholz, das Urbild des modernen Reisekoffers, mit Ebenholz und Elfenbein eingelegt und überfurniert. Die Truhe stammt aus dem Grabe Tutenkhamens, sie hat Tragstangen, die in entsprechenden Haltern am Boden befestigt sind.

Kästen wurden mit den verschiedensten Hölzern überfurniert, andere waren aus Ebenholz mit Elfenbeineinlagen gefertigt. Die Möbel und Schatztruhen der ägyptischen Könige waren wunderbar überfurniert und mit seltenen Hölzern, Gold, Lapislazuli in wunderbarer Kunstfertigkeit eingelegt, siehe Figur 7. Juwelenkästen, Tische und selbst Eckpfosten zeigten die Verschönerung gewöhnlicher Hölzer durch das Aufleimen von dünnen Lagen kostbarer Holzarten.

Burgess zollt der ägyptischen Zivilisation seine Anerkennung in folgenden Worten:[1])

„Die Künstler Ägyptens verstanden die Malerei, die Drechslerei, Einlegearbeiten, Furnierarbeiten, Flechtarbeiten und standen durchaus nicht hinter denjenigen Künstlern zurück, die Tausende von Jahren später sich große Namen gemacht haben.“

Babylonien und Assyrien.

Der zunehmende Stolz auf wertvollen Besitz ging nach den Geschichtsschreibern Ägyptens dem Fortschritt in der Kunst vorauf, der den Weg zur Zivilisation begleitet. Sobald Nationen von der Stufe des Barbarismus den Aufstieg zur Kultur begannen, wurde dieser von zunehmender Wertschätzung der Kunst begleitet.

Babylon und Assyrien waren die ersten Völker der alten Welt, die einen gewissen Abschluß in der Zivilisation erreicht haben. Schon frühzeitig waren sie den Beispielen der Kunst ihrer an den Ufern des Nils wohnenden Nachbarn gefolgt.

Der Einfluß Ägyptens war um so nachhaltiger in seinem nationalen Charakter, als es verhältnismäßig wenig von fremden Völkern beeinflußt worden ist. Die Liebe zum Dekorativen und Schönen zeigt sich in den Tälern des Euphrat und Tigris, in den Wohnräumen und in den Möbeln. Einlagen und Auflagen aus furniertem Holz, Metallen, Edelsteinen, Halbedelsteinen, zeigen die Liebe zum verzierten Möbel, die dort vorherrschte. Georges Perrot und Charles Chipiez sagen in ihrer „Kunstgeschichte von Chaldea und Assyrien“:[2])

„Die Assyrier verstanden es, von dem Werkstoff, über den sie verfügten, in genialer und kunstfertiger Weise Gebrauch zu machen“ ...

[1]) „Antique Furniture“ von Fred W. Burgess, Verlag G. P. Putnam's Sons, New York 1915, Seite 29.

[2]) Verlag Chapman & Hall. Ltd., London 1884, Band III, Seite 319, 320.

„Bronze und Holz waren nicht die einzigen Werkstoffe, die für Gegenstände der königlichen Pracht gebraucht wurden. Wie bei dem Thron Salomons wurde die Pracht des Goldes, die Cremeweiße des Elfenbeins mit den gedämpften Tönen der Bronze gemischt. Das sieht man an dem Thron von Van, auch die Durchforschung der assyrischen Ruinen bestätigen dieses. Man hat Fragmente von Möbeln gefunden, bei denen Elfenbein mit Bronze gemeinsam verwendet worden sind. Stücke von Bergkristall, die in dem Palast von San Cherib gefunden worden sind, scheinen auch zur Verschönerung von Stühlen gedient zu haben. Es ist nicht schwer sich vorzustellen, wie man auch Elfenbein für diese Stücke verarbeitet hat. Die horizontalen und vertikalen Streben waren in einer Anzahl von kleinen Feldern aufgeteilt, von denen jedes mit geschnitztem Elfenbein eingefaßt gewesen sein wird . . . Einige dieser Elfenbeinarbeiten müssen eingeführt worden sein, aber es besteht aller Grund, anzunehmen, daß es sich hier um Ausnahmen handelt. Sowohl aus Reliefdarstellungen, wie auch aus Funden kann man annehmen, daß Elfenbein auch in unverarbeitetem Zustande nach Assyrien eingeführt worden ist . . . Daher ist es sehr wahrscheinlich, daß in Ninive und Babylon Elfenbein verarbeitet worden ist."

Sir Austen Layard, dessen Ausgrabungen sehr viel Aufschluß über das häusliche Leben in Ninive gebracht haben, bemerkt, daß die assyrischen Möbel durch größere Massigkeit sich von den ägyptischen unterscheiden, und daß sie mit Köpfen von Löwen, Stieren, Widdern verziert gewesen sind. Er fand, daß die Figuren ruhiger und schwerer ausgeführt waren und, was vom Standpunkt der Furnierindustrie besonders interessiert, daß Tische, Thronsessel, Lagerstätten aus Metall und Holz höchstwahrscheinlich mit Elfenbeineinlagen gefertigt worden sind.

Weder aus Babylon noch aus Assyrien haben Möbelstücke die Jahrhunderte überdauert, an denen man die Kunstfertigkeit des Landes jetzt noch beurteilen könnte. Die klimatischen Verhältnisse waren der Erhaltung des Holzes nicht so günstig wie in Ägypten, außerdem sind gerade die Palme und die Pappel die einzigen Hölzer, die im Lande wuchsen und von denen man größere Stämme erhalten konnte, also gerade solche, die am wenigsten gegen äußere Einflüsse widerstandsfähig sind.

Eine Vorstellung der heimischen Kunst kann man sich nur aus bildlichen Darstellungen in Reliefs aus Alabaster und aus Statuen, Gemälden, Siegeln oder Säulen machen, welche in den Ruinen der alten biblischen Stadt gefunden worden sind. Unter diesen entdeckten die Geschichtsschreiber klare Beweise an vielen Möbelstücken dafür, daß Einlagen und Furnierarbeiten verwendet worden sind. Perrot und Chipiez sagen hierüber:

„Die Fürsten und Edelleute Assyriens scheinen eine besondere Vorliebe für prachtvolle Möbel gehabt zu haben. Ein Blick auf die ‚Bas-Reliefs' zeigen dieses ...

Man hätte Holz allein benutzen können, Metall würde zu schwer gewesen sein, wenn es massiv verwendet worden wäre, nicht fest und zuverlässig genug, hätte man es hohl verwendet ...

Diese Luxusstücke zeigten große Verschiedenheiten in der Form und in den Motiven ihrer Verzierungen. Elfenbein wurde zur Verschönerung der Möbel herangezogen ...

Für Betten, Tische, Stühle, Fußbänke bestand das Rahmenwerk stets aus Holz."

Die Zedern des Libanon, berühmt aus der Poesie und der Geschichte des Ostens, wurden nach Assyrien eingeführt und dort, wie Burgess mitteilt, sehr geschätzt. Derselbe Autor führt über Auflage- und Einlegearbeiten der biblischen Zeit folgendes aus:

„In Ninive und Judäa wurden zur Zeit König Salomos Ebenholz, Teakholz und indische Walnuß gebraucht, sehr häufig mit Verzierungen durch Auflagen oder Einlagen mit Elfenbein. Besonders interessant sind die biblischen Quellen über die Möbel Judäas. Salomon, so heißt es, hatte ein Bett aus Zedernholz mit silbernen Füßen und goldenem Boden."

Die Einrichtung einer Wohnung aus der Zeit des Propheten Elias ist in der Bibel zu finden, denn es heißt dort, „Elias wurde ein Gastzimmer, ausgestattet mit Bett, Stuhl, Tisch und Lampe, zur Verfügung gestellt."[1])

Vom Salomonischen Tempel sagt die Schrift, daß er Säulen aus Fichtenholz gehabt hätte, auf denen Cherubim und Palmenbäume neben blühenden Blumen ausgeschnitzt gewesen wären, das Schnitzwerk wäre vergoldet gewesen. Der Boden hätte aus drei Lagen behauener Steine und einer Lage von Zedernbalken bestanden.

Im ersten Buche der Könige findet man eine Bemerkung, daß ein großer Thron aus Elfenbein mit Auflagen aus bestem Golde hergestellt worden sei.

Frederik Litchfield sagt in seiner „Illustrierten Geschichte der Möbel":[2])

„Die erste wohlbekannte Anwendung von Holz befindet sich in der Genesis, in den Anweisungen, die Noah erhalten habe. Aus verschiedenen Angaben kann man schließen, daß schon sehr früh die verschiedenen Holzarten bekannt gewesen sind und auch die Benutzung der Werkzeuge zu ihrer Bearbeitung."

---

[1]) Burgess, Seite 30.

[2]) „Illustrated History of Furniture." Verlag Truslove & Shirley, London 1892.

Derselbe Autor sagt:

„Von den alten hebräischen Möbeln gibt es bedauerlicherweise keine genauen Beschreibungen. Da jedoch die Juden und Assyrier vom selben Stamme sind, kann man mit Sicherheit annehmen, daß, mit Ausnahme der Darstellungen von Menschen und Tieren, die gebrauchten ornamentalen Möbel bei beiden die gleichen waren."

John Hungerford Pollen sagt in seinem Handbuch der alten und modernen Möbel und Holzarbeiten [1]) hierzu noch folgendes:

„In Judäa und auch in anderen östlichen Ländern ist und war sicher immer das Leben einfacher als im Westen, da man viel mehr davon im Freien verbrachte. Bettgestelle aus Holz mit Einlegearbeiten von Elfenbein und Gold werden bereits im 13. Jahrhundert v. Chr. erwähnt. Der Prophet Amos tadelte die Reichen, weil sie derartige Betten benutzen. Bettgestelle, wenn diese überhaupt in Benutzung waren, waren einfache Lager. Nach der bilderreichen Sprache der Sprüche besteht das Bett Salomons aus Zedern vom Libanon, die Füße aus Silber und die Lagerstätte aus Gold.

Über die gewöhnlichen Stühle der alten Juden ist nichts bekannt. Man nimmt an, daß ihre Tische eine Art von Präsentierteller aus Metall oder Leder, auf niedrigen Füßen stehend, gewesen seien. Es ist wohl nicht ungerechtfertigt, anzunehmen, daß die Möbel der alten Hebräer von fremden Arbeitern hergestellt worden sind, oder daß die Hebräer ihre Formen von den umgebenden Völkern entlehnt haben, wie z. B. von den Ägyptern und Assyriern."

Griechenland.

Bei dem Wiederaufleben des klassischen Stiles hat man auf die Kunstformen des alten Griechenlandes in einem solchen Maße zurückgegriffen, daß das Prinzip und die Motive ihrer Verzierungen Allgemeingut geworden sind. Von den Möbeln selbst sind aus dem alten Griechenland nur wenige Überreste auf uns überkommen, aber die Skulpturen, Gemälde des stolzen alten Athens, Marmorreliefs und Terrakotta-Darstellungen zeigen, daß sowohl im Möbelbau wie in der Architektur große Unterschiede zwischen der griechischen und der ägyptischen Kunst vorhanden sind. In der reichen Sammlung des Britischen Museums von berühmten bemalten Vasen findet man genaue Darstellungen über die Lebensweise in den alten griechischen Zeiten, in denen die Möbel sich durch besondere Schönheit und Zweckmäßigkeit auszeichnen. Man kann erkennen, daß Furniere

[1]) Handbook on Ancient and Modern Furniture and Woodwork." Verlag Wyman & Sons, Ltd., London 1908, Band I, Seite 28 ff.

zur Verschönerung benutzt worden sind, aber augenscheinlich in geringerem Maße als in Ägypten.

Pollen drückt in seinem vorher zitierten Werk aus, daß die umgebenden Völker sicher ihren Einfluß auf die Gestaltung der griechischen Möbel gehabt haben. Die engen Beziehungen, die das alte Griechenland mit den asiatischen Völkern hatte, und die Pracht, mit welcher sich die orientalischen Monarchen umgaben, lassen dieses verständlich erscheinen.

Pollen sagt:

„Die Griechen waren fast immer entweder Verbündete oder Gegner der verschiedenen Staaten Kleinasiens. Sie haben dort so viel blühende Kolonien errichtet, daß gar kein Zweifel daran besteht, daß die prachtvollen Einrichtungen, Betten, Ruhelager, Thronsessel, Wagen und andere Gebrauchsgegenstände, die von den Griechen in ihren asiatischen Besitzungen oder in Europa benutzt worden sind, sehr starken östlichen Einschlag in ihrer Form und ihrer Ausführungsart zeigen. In der ersten Zeit sogar in der Art und Weise ihrer Ausschmückung.“

Wenn auch nach der Literatur das griechische Haus verhältnismäßig wenig Möbel barg, so kann man doch wohl annehmen, daß die vorhandenen Möbel aus Holz ausgeführt worden sind. Diese Holzmöbel sind jedoch häufig mit Glas, Elfenbein und Metallplatten verziert gewesen. Holzbetten außerdem mit Perlmutt und feinen Holzfurnieren.

Es ist ja bekannt, daß Odysseus bei seiner Wiederkehr, als Penelope noch im Zweifel war, ob er der so lange vermißte Gatte ist, das Geheimnis als Zeugnis anführte, das nur ihm und seiner Gemahlin bekannt war, nämlich die Art und Weise, wie er das Ehebett selbst gezimmert hat. Es war aus Holz mit Gold, Silber und Elfenbein eingelegt.

In ihrer Geschichte des Möbels sagen A. Koppen und C. Breuer in dem Kapitel „Griechisches Mobiliar“ [1]) folgendes:

„Um anmutig geschweifte Hölzer, wie wir solche bei den Stühlen finden, zu erhalten, behandelte man die roh vorgerichteten Stücke wohl mit heißem Wasser oder Dampf, zwängte sie über hölzerne Schablonen, so daß sie nach dem Erkalten die neue Form behielten. Die Konstruktion bediente sich der noch heute üblichen Hilfsmittel: der Verbindungen durch Klammern, Nägel, Bänder u. dgl., durch Verzapfung, Verdübeln und durch Leimen.

Die Vorliebe für die mannigfachsten Hölzer, ja, die Verwendung gewisser Arten für bestimmte Geräte erklärt sich aus der Freude an ihrem natürlichen

[1]) Verlag Bruno Heßling, Berlin-NewYork 1904, Seite 120. (Diese deutsche Quelle, welche recht ausführlich über das griechische Möbel berichtet, ist in der amerikanischen Ausgabe, welche das Werk im Kapitel „Leine“, siehe Bd. I, S. 238, an sich zitiert, an dieser Stelle unbeachtet geblieben. Das Notwendige hieraus ist hier eingefügt.)

Schmuck, der Maserung. Der Wunsch, reiche Möbel mit geringen Kosten herzustellen, sodann aber auch die Erfahrung, daß bei Verwendung geeigneten guten Blindholzes die Flächen sich weniger werfen, als wenn massive Bretter von Edelholz genommen wurden, ließ zu den Furnieren greifen. Diese wurden durch Sägen hergestellt und mit Leim auf einer Unterlage von anderem Holz befestigt. So stellte man Tischplatten, Kästen, Betten u. a. m. her. Die dazu am häufigsten verwendeten Holzarten sind folgende: Ahorn, Buchsbaum, Celtis, Ebenholz, Eibe, Lebensbaum, Palme, Nußbaum. Wie weit es die Alten in dieser Arbeit gebracht hatten, davon legen erhaltene Furniere Zeugnis ab, welche in Gräbern der Krim gefunden worden sind. Sie bestanden aus Buchsbaum. Prächtige Zeichnungen, deren Stil uns das 4. oder 3. Jahrhundert v. Chr. als Entstehungszeit dieser köstlichen Werke erkennen läßt, sind darauf wie bei etruskischen Spiegeln eingeritzt; außerdem waren sie, nach vorhandenen Spuren zu urteilen, stellenweise bemalt. Die Dicke der meisten beträgt nicht mehr als 2 mm; einige sind etwas stärker. Man nimmt an, daß die Fragmente ursprünglich zu einer Lyra gehörten.

Ebenso kostbar wie die Furniere mögen die eingelegten Arbeiten gewesen sein, bei denen man durch reiche Verwendung von Elfenbein, Schildpatt u. dgl. malerische Effekte erzielte. Die fertigen Gegenstände wurden schließlich noch mit einer Art von Politur versehen, die, wahrscheinlich durch Öl oder Wachsfirnis hervorgerufen, zugleich praktischen Nutzen hatte. Das Wachs sollte die Porosität des Holzes aufheben, wie dies vielleicht bei den Näpfen zum Waschen von Händen erwünscht war, das Öl, namentlich scharf riechendes Wacholderöl, die Würmer abhalten. Manche Holzarten wurden auch durch Abkochen in Farbbrühen gebeizt oder mit Alaun getränkt, um sie gegen Feuer zu schützen. Letzteres kam natürlich nur selten, und zwar ausschließlich bei Bauholz zur Anwendung.

Das immerhin reichliche Handwerkszeug, die genauere Kenntnis der Holzarten, ihre Eigenschaften und Behandlungsweisen, eine geschulte Erfahrung in der Herstellung haltbarer Verbindungen, eine Fülle von technischen Kenntnissen lassen selbstverständlich auf einen gediegenen Hausrat schließen. Gesellt sich dann obendrein zu den technischen Fertigkeiten noch ein überaus feiner, künstlerischer Geschmack, so erheben sich die Erzeugnisse weit über bloße handwerksmäßige Arbeit und werden zu kunstgewerblichen Leistungen. Und das ist die allgemeine Signatur des griechischen Mobiliars."

Römisches Reich.

In ausgesprochenem Gegensatz zu der Einfachheit der Ausstattung der Privathäuser im ältesten Griechenland, in dem man das Schönste, was die Kunst schaffte, in den öffentlichen Dienst der Nation stellte, stand der prunkvolle, hoch ornamentale Stil des römischen Privathaushaltes. Nur diejenigen Möbel, die aus Steinen oder Metall hergestellt worden sind, sind auf uns überkommen. Daher sind wir auch hier auf andere Quellen angewiesen. Die Literatur über alte Möbel zeigt, daß oft auf Kosten der Bequemlichkeit die Anwendungsmöglichkeit kostbaren Materials, feiner Arbeit und künstlerischer Formen geschätzt wurde, und daß für Ornamente die Furnierkunst nicht nur allgemein angewendet wurde, sondern in höchster Qualität und Schönheit in Anwendung kam. Hier findet man zum ersten Male Beweise dafür, daß Furniere für Türrahmen und Füllungen verwendet worden sind.

Die Römer liebten die wunderbaren Bilder, die bei Furnierschnitten quer zur Faser in Erscheinung treten. Einzelne ihrer Tischplatten ähnelten den Flecken der Leoparden, andere einem Bienenschwarm, wieder andere hatten den gelbbraunen Ton des Löwenfelles oder die Streifen des Tigers.

Litchfield schreibt aus der Zeit des Augustus (63 v. Chr. bis 14 n. Chr.):

> „Römische Furniere aus dieser Zeit waren kostbare Gegenstände, hauptsächlich wurde die Zeder, Fichte, Ulme, Olive, Esche, Ilex, Buche und Ahorn benutzt. Elfenbein wurde viel verarbeitet.
> ... Es wurden Furniere hergestellt und verarbeitet, nicht, wie man angenommen hatte, aus wirtschaftlichen Gründen, sondern weil man bei ihrer Verwendung die wunderbarsten Bilder und Muster des Holzes erzielen und ausnutzen konnte, und weil man viel reichere und wirksamere Effekte erzielen konnte, als wenn nur massives Holz benutzt worden wäre."

Das wichtigste Möbel in einem römischen Haushalt war der Tisch. Die kostbarsten waren die runden Tische, die mit Furnieren aus wunderbar gemasertem afrikanischem Citrusbaum hergestellt wurden. Der Hauptwert des Holzes lag in der prachtvollen Maserzeichnung, jedoch aber auch in der Farbe. Diejenigen des Weines gemischt mit der des Honigs wurden als die kostbarsten betrachtet.

Plinius der Ältere berichtet hierüber:

> „Der Citrusbaum gab den Anstoß zu einer Manie nach feinen Tischen. Eine Extravaganz, welche die Frau dem Mann vorhielt, wenn letzterer sich über ihre Verschwendung in Perlen beschwerte. Trotz seiner Mäßigkeit zahlte Cicero nicht weniger als eine Million Sesterzen (etwa gleichwertig mit 80 000 RM.) für einen mit Citrusholz furnierten Tisch."

Plinius berichtet auch, daß schon vor 2000 Jahren der stolzeste Besitz von Julius Cäsar ein Tisch mit wunderbarem Furnier gewesen sein soll. Caroline Louise Ransom berichtet in ihrer Studie über alte Möbel,[1] „daß wenn auch

---

1) „Studies in Ancient Furniture." Verlag University of Chicago Press, Chicago 1905.

nicht in so außergewöhnlichem Maße wie für Tische, so wären kostbare Hölzer als Furniere auch in vornehmen Wagen nichts Ungewöhnliches gewesen". Nach derselben Quelle wurde auch Elfenbein und Schildpatt hierfür benutzt. Holz allein war jedenfalls für die gewöhnlichen Wagen die Regel.

Die ausführlichste Quelle über die Verwendung von Furnier und Sperrholz im alten Rom gibt Plinius der Ältere im Kapitel 84 seiner Naturgeschichte; er sagt dort folgendes:[1])

„Das Holz, besonders das von Buche, läßt sich leicht verarbeiten, trotzdem es zerbrechlich und weich ist. Wenn man es in ganz dünne Lagen von Furnieren schneidet, ist es sehr biegsam. Es wird aber nur für die Herstellung von Schachteln und Kisten benutzt.

Das Holz der Steineiche wird zu Furnieren von bemerkenswerter Dünnheit geschnitten. Seine Farbe ist dann durchaus nicht unansehnlich.

Die besten Hölzer, die man in Lagen schneidet und als Furniere benutzt, um andere zu bedecken, sind Citrus, Terebinth, die verschiedenen Sorten von Ahorn, Buchsbaum, Palme, Stechpalme, Steineiche, die Sabuxwurzel und Pappel. Birke und Erle ergeben auch knorrige Teile, welche in ähnlicher Weise zu Blättern geschnitten werden, wie diejenigen des Citrus und des Ahorn. Bei allen anderen Bäumen sind diese Teile wertlos. Der mittlere Teil der Bäume zeigt die größte Unregelmäßigkeit, und je näher man der Wurzel kommt, um so geringer und um so gesschwungener werden die Maserbilder. Diese Erscheinung hat das Luxusbedürfnis ausgelöst, das Holz eines Baumes mit dem eines anderen zu bedecken und auf das gewöhnliche Holz eine Schicht höherwertigeres aufzubringen. Um einen einzelnen Stamm ausgiebig verwerten zu können, ist die Aufteilung in dünne Brettchen (Furniere) erfunden worden. Nicht genug damit, mußte auch Gehörn von Tieren in verschiedenen Farben eingefärbt werden. Ihre Zähne wurden in Teile zerschnitten, um Holz mit Elfenbein verzieren zu können, und in einer späteren Periode, um sie vollständig damit zu bedecken. Nicht genug damit, mußte man selbst Material in der tiefen See suchen. Für diesen Zweck hat man gelernt, die Schildkrötenschale (Schildpatt) in Teile zu zerlegen, und später, unter der Regierung von Nero, ist die monströse Erfindung gemacht worden, ihr natürliches Aussehen durch Färbung zu zerstören und den Verkaufspreis dadurch zu erhöhen, daß man erfolgreich Holz auf ihr nachgeahmt hat. Auf diesem Wege ist der Wert unserer Ruhebetten so stark erhöht worden. So auch wurde versucht, den reichen Glanz unseres Terebinth in der Anfertigung eines imitierten Citrus zu überbieten, der wertvoller sein soll als der echte, und der Ahorn vortäuschen sollte.

---

[1]) Siehe Band I dieses Buches Seite 51.

Es gab eine Zeit, in der das Luxusbedürfnis mit Holz selbst nicht befriedigt werden konnte; heutzutage hat man es so weit gebracht, daß man Perlmutt in der Maske von Holz kauft."

Der Orient.

Schon in den ältesten Zeiten waren die Möbel im Orient verziert. Einlegearbeiten von Elfenbein in Holz in schönen geometrischen Figuren werden heute noch in derselben Weise hergestellt wie auch zur Zeit des Mittelalters, wie dies Hamilton Jackson in seinem Werk „Intarsia and Marquetry" nachweist.[1] Diese Arbeiten jedoch geben weniger Gelegenheit, die Verwendung von Furnieren und Sperrholz zu studieren, als die altägyptischen und römischen Erzeugnisse.

Die Gebräuche und Lebensweise des alten Orients brachten es mit sich, daß nur kleine Möbel gebraucht wurden, da es mit Ausnahme von China Sitte war, sich auf den Teppichen oder Matten, die auf dem Boden lagen, zu kauern und sich die Speisen von niedrig stehenden Platten servieren zu lassen.

Die chinesische, die älteste der überlebenden asiatischen Zivilisationen, hat eine selbständige Kunst entwickelt. Dort sind Stühle und andere Möbel gefertigt worden, die nicht nur bequem, sondern auch wunderbar in ihrer Ausführung sind. Im 15. und 16. Jahrhundert wurden geschmackvolle Möbel von lackiertem Holz hergestellt, die mit Einlagen von Elfenbein, Perlmutt, Silber und Gold verziert wurden. Die Möbel neueren Datums, wie auch aus dem 18. Jahrhundert, werden von Litchfield wie folgt beschrieben:

> „Kunstvolle Bettstellen, Tische und andere Möbel werden auch aus Brettern dunkel gefärbter Esche hergestellt, die mit Jagdszenen verziert sind, in denen die Menschen und Pferde aus Elfenbein hergestellt sind, manchmal auch nur die Gesichter und Gliedmaßen, während die Kleider hauptsächlich aus braunem Holz bestehen."

Nach den wunderbaren Museumsstücken zu schließen, wurden an den verzierten chinesischen und japanischen Möbeln hauptsächlich die wunderbaren Lackierarbeiten geschätzt, die auch jetzt noch geübt werden. Eine außerordentliche Fertigkeit und Geduld gehören dazu, um diesen Lackierprozeß durchzuführen, da mitunter nicht weniger als 18 bis 20 verschiedene Operationen vorgenommen werden müssen, ehe man die richtig abgearbeitete Oberfläche erzielt.

Man hat Stücke von indischen Tischen aus Sesamholz (Shichem) mit Einlegearbeiten aus Ebenholz und Elfenbein gefunden. Die großen Möbel bestanden aus geschnitztem Teakholz, die kleineren aus Sandelholz mit sehr feiner Schnitzarbeit.

---

[1]) Verlag Sands & Co., London 1903.

Von persischen Möbeln hat man keine Stücke von Bedeutung gefunden. Alles, was dem Zahn der Zeit widerstanden hat, sind gelegentlichst gefundene Kästen und Stühle. Dieses Land hatte mit Ausnahme der kaspischen Provinzen wenig Holz. Die Perser schmückten ihre Möbel in ähnlicher Weise wie die Inder durch Einlagen mit Elfenbein und Perlmutt in geometrischen Figuren in braunem Holz oder durch Lacküberzüge. Man hat kleine Stücke persischer Einlagearbeiten gefunden, in denen Zedernholz als Einlage benutzt ist.

Die Kunst der Araber war der der Perser entlehnt, gleichwie die römische der griechischen. Es ist bedauerlich, daß die besten Zeugnisse arabischer Zivilisation von den Türken so völlig zerstört worden sind. Ihre Kunstfertigkeit ist wenigstens in der Weise auf uns überkommen, daß sie die westliche, christliche Industrie beeinflußt und befruchtet hat. Unter den Beschreibungen arabischer Stücke befindet sich auch eine über ein geschnitztes Pult aus dem 15. Jahrhundert, das Spuren von Einlegearbeiten, und zwar Elfenbein in Ebenholz, zeigt, ein Bett mit Einlegearbeiten von Elfenbein und eine geschnitzte Holztür aus dem 17. Jahrhundert, deren Füllung aus Zedernholz, Ebenholz und Elfenbein bestand.

Die unermüdliche Geduld der Orientalen, Details herauszuarbeiten, und ihr ererbter Geschmack für Farbenharmonie zeigen sich in der wunderbaren Kunst ihrer Teppichfertigung, oft die Arbeit einer ganzen Lebenszeit. Immer sind die besten Arbeiten durch Hingabe an die Arbeit selbst und nicht durch das Verlangen an Gewinn geleistet worden. —

Der Einfluß des Orients auf die Kunstform zeigt sich auch, wenn man die Entwicklung der Möbel in den verschiedenen Zeitaltern verfolgt.

Kapitel III.

Das Verschwinden der Furnierkunst im Mittelalter.

Die Geschichte der Möbel ist unlösbar verknüpft mit der Geschichte der Lebensweise und Gebräuche der verschiedenen Völker, so sehr, daß Änderungen im Stil nur dann verstanden und erklärt werden können, wenn man die hauptsächlichsten geschichtlichen Ereignisse in Betracht zieht, die das Leben der Völker in den entsprechenden Zeitabschnitten beeinflußt haben.

Das Furnieren ist eine Kunst, die nur unter gefestigten wirtschaftlichen Bedingungen durchgeführt werden konnte, weil sie schwierig herzustellende Werkzeuge und hoch entwickelte Vorrichtungen verlangte. Es überraschte daher nicht, daß aus dem ganzen Mittelalter, dem Zeitabschnitt voll chaotischer Unruhen, eigentlich nur in dem sogenannten byzantinischen Stil Spuren der Benutzung von Holz für Einlagen oder Furniere auf uns überkommen sind, eine Mischung östlicher und römischer Kunst, die etwa in Konstantinopel ihren Mittelpunkt hat.

Der byzantinische Stil.

Die Großartigkeit und Pracht des römischen Möbelstils erhielt sich auch im byzantinischen Kaiserreich, von wo er nach Pollen hauptsächlich den aufsteigenden westlichen Nationen dann wieder überliefert wurde.

Im allgemeinen sind verhältnismäßig wenig Möbel aus dieser Zeit erhalten geblieben. Man kann jedoch aus Mosaiken, aus Elfenbeinschnitzereien und Manuskripten dieser Zeit schließen, daß ornamentale Verzierungen Mode waren, daß eingelegtes Holz wie auch Elfenbein geschnitzt oder in Flächen eingelegt viel benutzt wurden. Wie in den alten Zeiten paßte sich der Bedarf den Sitten an. Der Stuhl ersetzte das Lager, auf dem der Römer liegend sein Mahl einzunehmen pflegte. Tische und Betten behielten den alten römischen Stil. In den allerersten Anfängen der Zivilisation spiegelt sich der religiöse Glaube auch in den Dekorationen der Möbel wider. Die mohammedanische Religion verbot die Nachahmung von Menschen und Tieren, infolgedessen herrschten geometrische und Blumenmuster vor. Als das Christentum sich durchsetzte, traten an Stelle der alten klassischen Motive die christlichen Symbole und Motive.

Ein typisches Stück aus der byzantinischen Zeit, das als eines der interessantesten Überbleibsel des Mittelalters betrachtet wird und als kostbarer Schatz im Vatikan in Rom aufbewahrt wird, ist der Stuhl von St. Peter (Figur 8) [1])

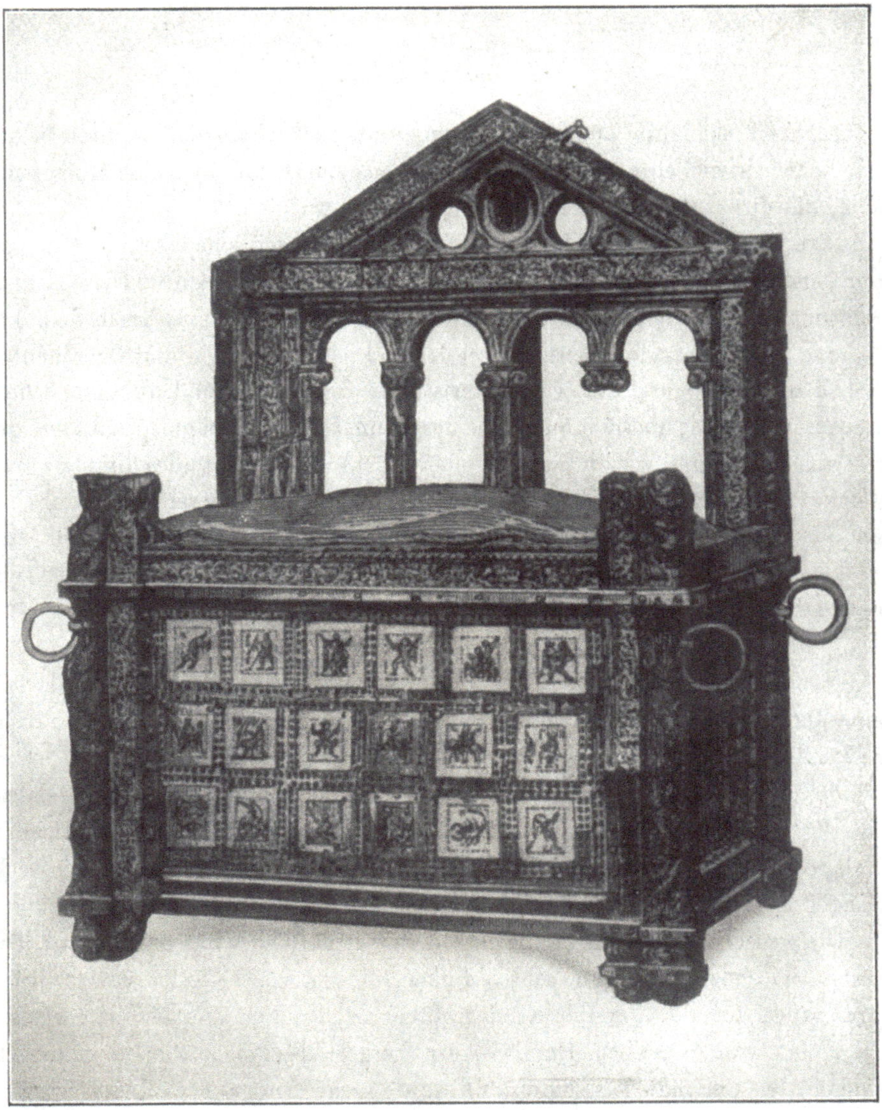

Fig. 8. Der „Stuhl von St. Peter". Reich furniert mit Einlagen von Elfenbein und Gold, jetzt im Vatikan in Rom.

Der Stuhl ist sehr reich mit Furnieren und eingelegten Elfenbein- und Goldarbeiten verziert. Er ist jetzt in einem Bronzebehälter eingeschlossen, um ihn vor Zerstörung zu bewahren. Bevor die Ausgrabungen in Ägypten die dort ge-

[1]) Dieselbe Abbildung ist bereits in Band I als Figur 2 gezeigt.

fundenen herrlichen Arbeiten zutage förderten, wurde dieser Stuhl als eines der ältesten hölzernen Möbelstücke angesehen.

Das herrlichste und vielleicht vollständigste Beispiel typischer byzantinischer Architektur ist die Markuskirche in Venedig.

Der gotische Stil.

Als die Kreuzfahrer aus dem Heiligen Lande zurückkehrten, brachten sie aus der höher entwickelten Zivilisation des Ostens eine Kunst und eine Kultur mit sich, die der westeuropäischen weit überlegen war.

Ihre Bewunderung der byzantinischen und sarazenischen Architektur gab den Anstoß zu einer völlig neuen Form der verschönernden Kunst. Diese Kunstrichtung, die als die gotische bezeichnet wird, und die Westeuropa in dem 13., 14. und 15. Jahrhundert beherrschte, drückte in ihren Linien und Ornamenten Leben und Bewegung aus. Charakteristische Ornamente sind direkt aus dem Leben der Wälder übernommen. Wie der Baum aus dem Boden sprießt, wie der Ast aus dem Baum, wie die Ranke vom Weinstock, so strebt alles himmelwärts. Angewendet auf Möbel brachte der gotische Stil jedoch ungereifte und unhandliche Formen mit sich. Sie genügten in ihrer Massivität und Festigkeit dem rauhen Leben jener Zeit, näherten sich aber niemals den in allen Zeiten so sehr bewunderten gotischen Bauwerken.

Frankreich. Der gotische Stil ist eigentlich um das Jahr 1100 in Frankreich entstanden. Die Kathedrale von Notre-Dame mit ihren beiden sich in die Höhe reckenden Türmen zeigt den Geist dieser Architektur und ist eine der besten Schöpfungen des 12. Jahrhunderts. Der kirchliche Einfluß war im Mittelalter so sehr überwiegend, daß er auch die künstlerische Ausdrucksform beherrschte. Religiöse Motive wurden die Regel und das Blattmotiv die Variation. Viele Muster wurden direkt den Zeichnungen der bunten Glasfenster entnommen.

Die gotische Kunst war ursprünglich eine reine Kunst der Architektur. Die hohen Spitzbogen, die senkrechten Linien, die gotischen Säulen usw. wurden dann auch bei der Herstellung der Möbel nachgeahmt. Tatsächlich wurden die Möbel von denselben Handwerkern hergestellt, welche die Innenausstattungen der Gebäude herstellten. Es wurde mehr Wert auf die Benutzbarkeit als auf die Schönheit der Oberflächen gelegt, was sich in der Verarbeitung von schwerer Eiche und Kastanie ausdrückt.

Unsere Kenntnisse über das Aussehen der Möbel während vieler Jahrhunderte des Mittelalters beruhen hauptsächlich auf Abbildungen in illustrierten Manuskripten. Es herrscht die massive Festigkeit vor, die durch keine dekorative Wirkung von Furnieren gemildert wird. Viel mehr als die Schönheit drückt sich die Zweckmäßigkeit in diesen Möbeln aus. Schnitzereien bilden die einzige Verzierung. Schwere Truhen mit Eisenbeschlägen galten als unentbehrlich, nicht nur für die Reise, sondern auch als Möbel. Sie wurden in Gasthäusern, manchmal auch in Wohnungen als Bänke, Tische und selbst als Ruhestätten benutzt. Stühle und Bänke wurden gewöhnlich nur auf einer Seite des Eßtisches aufgestellt, da die Verteidiger des Haushaltes es für richtig hielten, die Türen im Auge zu behalten. Anrichten mit hoher Rückwand ersetzten die Tafel in vornehmeren Häusern. Die Wohnräume wurden mit Thronsesseln und mit Lagerstätten ausgestattet, nach Art der eingebauten Bettgestelle, um Schutz gegen die Kälte zu finden.

Im Mittelalter war das Mobiliar der Haupthalle, die zum Essen, Schlafen und Aufenthalt bestimmt war, ziemlich im ganzen christlichen Europa das gleiche.

England. Pollen sagt in seinem Handbuch:

„Die Geschichte des englischen Mobiliars beginnt bei den Angelsachsen, da unter der langen römischen Herrschaft Britannien lediglich eine römische Provinz ohne eigenes Nationalleben war. Aus der allerältesten Zeit, in der die Kelten die Insel bewohnten, sind nicht genügend Überreste auf uns überkommen, die irgendwelchen Aufschluß über die Möbel jener Zeit geben, aber die Schönheit der wenigen Metallteile, welche gefunden worden sind, lassen die Annahme zu, daß schon eine bedeutende künstlerische Handfertigkeit geherrscht haben muß.

Vor dem Einfall der Normannen war England in den schönen Künsten weit hinter den kontinentalen Mächten zurück, mit Ausnahme der Kunst der Metallverarbeitung."

In Britannien wie auch in Frankreich gab es in den Wäldern sehr viel Eichen, die hauptsächlich zur Herstellung von Möbeln benutzt wurden. Bretter für Tische waren roh zugehauen und die Lagerstätten waren nicht viel mehr als hochgestellte hölzerne Behälter. Erst jahrelang nach dem Einfall der Normannen wurden Möbel aus sorgsam getrockneten Hölzern gemacht und auch die Wohnhäuser mit Holz ausgekleidet.

Stücke aus dieser Zeit sind selten und bestehen meist aus alten Holztruhen und Bestandteilen von Kirchen.

Die Feudalzeit mit ihrer rohen Lebensart erforderte nur primitive Ausstattung. Die Unsicherheit im Besitz von Burgen im Mittelalter machte es notwendig, daß man sich mit wenig Haushaltsstücken begnügte, die jedoch sehr fest gebaut sein mußten, um der rohen Transportweise gewachsen zu sein. Mit dem Abflauen der Feindseligkeiten zwischen den feudalen Lords stieg auch der Lebenskomfort. Der Geschmack an Luxus wuchs mit zunehmender Sicherheit am Eigentum.

Der einzige Nachweis für Einlege- oder Furnierarbeiten in dieser Periode ist in Scotts Ivanhoe zu finden, in der Beschreibung der Stühle, welche der Schloßherr und seine Gemahlin in der sächsischen Burg benutzten. Dort ist gesagt, daß an jedem dieser Sessel eine Fußbank, eigenartig geschnitzt und mit Elfenbein ausgelegt, angebracht war, die ihre besondere Verwendung kennzeichnete. Andere Mitglieder des Haushaltes saßen auf gewöhnlichen Bänken, Stühlen oder Schemeln.

Italien. In Italien machte sich der Einfluß des gotischen Stils hauptsächlich im 14. Jahrhundert bemerkbar. Venedig kam zu Reichtum und Macht. Es entwickelte sich aber viel mehr die Holzschnitzerei als die Furnierkunst. Der gotische Geschmack konnte jedoch keinen festen Fuß in diesem Lande fassen, das sich niemals von dem klassischen und byzantinischen Einfluß völlig frei machen konnte.

Nach Hunter war mit der Bezeichnung „gotisch“ die Idee des Barbarischen verknüpft, da die Italiener der Renaissance eine gewisse Verachtung für den nichtrömischen Stil zeigten, der ihnen durch den Einfall der Goten und Vandalen aufgezwungen worden war.

Kurz zusammengefaßt herrschte während des Mittelalters, das der Renaissance voraufging, praktisch eine rohe Lebensart vor, in der alle Künste, besonders die Kunst des Furnierens und Absperrens, fast ganz verschwunden waren.

Diese Feststellung der Autoren des amerikanischen Werkes darf im Hinblick auf die Zeugen der deutschen Furnierkunst aus der gotischen Zeit besonders in der Spätgotik als nicht ganz zutreffend bezeichnet werden. Sie ist nur dadurch zu erklären, daß, wie bereits im ersten Kapitel dieses Bandes erwähnt, die Herausgeber des amerikanischen Werkes die deutsche Literatur nur sehr mangelhaft, oder, besser gesagt, fast gar nicht zu den Studien herangezogen haben, auf denen sie ihre Geschichte der Verwendung von Furnier und Sperrholz aufbauten. Auch den globetrottenden Amerikanern sind die klassischen Zeugen deutscher Gotik aus den weltberühmten Gotteshäusern, z. B. dem Stephan in Wien, dem Dom in Köln, dem Dom in Magdeburg, dem Münster in Straßburg, ferner der Marienburg, dem Artushof in Danzig und den vielen Rathäusern alter deutscher Städte, wohlbekannt. Eigentlich hätte es wohl nahe gelegen, zu untersuchen, ob diese Zeit nicht auch dem Möbelbau im deutschen Lande seine Kunstform aufgedrückt hat.

Die amerikanischen Herausgeber hätten dann leicht gefunden, daß die alten deutschen Klöster, Kirchen, Schlösser, Museen und Sammlungen sehr wertvolle Zeugen der Verwendung von Furnieren aus jener Zeit enthalten. Vielleicht darf man auch sogar sagen, daß diese Stücke die Erklärung dafür abgeben, daß die Furnierkunst nie in Deutschland erstorben ist und daß sich von dort aus sozusagen ihre Wiedergeburt in Mitteleuropa vollzogen hat. Darauf weist auch die Tatsache hin, die bereits im ersten Bande erwähnt worden ist, nämlich: daß die Bezeichnung für Furniere von dem deutschen Wort „furnieren“ abgeleitet ist, und in seinen verschiedenen Abwandlungen im heutigen Weltsprachschatz immer noch den deutschen Stamm zeigt, worauf auch die amerikanischen Herausgeber selbst hingewiesen haben.[1])

Wir wissen zum Beispiel, daß im südlichen Deutschland, das an den härteren Edelhölzern arm war, auch in Zeiten, in denen in anderen Ländern Massivholz, fast ausschließlich durch Schnitzwerk verziert, verarbeitet worden ist, Furniere aus härteren Edelhölzern bereits zur Bekleidung von Gegenständen benutzt worden sind, die an sich aus den weicheren Nadelhölzern aufgebaut waren, und zwar schon seit dem 14. Jahrhundert, selbst für sehr große Flächen.[2]) In der im Kapitel I angeführten Literatur sind Quellen genannt, die Näheres und Ausführliches hierüber aussagen und in zahlreichen Abbildungen belegen.

Entwürfe eines Dürer, die Furnierarbeit verwenden, konnten nicht aus einer Anfangskunst heraus ausgeführt werden, sie sind Beweis dafür, daß die Kunst des Furnierens in Deutschland nie verschwunden war. Wenn also an dieser Stelle von dem abgewichen worden ist, was im ersten Kapitel bezüglich Berücksichtigung der deutschen Furnier- und Möbelkunst gesagt worden ist, so ist dies lediglich geschehen, um die Lücke zu schließen, die in der Geschichte von Furnier und Sperrholz klaffen würde, wenn man an dieser Stelle die deutsche Kunst beiseite ließe, gerade in der Zeit, welche der Blüte der deutschen Meister den Boden schuf. Auch der Amerikaner kennt die Meistersinger, in denen Richard Wagner den Hans Sachs singen läßt: „Verachtet mir die Meister nicht!“ Der Amerikaner schätzt das Musikwerk und seinen Inhalt, er wird daher um so mehr verstehen, daß man erwarten durfte, hier auch etwas von den handwerklichen Taten dieser Meister zu hören, deren Namen keinen schlechteren Klang in ihrer Kunst haben, als so manche, die aus anderen Ländern im amerikanischen Werk genannt sind. Namen wie Strohmeier, Clemens Petel, Konrad Schnitzeler, der große unbekannte Meister, der seine Werke mit H. S. zu zeichnen pflegte, Peter Flötner, Ferdinand Plitzer, Servazius Pickard, Johann Wolfgang Anvera, Johann Georg Nestfeld, aus der Zeit der Spätgotik bis zu der des Rokoko, dürfen getrost in die Reihe derer gesetzt werden, derer die amerikanische Ausgabe gedenkt. Unsere europäischen Museen und Sammlungen zeigen wunderbare Schöpfungen dieser Meister, in denen die Furnier- und Sperrholzkunst fortgelebt hat zu Zeiten, in denen sie in anderen Ländern erstorben war.

---

[1]) Band I, Seite 8.

[2]) A. A. Felchner, „Kunstgeschichte des Möbels.“ Propyläen-Verlag, Seite 36.

Kapitel IV.

Die Art des Furnierens in der Renaissance.

Intarsien der italienischen Renaissance.

Die Möbel der italienischen Renaissance sind jetzt (in Amerika) wieder die große Mode. Aus diesem Grunde, und weil sie die Quelle der Inspiration für die folgenden Stilarten bildet, ist das Studium dieser Periode von besonderem Interesse. Auch in der Geschichte von Furnier und Sperrholz nimmt diese Periode eine besonders wichtige Stelle ein, weil sie die Rückkehr zu Einlegearbeiten als Verzierung mit sich brachte.

Walter A. Dyer sagt in seinem Handbuch der Möbelstile:[1])

„Die Renaissanceperiode zeichnet sich durch die Wiederkehr der Lernfreudigkeit, durch einen allgemeinen Aufstieg aus den Zeiten der finsteren Jahre aus, die neues Leben in alle Teile der Kultur und Kunst brachte. Die Wiederkehr zum Studium brachte neues Interesse für die alte griechische und römische Kunst. Der Friede, der nach den langen Kriegsjahren dieser Zeit in Italien herrschte, machte es den Fürsten und Reichen möglich, als Patrone der Kunst aufzutreten. Die Renaissancebewegung als Ganzes war an sich europäisch, ihr Ursprung und ihr Zentrum war jedoch in Italien, dort wurde sie zur höchsten Blüte gebracht.

Auf allen Gebieten regte sich neues Leben. Ein wahrer Ausbruch von intellektueller Energie trat zutage, aus ihr heraus Entdeckungen, Erfindungen, sowie Entwicklung und Verbreitung von neuen Ideen.

Ein natürliches, freudiges, freies Gefühl herrschte vor, das überall seinen Ausdruck im Freiwerden der Geister fand, das sich durch Originalität und spontane Einfälle bemerkbar machte, geleitet, aber nicht gehemmt durch die Tradition der Antike.

Der schaffende Impuls überragte Alles. Es war das goldene Zeitalter der Tat.“

Venedig verspürte den Geist der Renaissance etwa gegen Ende des 13. Jahrhunderts. Im allgemeinen jedoch bezeichnet man als Zeit der Früh-Renaissance das 15. Jahrhundert und als die der höheren und klassischen Renaissance das 16. Jahrhundert. Die dann folgenden Jahrhunderte zeigten den Stil bereits überschraubt, als Folge hiervon einen unvermeidbaren Abstieg.

[1]) Handbook of Furniture Styles. Verlag Century Co., New York 1918, Seite 11.

Im Jahre 1494 bestellte der Herzog von Mailand den vielseitigen Genueser Leonardo da Vinci zum Direktor der Akademie für Malerei und Architektur. Seine erste Verwaltungsmaßnahme war die Verbannung des vorherrschenden gotischen Geschmacks. Die klassische Kunst wurde von ihm als Muster für die neue in den Vordergrund gerückt. In Florenz finden wir das Genie eines Brunelleschi mit dem Wiederaufleben der klassischen Kunst verknüpft.

Im 16. Jahrhundert, auf der Höhe der Renaissance, blühte die Kunst unter dem Schutze der allmächtigen Familie der Medici, in derselben Zeit, in der Leo X. Papst war. Die Meisterstücke von Michel Angelo, Raffael, Tizian, Andrea del Sarto entstanden um diese Zeit, in der sowohl den heimischen Künstlern wie auch den fremden, die zum Studium der italienischen Kunst von den Fürsten beinahe aller europäischen Kulturländer nach Rom entsandt waren, jede Unterstützung gewährt wurde. —

Mit dem Anwachsen des nationalen Geschmackes für Schönheit und Ornamentik ging Hand in Hand das Anwachsen der Eleganz und des Luxus in den Möbeln des Haushaltes. Hieraus resultierten die sorgsam entworfenen und in außerordentlich großen Abmessungen gefertigten Möbel, die den damaligen Ansprüchen entgegenkamen.

Über Einlegearbeiten berichtet Pollen:

> „Vielerlei Werkstoffe wurden von den Künstlern der Renaissance benutzt. In erster Linie wurde Holz zum Herstellen der Möbel verarbeitet. Sie wurden durch Bemalung und Vergoldung verziert. Als Einlagen wurden benutzt Achat, Carneol, Lapislazuli, Perlmutt und Hölzer verschiedener Arten."

Die schwere Eiche, die in den gotischen Ausführungen vorherrschte, zu Zeiten, in denen man auf Bequemlichkeit und Schönheit nicht viel Wert legen konnte, wurde durch andere Holzarten ersetzt, die sich besser für Schnitzarbeiten eigneten, vor allen Dingen war Nußbaum die große Mode, Birnbaum, Ahorn, Tanne und auch Zypresse waren zu finden. Neben Bemalung, Vergoldung und Schnitzereien, die in außerordentlich komplizierten Formen ausgeführt wurden, kamen auch Einlagen wieder in Aufnahme. Für diese Verzierungen wurde damals die Bezeichnung Intarsien geschaffen.

Einlagen, Intarsien und Marketerie, alle diese drei Arbeitsformen sind Furnierarbeiten.[1]) Einlage bedeutet, Holz mit Elfenbein, Schildpatt usw. zu verzieren, dadurch, daß diese in vertiefte Muster der Möbel eingelegt werden.

Intarsia wurde von dem lateinischen Wort „interserere", „einrücken, einlegen", abgeleitet. Praktisch ist es dasselbe wie Furnieren, da im äußeren Ansehen die zwei Ausführungsarten nicht voneinander zu unterscheiden sind, trotzdem die Einlagen oft in die geglätteten Oberflächen von Massivholz, statt in Furnieren eingebracht wurden.

---

[1]) Siehe auch Band I, Seite 322.

Marketerie kommt von dem französischen Wort „marqueter“, das soviel bedeutet wie Flecken oder Marken anbringen. E. Foley sagt in seinem „Book of Decorative Furniture“: [1])

„Der Unterschied zwischen Einlegearbeiten und Marketerie ist vielleicht am besten definiert dadurch, daß man Einlagen als ein aus verschieden gefärbten Hölzern gefärbtes Muster bezeichnet, welches in ein massives Brett oder in den Holzkörper eines Möbelstückes eingelassen wird, und daß man mit Marketerie die Arbeit bezeichnet, bei der man die zu einem Muster vereinigten einzelnen Stücke in eine gleich schwache Unterlage einsetzt und dann die Muster und die Einlagen gemeinsam auf die zu dekorierende Unterlage aufbringt.“

Frederick S. Robinson definiert in seinem Werk „English Furniture“ [2]) die drei Arbeitsarten wie folgt:

„Die drei Bezeichnungen beziehen sich auf Arbeiten, die einander sehr ähneln, da bei jeder derselben Hölzer verschiedener Art, in dünne Schichten geschnitten, auf oder in eine stärkere und billigere Unterlage geleimt werden . . .

. . . Der Unterschied zwischen ‚Einlage‘ und ‚Marketerie‘ läßt sich nicht genau angeben. Die Bezeichnungen werden oft durcheinandergebracht, je nach dem Anteil des Musters im Verhältnis zur Unterlage. Wenn sehr wenig von der Unterlage zu sehen ist, pflegt man von Marketerie zu sprechen. Herrscht im Bilde die Unterlage vor, so benutzt man die Bezeichnung ‚Einlegearbeit‘.“

G. L. Hunter ist in seinem Werk „Decorative Furniture“ [3]) der Meinung, daß die verschiedenen Bezeichnungen mehr geographischer Natur sind, da Marketerie erstmalig für die dünnen Bildfurniere gebraucht worden ist, die in Frankreich im 18. Jahrhundert so berühmt geworden sind, während Intarsien sich mehr auf die italienische Einlegearbeit der Renaissance und der davor liegenden Zeit beziehen. Einlegen war die Bezeichnung der Marketeriearbeiten des Elisabethanischen Stils.

Viele der prachtvollen italienischen Intarsien sind heute noch in der Kathedrale von Florenz zu sehen, der Hauptstadt der Renaissance des 15. Jahrhunderts. Die Pulte, Lesetische, Chorstühle und Panele zeigen, daß weder Zeit noch Geld gespart wurden, um für das Gotteshaus die wunderbarsten und schönsten Arbeiten herzustellen.

---

[1]) Verlag G. P. Putnam's Sons, New York 1911, Band I, Seite 383.

[2]) Verlag Methuen & Co., London 1905, Seite 168—169.

[3]) Verlag Dean-Hicks Co., Grand Rapids, Michigan 1923, S. 317.

F. Hamilton Jackson erzählt in seinem Werk „Intarsia and Marketry" sehr interessant, wie sehr diese Kunst geschätzt wurde. Sie wurde vom Meister auf den Lehrling, vom Vater auf den Sohn vererbt. Die Geheimnisse der Zubereitung gewisser Farben wurden ängstlich gehütet. Er erzählt uns, daß eigentlich Siena die wirkliche Wiege der italienischen Schnitz- und Einlegekunst gewesen ist, und daß Antonio Barili, einer der besten sieneser Künstler des 15. Jahrhunderts, in seiner Arbeit an dem Chor der Kapelle von St. Giovanni ein Panel hinterlassen habe, welches die einfache Arbeitsweise, mit Hilfe derer Intarsien hergestellt werden, zeigt. Figur 9, die aus dem Buch von Jackson stammt, zeigt Barili bei der Arbeit. Jackson bemerkt hierzu:

„Seine Werkzeuge bestanden aus einem zusammenklappbaren Taschenmesser, einem Stechbeitel mit viereckigem Handgriff und einem Messer mit kurzer Klinge und langem Handgriff, die er mit der linken Hand hält und derart gegen die Schulter lehnt, daß er mit ihnen beim Schneiden einen Druck ausübt. In der rechten Hand hält er eine Art Stift, mit dem er die Schneidkanten zu dirigieren scheint.

Fig. 9. 15. Jahrhundert, Intarsien in Italien. Antonio Barili bei der Arbeit von ihm selbst dargestellt.
(Entnommen dem Werk „Intarsia and Marquetry" von F. Hamilton Jackson.)

Diese älteste Art und Weise, Intarsienarbeiten in Italien auszuführen, wo sie sicher 100 Jahre, bevor sie in irgendeinem anderen Lande geübt wurde, bekannt war, bestand darin, in dem Holz nach einer vorher aufgebrachten Zeichnung Vertiefungen anzubringen und dann diese mit Stückchen verschiedenartig gefärbten Holzes auszufüllen. Anfangs war die Zahl der verwendeten Farben sehr gering — nach ‚Vasari' hat man in der ersten Zeit nur Schwarz und Weiß benutzt. Man muß das aber etwas weiter auslegen, da die Farbe des Holzes an sich nicht vollkommen gleichmäßig ist und deswegen die Färbung von Stücken, die aus verschiedenen Teilen des Holzes geschnitten werden, schon an sich verschieden sind."

Litchfield berichtet über das Furnieren aus dem Ende des 14. Jahrhunderts:

„Die Hersteller von ornamentierten Möbeln begannen damit, Marmormosaik durch verschieden gefärbte und ausgeschnittene Hölzer nachzuahmen. Dieser Zweig des Kunstgewerbes entwickelte sich von den bescheidenen Anfängen der Herstellung von Sternmustern und Umrahmungen aus verschiedenen Hölzern in den Füllungen der Türen zu den künstlerischen Bildwerken, in denen Landschaften, Ansichten von Kirchen, pittoreske Ruinen kopiert wurden, in denen auch Menschen- und Tierfiguren eingearbeitet waren. Die Arbeiten wurden natürlich dadurch erleichtert und unterstützt, daß ein Handel zwischen den verschiedenen Nationen begann, der auch eine größere Mannigfaltigkeit von Hölzern für die Verarbeitung lieferte. Bei manchen älteren italienischen Intarsienarbeiten waren die Verzierungen Stück neben Stück in die Panele eingeschnitten.

Als die Künstler mehr Handfertigkeit erworben hatten, wurden Furniere aufgebracht und die Wirkung noch dadurch erhöht, daß man diejenigen Teile, die man abschattieren wollte, mit heißem Sande brannte. Die Zwischenräume, die durch die Stärke des Sägeschnittes entstanden, wurden entweder mit schwarzem Holz oder gefärbtem Leim ausgefüllt, um die Muster noch klarer hervortreten zu lassen."

Elfenbein wurde neben Holz als Werkstoff für Einlagen benutzt, und, soweit Elfenbein zu schwer zu beschaffen war, traten Knochen feiner Beschaffenheit an seine Stelle. Überall wurden die üblichen Formen, wie klassische Säulen und Panele mit symmetrischen Ornamenten, benutzt.

Der ganzen Richtung entsprechend waren Renaissancemöbel mehr auf Stil als auf Bequemlichkeit und Behaglichkeit gearbeitet, sie zeigten eine gewisse Architektur und zeichneten sich vor allen Dingen durch gute Proportionen aus. Der Möbelbau wurde eine sehr geachtete Zunft. Es wurden neuartige Entwürfe geschaffen. Die üblichen Formen wurden, um den gesteigerten Lebensansprüchen zu entsprechen, in kostbaren Ausführungen hergestellt. Hunter berichtet über Panele mit Intarsienarbeiten aus dem 15. Jahrhundert:

„Sobald die Lebensweise eine ruhigere geworden war, wurden die Truhen weniger leicht transportabel, dafür aber luxruiöser ausgestattet. Die Seiten derselben waren mit ausgesuchten Intarsien geschmückt.

Prachtvoll, trotzdem einfach und nicht teuer in der Arbeit sind die Buffets, Schreibtische, Tische, Bücherschränke in der italienischen Renaissance, die oft mit Intarsien geschmückt waren."

Die florentinische Kredenz, die in Figur 10 dargestellt ist, zeigt Furnierarbeiten aus dem 16. Jahrhundert.

Tische zeigten häufig Einlagen und Vergoldungen, wie auch reiche Schnitzarbeit, sie waren oben mitunter mit Marmortafeln oder florentinischen Mosaiken bedeckt.

Pollen beschreibt einen furnierten Büchertisch, der einem der Medici von Florenz gehört hat. Er sagt:

„Er ist mit Ebenholzfurnier überfurniert und durch Streifen von Sonnenwendesteinen, orientalischen Jaspis und Lapislazuli in Felder geteilt, die oben und unten mit getriebenem Silber verziert sind. Das Stück ist weiter mit Juwelen, kostbaren Ornamenten aus Silber, kostbaren kleinen Figuren, zwischen denen noch kleine Miniaturfiguren von Silber und Gold eingestreut sind, die paarweise als Reliefs angeordnet sind, geschmückt.“

Die italienische Renaissance lieferte ferner kostbar hergestellte Furnierarbeiten, die in Farbe und Schattierungen dem „Panther-Tisch“, „Tiger-Tisch“ und „Bienenschwärmen“ glichen, die ihre römischen Altvorderen bereits 2000 Jahre früher hergestellt hatten. In den Museen von Cluny, im Louvre von Paris, in den Kunstsammlungen von Rom, Venedig und nahezu in allen

Fig. 10. Florentinische Kredenz aus dem 16. Jahrhundert, die bereits die Verwendung von Furnieren zeigt.
(Dank dem Entgegenkommen von Doubleday, Page & Co., Verleger von „The History of Italian Furniture from the 14th to the 19th Century“ von William M. Odom.)

europäischen Museen sind Hunderte dieser kostbaren Möbelschöpfungen, von denen sehr viele Furnierarbeiten tragen, aufbewahrt.

Wie dem auch sei, nicht alle Möbel aus dieser Zeit verdienen lobend erwähnt zu werden, denn manche eignen sich viel mehr zu Ausstellungsobjekten in Museen, als zur Benutzung in einem modernen Hause. Trotzdem steht fest, daß die Kunstfertigkeit, die in diesen beiden Jahrhunderten in Italien entwickelt worden ist, so allgemeine Bewunderung und in so hohem Maße erregt hat, daß die italienischen Künstler im Westen Europas als die Meister des Geistes und der Form der Renaissance angesehen wurden.

Marketerie in der französischen Renaissance.

Wie bereits im vorigen Abschnitt ausgeführt, hat das Kunsthandwerk Frankreichs eine starke Anregung durch die Wiedergeburt dieser Kunst in Italien erhalten. Franz I., der Herrscher des fortschrittlichsten und prachtliebendsten Hofes, baute sein Schloß im italienischen Stil und schmückte es in diesem Stil aus. Auch die Möbel wurden nach italienischen Modellen kopiert und in derselben Weise furniert. Auch die Prinzessinnen der Medicis und andere reiche Familien führten Nachahmungen florentinischer Kunstwerke in ihre Häuser ein.

Italienische Kunsthandwerker kamen nach Frankreich und wanderten dort von Stadt zu Stadt, um an der Ausschmückung der Gebäude zu arbeiten. Die eingeborenen Künstler ahmten nicht nur deren Arbeiten nach, wurden vielmehr mit der Aufgabe nach Italien gesandt, italienische Baukunst und Ornamentik zu erlernen. Weitere Anregung wurde auch gelegentlichst der Kriegszüge gegen Italien nach Frankreich zurückgebracht.

André Saglio äußert sich in seinem Werk „French Furniture“:[1])

> „Die teuren Expeditionen nach Italien hatten für die Kultivierung des französischen Geschmacks und für Verfeinerung der französischen Sitten dieselben guten Erfolge, wie seinerzeit die Kreuzzüge in einem noch mehr barbarischen Zeitalter.“

Es dauerte nicht lange, bis unter der Einwirkung des neu angeregten Interesses an der klassischen Kunst die gotische Tradition aufgegeben wurde, sobald die alten Prinzipien mit der Aufgabe des religiösen Eifers zu verblassen begonnen hatten.

Der Zug zur schlanken Höhe wurde jedoch in manchen Teilen der Architektur beibehalten. Er ist auch in den Möbeln der französischen Renaissance noch zu finden. Möbel zeigten zwei, drei oder auch vier Aufbauten übereinander und der verlängerte Aufsatz bleibt ein typisches Merkmal des Stiles jener Zeit.

Die Schnitzkunst befand sich in hoher Blüte und Vollendung. Muster aus dieser Periode zeigen eine entschiedene Zuneigung zu klassischen Motiven. Hauptsächlich wurde Nußbaum benutzt, weil er sich sehr gut schnitzen ließ.

Am interessantesten für Furnier- und Sperrholzarbeiten ist es, daß die Kunsthandwerker jener Zeit ausgiebig Einlegearbeiten aus exotischen Hölzern, auch aus Ebenholz, Elfenbein und Metall ausführten. Viele Truhen sind kunstvoll eingelegt. Eines der drei kostbarsten Stücke der historischen Hardwick Hall ist französische Arbeit, ein massives Kabinett mit Außenpanelen, die in vollendeter Weise mit eingelegten Landschaften und Blumenornamenten geschmückt sind.

---

[1]) Verlag Charles Scribner's Sons, New York 1907, S. 60.

Einlegearbeiten in der englischen Renaissance.

Infolge ihrer langen Abhängigkeit von der englischen gotischen Tradition weisen die Renaissancemöbel Englands ziemliche Unterschiede gegenüber den italienischen und französischen auf.

Was die Benutzung von Einlagen aus Furnieren anbelangt, so sei hier die Ausführung von Fred. Roe in seiner Geschichte des Eichenmöbels[1]) wiedergegeben:

> „Die Kunst der Einlegearbeiten mit verschieden gefärbtem Holz kam im 16. Jahrhundert in Mode. Diese Art der Verzierung stammt aus Italien, breitete sich über Frankreich und Deutschland aus und kam rasch in Mode...
>
> Während der zweiten Hälfte des 16. Jahrhunderts wurde für Einlegearbeiten Blumenmuster viel benutzt, aber auch geviertelte Panele und geometrische Figuren wurden ausgeführt."

Während der Regierung von Heinrich VIII. hörte die Unsicherheit, welche die dauernden Kriege mit sich gebracht hatten, mehr und mehr auf und auch Befestigungen waren nicht mehr notwendig. Mit dem Aufhören des Baues von Klöstern zur selben Zeit konnte das Land seine Hilfsquellen mehr zur Ausbildung der Wohnarchitektur verwenden. Ein weiterer Grund dafür, den Namen Heinrich VIII. mit dem ersten Beginn der Renaissance in Verbindung zu bringen, war die heftige Abneigung gegen die Papisten, die den König veranlaßte, in seiner Abneigung gegen den gotischen Stil, den er mit kirchlichen Dingen für eng verbunden hielt, italienische Hofarchitekten zu beschäftigen. Später während der Reformation wurden diese Italiener durch Deutsche und Flamen ersetzt.

Die Zeit der Elisabeth. Erst unter der Regierung von Elisabeth kam die Renaissance zur vollen Entwicklung, als das Leben fröhlicher, voll von Farbe und Glanz wurde. Liebe an großem Gepränge war das Zeichen der Unterhaltung jener Tage. Es war die Zeit, in der Shakespeare seine Stücke schrieb und zur Unterhaltung des Hofes und des Volkes aufführte. Literatur und Kunst aller Zweige blühten. Elisabeths besondere Laune war ihre Vorliebe für das ländliche Leben. Ihr Geschmack führte zu einem Glanz im Hofzeremoniell, Kleidung und Umgebung, so daß auch ihre Untertanen begannen, großen Wert darauf zu legen, ihren Reichtum in ihrem Besitz und ihrer Lebensart zur Schau zu tragen.

Die Möbel waren entsprechend dem Geist der Zeit mehr auf äußere Erscheinung als auf Bequemlichkeit hin gearbeitet. Meist wurde reich geschnitzte Eiche in massiver Form verwendet.

Einlegearbeiten wurden nach wie vor für Möbel benutzt und diese Art von Furnierarbeiten wurde auch für die Bekleidung der Wände angewendet.

---

[1]) „A History of Oak Furniture." Verlag The Connoisseur, London 1920. Seite 10.

Black und Reveirs-Hopkins charakterisieren die Holzarbeiten der Zeit Elisabeths dahin, daß man schmale Stücke einer oder verschiedener Arten von Holz in Ausschnitte der Oberflächen anderer Hölzer einlegte.

Im South Kensington Museum ist ein Stück eingelegter Panelarbeit aus der besten Zeit der englischen Renaissance zu sehen, das aus dem Sizergh Castle Westmoreland stammt. Litchfield beschreibt dies wie folgt:

> „Das Panel besteht aus sehr schön gemaserter Eiche, vollkommen ohne jede Politur, die mit schwarzer Steineiche und Stechpalme eingelegt ist, und zwar in geometrischen Figuren. In bestimmten Abständen sind schlanke Pilaster mit Rillen aus schwarzer Eiche mit jonischen Kapitälen angeordnet."

Auch Burgess und Hunter bringen in ihrem Werk Beschreibungen über Renaissancemöbel dieser Zeit, aus denen hervorgeht, daß Einlegearbeiten mit Furnieren in großen Mengen verwendet worden sind. Betthäupter, Tische, Schranktüren, Sekretäre wurden in dieser Weise verziert. In den englischen Museen befindet sich fast überall eine reiche Auswahl von kostbaren Möbelstücken dieser Zeit. Die grotesken Figuren und eigenartigen Formen geben weniger Anlaß zur Bewunderung, als die äußerliche Geschicklichkeit der Kunsthandwerker jener Zeit, für die sie zeugen.

Stühle waren in der ersten Hälfte des 16. Jahrhunderts nicht in Gebrauch, mit Ausnahme des „chair of state" und der verschiedenen „chairs of order".

Mit Ausnahme des Herrn und der Frau des Hauses wurden von den übrigen Mitgliedern des Haushaltes meist nur Hocker, Schemel oder Bänke benutzt. Unter der Regierung von Elisabeth in der zweiten Hälfte des 16. Jahrhunderts wurden auch die Mittelklassen infolge des Handels mit den fremden Ländern vermögender, wodurch auch die Entwicklung der Kunst im bürgerlichen Hause begünstigt wurde.

Marketerien der holländischen und flämischen Renaissance.

Margarete von Parma hat als Gouverneur der Niederlande im Beginn des 16. Jahrhunderts italienische Künstler nach Holland und Flandern berufen. Die einheimischen Kunsthandwerker wurden angeregt, die neuen Stile zu übernehmen.

Zunächst wurde nur Eiche für Möbel benutzt, später kamen auch Ebenholz und andere seltenfarbige Hölzer, die diesen seefahrenden Völkern durch ihren Handel mit dem Orient und Indien bekannt waren, und zwar in der Form von dekorativen Furnieren für Möbel und andere Holzarbeiten zu größerer Bedeutung.

Holzschnitzereien waren zur Verschönerung der Paläste und öffentlichen Gebäude ebenso begehrt wie für die Residenzen der Bürgermeister und anderer reicher Bürger. In vielen Gemälden, die holländische Innenräume darstellen, sieht man, daß Marketerieverzierungen an Möbeln benutzt wurden. Manche Sachkenner sind der Meinung, daß bei diesen luxuriösen Arbeiten zu sehr in die Details gegangen sei. Litchfield führt aus:

„Marketerie dieser Zeit ist außerordentlich reich und die Motive sind weniger schwer, jedoch zeigt sich eine große Vielfältigkeit in der Färbung des Holzes, außerdem wird die Wirkung noch durch die Einarbeitung von kleinen Stücken von Perlmutt und Elfenbein erhöht. Später werden die Marketerie-Ausführungen überladen, die feine Abarbeitung ließ nach und auch die Färbung der Furniere wurde unsauber und zu bunt. Alte Möbel aus schlichtem Mahagoni wurden mit dünnen Lagen schön gefärbter Hölzer überfurniert."

Wenn auch der Renaissancestil in diesem Lande weniger anmutig ist, als in anderen Ländern, so zeigen die Möbel doch einen gewissen anheimelnden und soliden Charakter, der sie beliebt gemacht hat. Ein gewisser Scharm liegt in der Tatsache, daß auch die nationale Liebe zu Blumen in der Nachbildung von Tulpen und anderen Blumenmotiven zum Ausdruck kommt. Jackson sagt über die holländische Marketerie:

„Am Niederrhein und in Holland wurden Intarsienarbeiten für große und kleine Truhen benutzt, für Buffets, für Türen mit reicher Mittelkrönung. Sie zeigen gute Zeichnungen von Blumenmotiven mit Vögeln und Tieren. Der Grund war gewöhnlich hell gehalten . . .

Die beste Zeit für die holländische Renaissance war in der zweiten Hälfte des 16. Jahrhunderts und in der ersten Hälfte des 17. Jahrhunderts. Die Arbeiten aus dieser Zeit sind sehr breit gehalten und manchmal die Zusammenstellungen etwas überladen. Die Ursache dafür lag vielleicht darin, daß die vielen verschiedenen Holzarten, die der holländische Handel auf den Markt brachte, die Kunsthandwerker dazu verführte, in der Behandlung der Farben bei ihren bildlichen Darstellungen zu weit zu gehen. Hier, wie auch in Frankreich und in Italien wurden reiche Sessel gewöhnlich mit Marketerie dekoriert."

Einlegearbeiten als Merkmal der spanischen Renaissance.

Der Übergang vom gotischen Stil zur Renaissance kommt ebenso wie in anderen Ländern auch in Spanien in Möbeln und Holzarbeiten zum Ausdruck. Der Geist des wiedererwachenden Italiens war von großem Einfluß, um so mehr, als beide Länder dem Reich Karls V. angehörten. Die östliche Einlegekunst macht sich jedoch im spanischen Stil deutlich bemerkbar. Jackson berichtet hierüber:

„In Spanien müssen sehr viele Intarsienarbeiten ausgeführt worden sein, da die Mauren so lange den südlichen Teil von Spanien besetzt gehalten haben, aber nur wenige Stücke hiervon sind auf uns überkommen . . .

Im South Kensington Museum befinden sich ein paar Panele mit spanisch-maurischen Einlagen aus Knochen, welche geometrische Figuren darstellen. Sie stammen aus dem 15. Jahrhundert und sehen sehr gefällig aus. Der Grund ist Nußbaum, der Knochen ist oft grün gefärbt, außerdem sind Metalle, Dreiecke und hellere Hölzer benutzt. Die Verwendung von Knochen, meist gefärbt in Verbindung mit schwarzem und hellerem Holz ist charakteristisch für die spanischen Arbeiten des 16. Jahrhunderts. Die Muster sind meist sehr naiv. Sie stellen Vögel, Tiere, Pflanzen, Bäume mit Fabelwesen und Ungeheuern dar. Im South Kensington-Museum befindet sich eine Darstellung, in der die Tiere die Arche besteigen, die sehr interessant ist."

Nach Litchfield haben sich die spanischen Mönche in Granada mit der Herstellung von Intarsien und Einlegearbeiten beschäftigt. Muster hiervon befinden sich an der St. Bruno-Kapelle im Karthäuser Convent in Granada.

Die bedauerlich hohen Preise für bequeme Hausmöbel in Spanien sind wohl hauptsächlich auf die Mauren zurückzuführen, die Bequemlichkeit nicht für notwendig hielten. Von der allerersten Zeit ihrer Besetzung von Spanien bis auf den heutigen Tag finden sich ihre Spuren, der halborientalische Einschlag.

Bis zum Beginn der Renaissance sollen die Möbel in Spanien hauptsächlich aus Kästen oder Truhen bestanden haben, in Abmessungen und in einer Abarbeitung, die allen damaligen Ansprüchen genügten. Sie waren entweder gotische Schnitzwerke oder Sperrholzkonstruktionen mit Einlagearbeiten auf beiden Seiten des Deckels. Man nimmt an, daß der jetzt noch in Burgos gezeigte historische Koffer derjenige des „Cid" ist, der, wie die Cid-Sage meldet, angeblich mit Kostbarkeiten, jedoch wirklich mit Sand gefüllt den Wucherern als Pfand übergeben wurde. Während des 16. und 17. Jahrhunderts verursachte der Hang zum Luxus die Schaffung neuer, vielfältiger Formen. Reichgeschmückte und herrliche Möbel wurden Mode. Litchfield berichtet hierüber:

„Der große Reichtum und die Hilfsquellen Spaniens in dieser Geschichtsperiode gestatteten den Vornehmen, einen außerordentlichen Geschmack in ihren Wohnräumen und Einrichtungen zu entwickeln, die sehr reich mit getriebenen Plaketten von Silber oder auch Perlmutt, Ebenholz und den seltenen Hölzern Indiens verziert waren."

Sowohl Tische, wie auch Schränke waren mit Ebenholz, Elfenbein, Bronze und Silber ausgelegt und furniert. Die Benutzung der Bettgestelle und Kohlenbecken war vom alten Rom entlehnt. Den Mauren wird die Sitte, die bis vor 200 Jahren anhielt, zugeschrieben, die christlichen Frauen auf Kissen zu setzen, während die Mauren je nach ihrem Rang auf Stühlen oder Sesseln saßen.

Leonhard Williams führt in seinem Werk „The Arts and Crafts of Older Spain“[1]) die behördlichen Bestimmungen der Stadt Granada aus dem Anfang des 17. Jahrhunderts an, die sich gegen die Herstellung von schlechten Möbeln richten. Diese hatten einen solchen Umfang angenommen, daß sie sich zu einem Skandal in dieser Stadt ausgewachsen hatte. Sorgsame Arbeit ist niemals eine hervorragende Eigenschaft spanischer Möbel gewesen. Spanische Kastanie war mit Rücksicht auf ihre reiche Qualität sehr beliebt. Nußbaum, Eiche, Zeder, Zypresse und Tanne wurden auch für den Möbelbau benutzt.

Schwere Stühle und Rahmensessel mit Köpfen großer Bronzenägel, bezogen mit reichfarbigem Samt oder geprägtem Leder waren charakteristisch. Vergoldungen, Bemalungen, Goldstickereien wurden verschwenderisch angewendet. Jede mögliche Verschönerungsart wurde herangezogen, um dem Stolz der Spanier in dieser Periode ihrer größten Macht Genüge zu tun.

---

[1]) Verlag T. N. Foulis, London 1907. Band II.

Kapitel V.

Die Beliebtheit von Marketerie und anderer Arten von Furnierarbeiten in späteren französischen Möbeln.

Die Periode Ludwig XIII. ist für das Studium der Möbeltypen deswegen interessant, weil man in ihr den Wunsch in Erfüllung gehen sieht, den Möbeln noch etwas mehr zu geben als Festigkeit. Es wurden neue Nutzanwendungen für Möbel gefunden. Etwa in dieser Periode kamen die Schränke mit Türen auf, die in Scharnieren hingen, bei denen vielfach Marketeriearbeiten in Mustern von Blumen und Fruchtkörben angebracht waren, oder auch Einlegearbeiten, bei denen die Oberflächen der abgesperrten Türen mit feinen Furnieren belegt waren. Der allgemeine Geschmack neigte dem vergoldeten Möbel zu, das durch Mosaikarbeiten verziert wurde. Im allgemeinen scheint es jedoch, als wenn das Barock oder der symmetrische Louis XIII.-Stil keinen sehr bestimmenden Einfluß auf die damals modernen Stilarten gehabt habe.

Ludwig XIV. (1643–1715).

Die 72 Jahre der Regierung von Ludwig XIV. sind in ihrem Glanze nie wieder erreicht worden. Eine sowohl in künstlerischer wie politischer Hinsicht unvergeßliche Zeit für Frankreich. In dieser Zeit hat sich eine Überlegenheit im Stil und Geschmack entwickelt, die bis auf den heutigen Tag noch nicht übertroffen worden ist. Zu der Geschichte von Furnier- und Sperrholz liefert diese Periode die Schöpfungen der Boule-Arbeiten, eine Art von furnieren, die jetzt noch alles, was mit Verzierungen durch Furniere erreicht wird, im Hinblick auf Schönheit und Reichhaltigkeit überragt.

André Charles Boule, nach dem diese Arbeiten benannt werden, war ursprünglich ein Ebenholzschnitzer, der allmählich seine Muster durch Einlegearbeiten und Auflagen reicher gestaltete, bis diese Kunst ihren Gipfelpunkt erreichte (siehe Figur 11). Er bekam den Rang eines Vorstandes der königlichen Möbelabteilung und wurde im Louvre untergebracht. Seine bemerkenswerteste Tat in Furnierarbeiten war die Entwicklung der Mode, dünne Bronze auf Schildpatt aufzubringen unter gelegentlicher Verwendung von Elfenbein und Metall-Emaille. In der ersten Zeit konnte Boule diese Arbeiten nur unter Aufwendung außerordentlich hoher Kosten ausführen, weil beim Zuschneiden

Fig. 11. Schrank Ludwig XIV. von Boule mit Kupfer- und Perlmutteinlagen auf Ebenholz.

(Dank dem Entgegenkommen von Dean-Hicks Co. Verleger von „Decorative Furniture" von George Leland Hunter.)

sehr viel kostbares Material verloren ging. Allmählich wurde ein wirtschaftlicherer Weg gefunden. In seinen späteren Arbeiten, bekannt als „Neue Boule-Arbeiten“, ist das Perlmutt auf einem vergoldeten oder rot gefärbten Grund aufgelegt, was sehr subtile Farbschattierungen ergab. In den Boule-Arbeiten werden alle Teile der Marketerie durch Leim auf ihrer Unterlage festgehalten, die meist aus Eiche besteht.

Im allgemeinen nimmt man an, daß die französische Kunstperiode vom Jahr 1667 an zählt, als der Finanzminister Ludwig XIV., Colbert, die Akademie der Maler und Bildhauer gründete, in der Architektur, Holzarbeiten, Ornamentierung und Möbelbau gelehrt wurde. Auf seine Anordnung wurde die Gobelinfabrik vom Staate angekauft, die als Herstellerin der Bildtapete berühmt geworden war. Unter königlichem Schutz und mit Lebrun, dem Chefhofmaler als Direktor für Wirkarbeiten, wurden Künstler aller Länder zusammengeholt, um für den Ruhm Frankreichs zu schaffen. Hier wurde ein großartiger, echter Stil entwickelt, der in der ganzen Welt Mode wurde. Seine Ähnlichkeit mit der Renaissance verdankt er dem Kardinal Mazarin, der viele italienische Künstler aus seiner Heimat ins Land holte.

Der klassische Möbelstil Ludwig XIV. ist durch seine geraden Linien leicht erkennbar, die durch wenige, große Kurven gefällig verbunden werden. Die konventionellen Bärenklauen und Anthemion waren immer wiederkehrende Darstellungen in diesen Entwürfen. Ornamente wurden reichlich, aber nicht im Übermaß benutzt und stets eine ausgeglichene und symmetrische Wirkung erzielt. Die Malerei, die Vergoldung, Einlagen, Lackierung und Krönung mit Metall waren typische Verschönerungen, welche diese Periode von der vorhergehenden unterschied, in der hauptsächlich die Verzierungen durch Schnitzarbeiten erzielt wurden. Für die meisten Teile wurden gedämpfte und dunkle Farben benutzt.

Schränke, Kommoden, große Salontische, hochlehnige Stühle, die Würde und Festigkeit ausdrückten, kamen in Mode. Sessel wurden mit kostbaren Brokatstoffen, Damast und Plüschüberzügen gepolstert. Die reiche Architektur in den Schlössern wurde durch Verwendung von Bronze, Marmorbekleidungen, mächtigen Spiegeln und Ruhebetten verschönt.

Eiche, Walnuß, Ebenholz und Kastanie wurden sämtlich in dieser Zeit für die Möbelfabrikation benutzt, trotzdem manche Schriftsteller gerade dieses Zeitalter als den Triumph des vergoldeten Holzes bezeichnen. Seltene Holzarten verschiedener Sorten wurden zu Einlegearbeiten benutzt, ebenso Metallfurniere auf Schildpatt, wie dies bereits bei den Boule-Arbeiten beschrieben worden ist.

Das Schloß von Versailles hält das Andenken an die Person Ludwig XIV. lebendig. Die riesigen Gärten und die ausgedehnten Innenräume eröffneten den Künstlern und Malern des Königreichs unbegrenzte Möglichkeiten. Der enorme Spiegelsaal, bekannt aus der Kaiserproklamation 1871[1]) ist nur ein Raum der großen Zimmerflucht, aus der höchste Eleganz und Pracht spricht. Auch der Tisch, auf dem der Friede nach dem Weltkriege unterzeichnet worden ist, ist vollkommen aus Sperrholz gebaut.

Das große Schlafzimmer Ludwig XIV. war jahrzehntelang der Mittelpunkt der Regierung und der Gesellschaft von Frankreich. Es war sehr kostbar ausgestattet, und mit den prachtvollsten Stücken, die mit Boule-Arbeiten verziert waren, möbliert.

Louis XV. (1715—1774).

Die ersten 8 Jahre der Regierung Louis XV. unter der Regentschaft von Philipp von Orleans interessieren vom Standpunkt der Geschichte von Furnier und Sperrholz nur mit Rücksicht auf die Art der Verzierungen, wie sie Charles Cressent ausführte. Viele Schöpfungen dieses talentierten Möbelbauers und Bildschnitzers sind mit Schildpattmarketerie verziert, die er von Boule übernommen hat, jedoch viele andere zeigen hauptsächlich Marketerie von vielfarbigem Holz.

Aus der Periode Ludwig XV. und Ludwig XVI. werden als hervorragende Möbelbauer und Künstler auf den Gebieten der Marketerie Riesener und David Röntgen genannt. Man nannte sie die Ebenisten oder die Verarbeiter von Ebenholz oder anderen exotischen Holzarten, die von den holländischen Kolonien auf Ceylon um diese Zeit erstmalig in Europa eingeführt wurden. Pollen schreibt hierüber:

> „Riesener benutzte Tulpenholz, Rosenholz, Stechpalme, Ahorn, Laburnum, Purpurholz usw. Gewinde und Sträuße von Blumen, vorzüglich abgearbeitet und von der Mitte eines Marketerie-Panels aus kühn entworfen, das oft aus einer glatten Fläche einer einzigen Holzart bestand. An den Seiten, den Kanten und einzelnen Abteilungen findet man Blumenmuster in 3 oder 4 ruhigen Farben.“

Der markanteste Zug dieser Marketeriearbeiten erhielt seine besondere Note durch die konventionelle Eckverzierung mit derartigen Blumenarbeiten. Mitunter findet man Kommoden und Vitrinen aus Schlangenholz oder anderen Arten von braunem Holz mit welligem Faserverlauf ohne Marketerie. — Das interessanteste Stück der Sammlung von Wallace, in der auch die besten Stücke von Riesener zur Zeit vereinigt sind, ist der runde Schreibtisch, den er für den König Stanislaus von Polen angefertigt hat. Die Platte trägt wunder-

[1]) Die amerikanischen Autoren verlegen irrtümlicherweise hierhin die Unterzeichnung des Friedens von Versailles 1919, die bekanntlich im Uhrensaal erfolgt ist.

bare Einlegearbeiten. Vorder- und Rückseite zeigen Symbole der Wissenschaft und Brustbilder. —

David Röntgen war ein Zeitgenosse Rieseners, jedoch jünger wie dieser. Seine Marketeriearbeiten sind in hellerem Holz ausgeführt und zeigen einen leichteren Ton als diejenigen von Riesener. — In seinen hellen Marketeriearbeiten benutzte Röntgen verschiedene Arten weißer Hölzer. Birnenholz, Linde und hellen Holzarten wurden zum Teil auch durch Brennen verschiedene Schattierungen gegeben. Dieses Verfahren, das ursprünglich mit erhitztem Eisen durchgeführt wurde, läßt sich viel besser und feiner mit heißem Sand bewerkstelligen. Es lassen sich jedoch nur braune und dunkle ockerartige Töne auf diese Weise erzielen. Die fein abgetönten Marketeriearbeiten enthalten keine grünen oder blauen Farbtönungen. — Zur gleichen Zeit, zu der Riesener in Frankreich wirkte, arbeitete in Italien Maggiolino.

Ludwig XV. entwickelte sich zu einem verschwenderischen, extravaganten und lasterhaften Charakter. Die Möbel seiner Zeit zeichnen sich durch Kühnheit im Entwurf und Laune aus. Clifford führt in seinem Vergleich der Regierungen der beiden großen Ludwige aus:

> „Die Künste unter Ludwig XV. standen unter der Einwirkung der gesellschaftlichen Formen, prunkhafte Schau und Extravaganz im Gegensatz zu der Kunst von Ludwig XIV., in der sich die Kraft des Welteroberers und der staatsmännischen Geschicklichkeit widerspiegelt.
>
> Der Geist dieser Periode wurde durch die Komtesse Dubarry, Madame de Pompadour und eine Reihe weiterer Mätressen bestimmt, deren Geschmack in gewissen Grenzen leicht und in gewissem Maße auch elegant war.“

Die Entwürfe Watteaus in ihren zierlichen Landschaftsszenen waren sehr beliebt und drücken den Geist der damaligen Zeit aus.

In einem entsetzlichen Gegensatz zu den Ausschweifungen des Hofes stand das Elend des gewöhnlichen Volkes, dessen Leiden sich schließlich in der blutigen Revolution Luft machte, und die Regierung Ludwig XVI. zu einem blutigen Ende brachte.

Infolge der Entwicklung des Handels mit China wurde auch chinesischer Stil übernommen, soweit er sich in die europäische Umgebung einfügen ließ. Lackierungen wurden Mode, besonders die Art von Vernis-Martin, die in Frankreich als Nachahmung der östlichen Kunst in einem geheimen Prozeß geübt wurde.

Rokoko ist der deutsche Ausdruck, durch den der Stil Ludwig XV. charakterisiert wird. Es war eine Art Bewegung zurück zur Natur, in der die Felsen und Muschelmotive, wie auch die Kränze, Blumen und menschliche Figuren wieder Verwendung fanden. Die Linienführung ist überall kurvenreich, unter dem königlichen Maler Messonier wurde keinerlei Wert darauf gelegt, symmetrische Muster zu schaffen. Grazie und Schönheit der Einzelarbeit wurde besonders geschätzt. Glatte Flächen galten als geschmacklos. Die dunkle, schwere Marketeriearbeit aus Perlmutt und Metall, die unter der Regierung

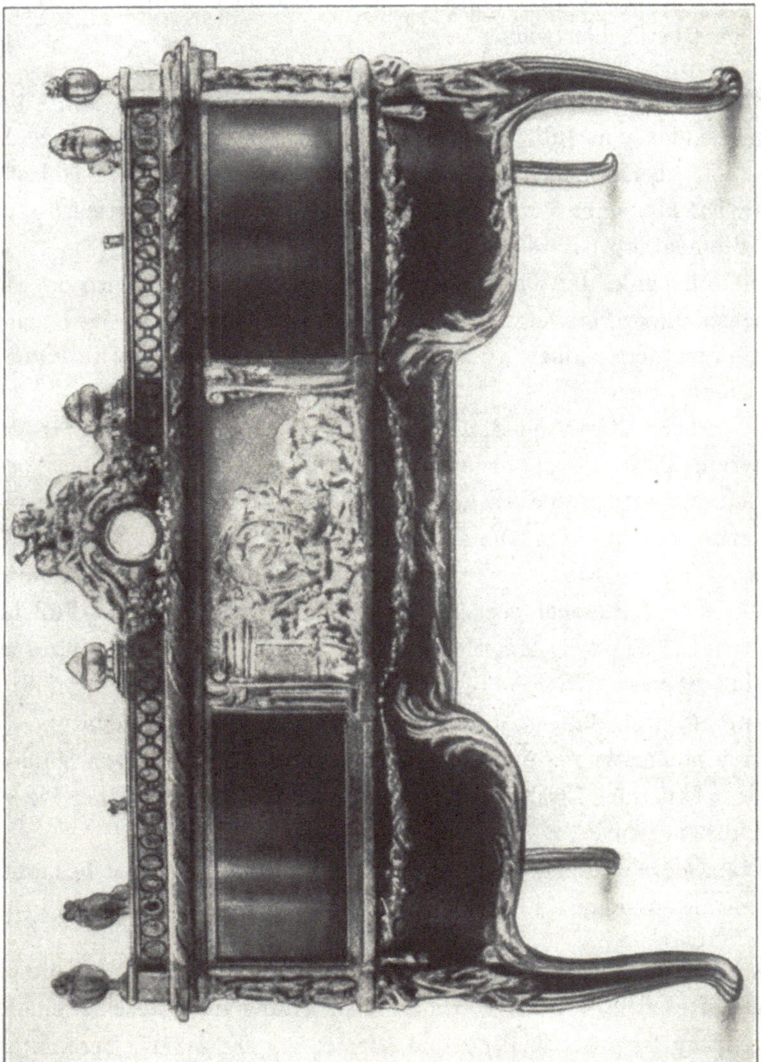

Fig. 12. Bureau du Roi (siehe auch Fig. 13), das zur Zeit als das schönste bestehende Möbelstück angesehen wird und die höchste Kunst von Furnierarbeit zeigt. Jetzt im Louvre von Paris. Hergestellt in den neun Jahren 1760—1769.

Ludwig XIV. ihre große Entwicklung hatte, wurde durch Marketeriearbeiten aus dünnen Furnieren exotischer Hölzer ersetzt, die besonders zu diesem Zwecke eingeführt wurden. Gute Abarbeitung war hierbei sehr wichtig.

Charakteristische Stücke dieser Periode waren Chaiselongues, Kommoden, Schreibtische, Frisiertische, Pulte, Bettgestelle mit hohen Baldachinen.

Litchfield schreibt über die Möbel aus der Zeit Ludwig XV.:

„Sie waren nicht nur mit natürlichem Holz eingelegt, sondern auch mit Furnieren, die in verschiedenen Abtönungen gefärbt wurden. Sie zeigten Landschaftsbilder, Interieurs, Blumenkörbe, Vögel, Trophäen, Embleme aller Art. Phantastische Einfälle spiegelten sich in den durch Marketerie verzierten Oberflächen wider.“

Eine wunderbare Kommode aus Sperrholz, welche dem Victoria- und Albert-Museum in London von Julia Bonnar gestiftet wurde, besteht aus Eiche, die mit Tulpenholz überfurniert und mit Einlegearbeiten aus seltenen Holzarten verziert ist. Die Mitte der Vorderseite bildet eine herrlich gearbeitete Einlage, die einen Blumenkorb darstellt.

Als den Höhepunkt der Kunst des 18. Jahrhunderts, in dem sich das Charakteristischste dieser Periode verkörpert findet, betrachtet man das herrliche Stück, das unter dem Namen „Bureau du Roi“ bekannt ist, das in Figur 12 und 13 wiedergegeben ist.

Dieses herrliche klassische Stück ist erhalten geblieben, und zwar steht es im Louvre in Paris. Es gilt bis auf den heutigen Tag noch als die schönste Furnierarbeit. Es zeigt, daß die schönsten Effekte auf dem zarten Untergrund feiner Furniere erzielt werden können. Das Bureau du Roi wurde im Jahre 1760 für Ludwig XV. von Oëben, einem Schüler von Boule, begonnen und wurde im Jahre 1769 von Riesener beendet. Es ist ein Zylinderbüro, $5^1/_2$ Fuß lang und 3 Fuß tief ($1{,}65 \times 0{,}9$ Meter) und der Vorläufer der Zylinderbüros mit Rollverschluß unserer späteren Tage. Die Motive der herrlich ausgeführten Marketeriearbeit sind Blumen und Motive aus Poesie und Heldentum. Die Bronzefiguren stellen Apollo und Kalliope dar, nach Entwürfen von Duplessi. Die eine Figur hält einen Zweig, der eine Uhr in sich trägt, auf welcher Figuren kleiner Kinder tanzen.

Der Herausgeber des „The Guardian“ in London sagt in seiner bekannten Beschreibung des Bureau du Roi:

„Es ist ebenso bewundernswürdig mit Rücksicht auf die Kühnheit des Entwurfes, wie auf die herrliche Abarbeitung der Einzelheiten. Die Linienführung ist groß, fließend und harmonisch. Es ist das berühmteste und herrlichste Möbelstück, das je ausgeführt wurde.“

Dieses berühmteste aller Sperrholzmöbel kostete den König etwa 1 Million Franken und erforderte 9 Jahre Arbeit. Es ist wunderbar mit ausgesuchtesten Stücken von feinstem Furnierholz überfurniert und zeigt vielleicht die vollendetste und geschmackvollste Einlegearbeit der Welt. Der Aufbau besteht durch und durch aus Sperrholz.

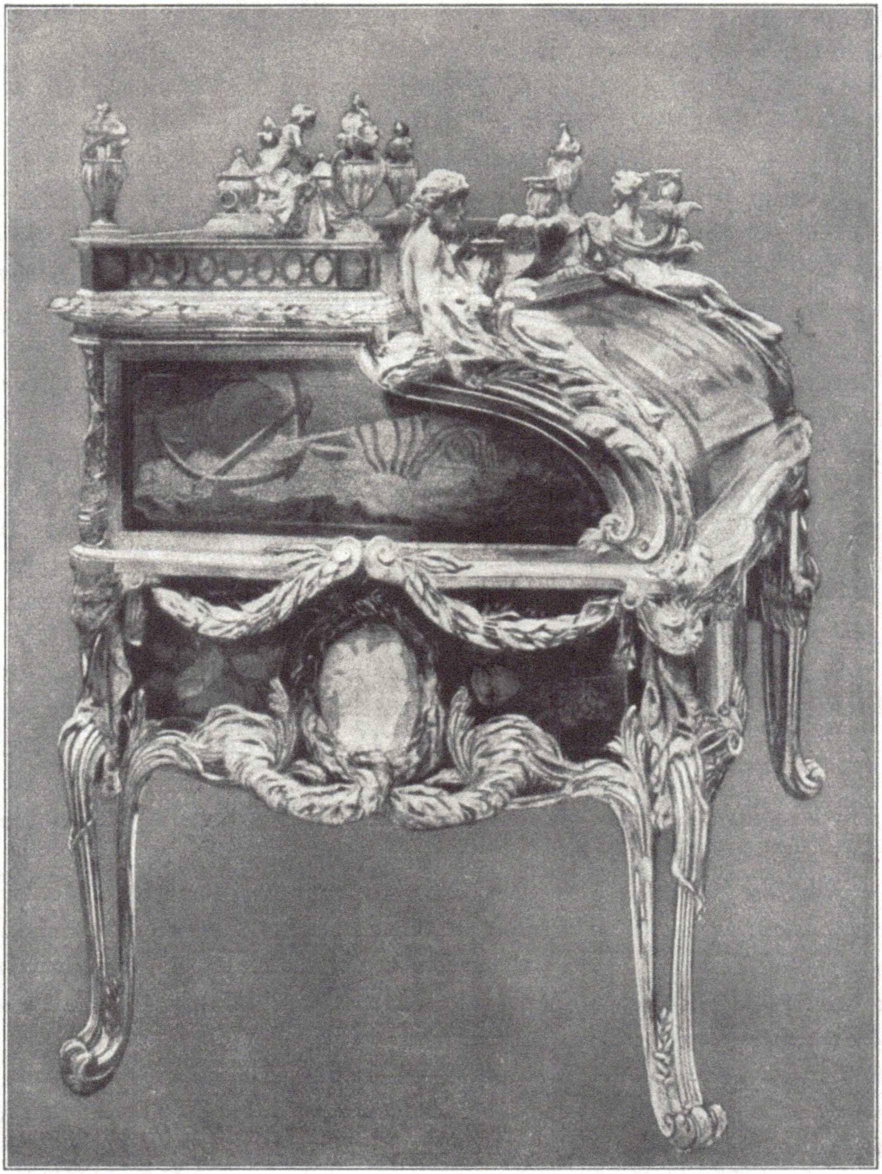

Fig. 13. Bureau du Roi, Seitenansicht, die zum Teil auch die Vorderseite im geschlossenen Zustand zeigt. Das Meisterstück des Möbelbaues durchweg aus Sperrholz und Furnieren aufgebaut, jetzt im Louvre von Paris. (Seitenansicht von Fig. 12.)

Ludwig XVI. (1774—1792).

Schon lange vor der Thronbesteigung des jungen Ludwig XVI. war der Stil Ludwig XV. in das Extrem geraten, so daß das Pendel bereits zur geraden und klassischen Linie zurückzuschwingen begann. Diese Tendenz zur Antiken in den Entwürfen wurde noch durch die Auswirkungen unterstützt, welche die Aufdeckung von Herkulanum und Pompeji, die unter der Asche des Vesuvs begraben waren, mit sich brachte.

Der Möbelstil scheint dem einfachen, aber vornehmen Geschmack in der Kleidung von Marie Antoinette gefolgt zu sein und scheint den persönlichen Geschmack der Königin widerzuspiegeln.

Seymour de Ricci hat ein Werk über die Möbel in der Zeit Ludwig XVI. mit zahlreichen Abbildungen veröffentlicht.[1]) Viele der Abbildungen dieses Werkes, die sehr fleißig aus den vorhandenen Quellen zusammengetragen sind, zeigen Sperrholzaufbauten und die eigenartige dekorative Wirkung von Furnieren.

Bei verschiedenen Zylinderbüros aus dieser Zeit beruht die dekorative Wirkung vollkommen auf der Wirkung von schön gemaserten Furnieren. Andere derartige Schreibtische sind mit der berühmten Marketerie von Riesener und Röntgen geschmückt. Ein Mahagonisekretär zeigt bereits Vorderschubladen und Türen aus Sperrholz. Drei oder vier Schreibpulte zeigen Klappdeckel und Türen, die aus Sperrholz gebaut und mit zu Mustern zusammengesetzten Edelfurnieren bedeckt sind. Die halbrunde Kommode konnte nur unter Anwendung von Furnier und Sperrholz hergestellt werden und unter Benutzung sorgfältig ausgesuchter, langfaseriger Edelfurniere.

Der allgemeine Eindruck der Möbel dieser Periode ist der von Zartheit, Zierlichkeit und Eleganz. Als Ornamente dienten Schnitzereien, Bemalungen und Lackierungen, neben wunderbaren Marketerie- und Furnierarbeiten. Gegen Ende dieser Periode wurden lange, ovale Formen oder Sevreplatten charakteristisch. Delikate Farben wurden für Polsterarbeiten benutzt, in weichen, pastellartigen Schattierungen.

Mahagoni, Walnuß, Eiche und Satinwood wurden gebraucht, außerdem Rosenholz, Tulpenholz, Amboinamaser, brasilianisches Königsholz, Ebenholz, Birnenholz, Stechpalme und jede andere kostbare Holzart, die irgendwelche dekorative Möglichkeit für den Möbelkünstler bot, scheinen in genialster Weise herangezogen worden zu sein.

Der Stil Ludwig XVI. hat einen entscheidenden Einfluß auf die Arbeiten von Sheraton in England ausgeübt und die Motive dieses Stils finden sich in den amerikanischen Möbeln von Duncan Phyfe wieder.

Im South Kensington Museum findet man noch ein anderes klassisches Beispiel für die viel zu wenig anerkannte feine Kunst der Furnier- und Sperrholzarbeit, nämlich den herrlichen Schreibtisch, genannt „Escritoire à toilette“ aus dem Jahre 1780, der einst im persönlichen Besitz von Marie Antoinette war. Dieses seltene Stück ist in Figur 14 dargestellt. Der Schreibtisch ist mit Tulpenholz furniert und mit Marketeriearbeiten aus Königsholz und Buchsbaum mit Elfenbeineinfassung versehen. Ein anderer geretteter Schatz, der auch

[1]) „Ludwig XVI. Furniture“ von Seymour de Ricci, Verlag G. P. Putman's Sons, New York.

Fig. 14. „Escritoire à Toilette“ 1780. Einst im persönlichen Besitz von Marie Antoinette mit Tulpenholz überfurniert und mit Marketerie aus brasilianischem Königsholz und Buchsbaum und Elfenbein eingelegt. Jetzt im South Kensington Museum, London.

sehr interessant ist, ist das herrliche Büfett aus Mahagoni mit Einfassung aus Ebenholz und Satinwood aus dem früheren Besitz von Marie Antoinette. Die herrliche Konstruktion besteht aus Eiche (siehe Figur 15). Man sagt, daß dieses seltene Werk der Sperrholzkunst aus den Trümmern der französischen Revolution durch den amerikanischen General Knox auf Veranlassung von Prinz Talleyrand gerettet und nach Amerika gebracht worden sei, wo es jetzt noch als eines der Schätze im Historischen Museum von Portland, Main, aufbewahrt wird.

Dieses herrliche Stück ist ein klassischer Beweis für die wunderbare Qualität und die Beständigkeit von Sperrholz und Furnier, da es trotz der vielen Aben-

Fig. 15. Büfett und Besteckbehälter, einst Eigentum von Marie Antoinette, in Mahagoni ausgeführt, mit Ebenholz und Satinwood eingefaßt. Jetzt im Historischen Museum von Portland, Maine.

teuer, welche es zwei Jahrhunderte lang durchgemacht hat, in seiner vollen Schönheit und Vollkommenheit bis auf den heutigen Tag erhalten geblieben ist.

Empire.

Pollen gibt für den radikalen Umschwung, der sich nunmehr in der napoleonischen Zeit bei Möbeln zeigt, folgende Erklärung:

„Durch die französische Revolution wurde die alte Heimkunst in Frankreich in ihrer Weiterentwicklung vollkommen gehemmt. Wie im

Fig. 16. Napoleons „Bureau de Campagne". Zusammenlegbarer Schreibtisch und Stuhl. Das Feldbureau Napoleons, das ihn 20 Jahre auf allen Feldzügen begleitet hat. Aufbau aus Sperrholz mit Rosenholzfurnier, Kupfereinlagen und Kupferbeschlägen.

16. Jahrhundert, so auch im 18. brachten die neuen Ideen eine extravagante Entwicklung in der Richtung der republikanischen Antike und des römischen Geschmacks und Gefühls.

Erst unter dem Kaiserreich nach den italienischen Kriegen und der Expedition nach Ägypten lebten die Neigung und der Geschmack zu größeren

Ausgaben für Möbel und Dekorationen wieder auf, und zwar mit klassischer Tendenz. Wir sehen Stühle und Tische, in denen Motive von Basreliefs imitiert sind und Zeichnungen antiker Vasen.“

Der Empirestil ist der Ausdruck der großen Ambitionen und der Eitelkeit Napoleons. Seine Feldzüge lenkten die öffentliche Aufmerksamkeit von Künstlern und ihren Werken ab, so daß er die Talente in seiner Hand hatte und die Stile vorschreiben konnte. Die Antike interessierte ihn, besonders diejenige von Rom mit Rücksicht auf ihre Verbundenheit mit der militärischen Macht und deren Ruhm. Er veranlaßte Dichter und Künstler und Kunstgewerbler dazu, die alten Linien in den Möbeln nachzuahmen. Als Ergebnis der siegreichen Expedition in das Geburtsland der Zivilisation schließt der Empirestil auch die Formen des alten Ägyptens ein. Von allen französischen Stilen wird von vielen Künstlern der Empirestil als der am wenigsten französische bezeichnet. Nicht alle Fachleute bewundern die Empiremöbel ohne Vorbehalt. Dyer sagt hierüber folgendes:

„Das Möbel dieser Periode drückt nicht das Leben des Hofes oder einer französischen Epoche aus, sondern vielmehr die überragende Persönlichkeit von Napoleon Bonaparte. Es war eine Periode des Heldentums, des Zeremoniellen, des Neuen. Napoleon ahmte die Größe der Cäsaren nach, die Stileigenheiten dieser Periode wurden vollkommen von der Idee des Imperialisten des Eroberers getragen.

Der Dekorationsstil, der hauptsächlich das alte kaiserliche Rom zum Vorbild nahm, wurde kalt, formell, schwer, er zeigte wenig Licht und Phantasie, er zeigte nicht die großzügige Pracht des Stils Ludwig XIV. Wenn er auch zuweilen steif und förmlich war, so war er andererseits doch nicht ohne Würde und Größe und war nie ein luxuriöser Stil.

Empiremöbel zeichnen sich durch gute Möbelarbeit aus, gewöhnlich mit Metallbeschlägen versehen, meist herrliche Mahagoniarbeiten und reiche Polsterung. Der Aufbau war in den meisten Teilen einfach, aber er war schwer von symbolischer Einfachheit, nicht von der graziösen Einfachheit des Stils Ludwig XVI.“

Die Möbelkünstler des Empirestils bevorzugten hauptsächlich Mahagonigabelfurniere zum Überfurnieren von Tischplatten, Türen, Schubladen, Vorderseiten, um einen reichen und abwechslungsvollen Effekt zu erzielen. Der Stil, der sich entwickelte, war schwer und ausdrucksvoll. Geschweifte Linien waren überall zu finden. Die Polsterung war kühn in Farbe und Muster. Was Schnitzwerk und Beschläge anbelangt, so schätzt man die Empiremöbel in dieser Beziehung als technisch vollendet, wenn auch nicht immer Einheitlichkeit vorhanden ist. Der Buchstabe „N“ in einem Siegerkranz ist oft als Mittelfigur zu finden.

Ein sprechendes Beispiel für die Benutzung von Sperrholz in den Möbeln dieser Periode ist noch jetzt in dem Schreibtisch und dem Stuhl zu sehen, die einst zu dem persönlichen Eigentum von Napoleon Bonaparte gehörten und die in Figur 16 dargestellt sind. Diese Möbel hatten Napoleon von einem Ende Europas bis zum anderen auf seinen Reisen und Gewaltmärschen begleitet, sie waren auf den meisten historischen Schlachtfeldern in Benutzung gewesen. Diese Schreibtischausstattung ist heute noch in fast vollkommen tadellosem Zustande erhalten, trotz der jahrelangen rücksichtslosen Behandlung, die sie erfahren hat.

Diese Möbel sind für Napoleon von Sacci aus Florenz entworfen worden und nach seinen eigenen Angaben gebaut worden. Die Konstruktion ist durchweg Sperrholz. Die Vorderseiten sind mit Rosenholzfurnieren geschmückt und mit Kupfereinlagen und Umrahmungen versehen. Die Tischplatte besteht aus dünnem, polierten grünen Marmor. Der Mittelteil des Schreibtisches mit seinen Fächern und Schubladen läßt sich heben und den dreifüßigen Stuhl, der mit rotem Maroquin bezogen ist, unterschieben. Tisch und Stuhl sind zusammenklappbar. Beide sind überfurniert. Trotz 20jährigen Militärdienstes und der rauhesten Behandlung ist noch kein Fehler an diesem Stück vorhanden. Es ist daher kein Wunder, wenn die Grenadiere der alten napoleonischen Garde dieses wunderbare, herrliche Beweisstück der Dauerhaftigkeit von Sperrholz und Furnier „Napoleons Bureau de Campagne“ nannten.

Kapitel VI.

Die Furnierkunst in der Jacobinischen Periode 1603 bis 1689.

Der Jacobinische Stil

Der Jacobinische oder Stuart-Stil entwickelte sich aus dem Tudor-Stil, der in der Zeit Heinrich VIII. begann, als Frührenaissance sich mit Gotischem vermischte und der während der ganzen Regierungszeit der Königin Elisabeth anhielt. Am Anfang dieser Periode herrschte das Massive, das als gleichbedeutend angesehen wurde mit dem Praktischen in der Ausstattung der Häuser, vor. Mallett berichtet aus dieser Zeit, daß nahezu alles aus Massivholz hergestellt wurde und wenn auch die Art der Dekoration sich änderte, die Gesamtwirkung mehr von der Form als von der Farbe abhing.[1]) Später jedoch, bei der Wiederherstellung der Monarchie, tauchten wieder Möbel auf, in denen schöne Formen und Farben als maßgebende Faktoren angesehen wurden. Als notwendige Folge hiervon kam auch die Benutzung von Furnieren wieder mehr in Aufnahme.

Die Ansicht der Autoren darüber, wie lange die Jacobinische Periode gedauert hat, gehen auseinander, und der wiederholt zitierte Pollen sagt hierüber:

> „Die verschiedenen Regierungsperioden geben oft bessere Grenzen für die Änderungen im nationalen Geschmack, besonders was Möbel anbelangt, als die einzelnen Jahrhundertabschnitte. Mit Recht hat man die Namen der Könige oder Königinnen zur Bezeichnung von Stilarten benutzt, gleichgültig, ob es sich um Architektur, Kleidung, Geschmack oder Gegenstände des Haushaltes handelt.“

Die hier behandelte Periode trägt ihren Namen nach James I. Wenn auch tatsächlich der Liberalismus des impulsiven Charles I. den ersten Abschnitt dieser Periode ihr individuelles Gepräge gegeben hat. Er war es, der dem Architekten Inigo Jones zu seinen Arbeiten veranlaßte, der die reine klassische Form der späteren italienischen Renaissance in England eingeführt hat. Wäre die Regierung Charles durch innere Unruhen weniger gestört gewesen, so würde die Heimkunst schnellere Fortschritte gemacht haben, da er fremden

---

[1]) An Introduction to Old English Furniture. Von W. E. Mallett. Verlag Charles Scribner's Sons, New York. Seite 14.

Einflüssen außerordentlich zugängig war. Die Möbel dieser Zeit unterscheiden sich von denen der Elisabethanischen Periode dadurch, daß sie in ihrer Form wirkungsvoller und weniger prächtig in ornamentalen Einzelheiten waren.

Wenn auch Schnitzereien als charakteristische Verzierung vorherrschten, so wurden auch noch immer Einlegearbeiten in bestimmten Maßen angewendet. Percy Macquoid beschreibt in seinem vierbändigen Werk „A History of English Furniture“,[1]) einige Möbel, die aus Sperrholz aufgebaut sind und die der Königin Henriette Maria, der Frau Charles I., gehörten, wie folgt:

> „Die Vorderseite besteht aus Laburnumholz, und zwar aus langen Brettabschnitten dieses Baumes, bei denen die helleren Stellen neben der Rinde zur Verzierung belassen worden sind, während man sie sonst gewöhnlich wegschneidet. Die Schubladen sind von feinen Walnußschnitzereien umrahmt, mit ähnlichen sind auch die Mittelteile der Türen verziert.“

In Museen sind noch jetzt aus dieser Zeit Teile von Wandpanelen, Balustraden, Kamineinfassungen und Möbeln vorhanden. Man befand sich immer noch im Zeitalter der „Eiche“, um mit Macquoid zu sprechen. Schwere Schränke, Kommoden, Bettgestelle mit dem derben, britischen Ausdruck waren typisch.

Der wirkliche Jacobinische Stil erreichte seinen Höhepunkt nach Dyer unter der Regierung Charles I.

Möbel aus der zweiten Hälfte des 17. Jahrhunderts zeigen bereits geschweifte Formen und Verzierungen, die den französischen Einfluß verraten, der durch Sir Christopher Wren, dem Architekten, der nach Inigo Jones in England maßgebend war, bevorzugt wurde und der als bedeutendstes Andenken seines Wirkens die St. Pauls Kathedrale in London hinterlassen hat. Auch die Architektur und die Möbel in Hampton Court Palace in London zeigen das Hinneigen Wrens zur französischen Kunst. Es ist allgemein bekannt, daß de Bürgerkriege während dieser Periode nicht nur die Erzeugung und Entwicklung von Möbeln verzögert, sondern auch den Verfall der Renaissancekunst beschleunigt haben.

Die Zeit der Commonwealth.

Diese Zeit hat wenig zur Entwicklung der Möbel beigetragen, im Gegenteil, es herrschte eine Art Zerstörungssucht gegen alles das, was während der Königszeit hochgehalten wurde. Man liest von einer Verallgemeinerung des Gebrauchs von Stühlen, da diese unter der neuen Etikette der Demokratie nicht mehr für den ausschließlichen Gebrauch der „Lords“ und „Ladies“ reserviert blieben.

Die Anbringung von Schubladen in Schränken datiert aus den Tagen Cromwells. Ein Möbelstück aus dieser Zeit, das Pollen in seinem Handbuch über die

---

[1] Verlag G. B. Putnam's Sons, New York.

Victoria- und Albert-Sammlung des South Kensington-Museums in London beschreibt, interessiert vom Standpunkt der Geschichte von Furnier und Sperrholz, trotzdem der größte Teil dieses Stückes glatt und einfach ist und sehr wenig künstlerische Züge aufweist.

Pollen schreibt über dieses Stück:

„Es ist aus Eiche gefertigt, mit Walnuß, Ebenholz, Elfenbein und Perlmutt ausgelegt. Es zeigt in seiner Ausschmückung Spuren orientalischer Ideen, höchstwahrscheinlich durch holländische Vorbilder, die nach dem siegreichen Kampf gegen die spanischen Unterdrücker größeren Einfluß auf die Politik und die Kunst Englands und anderer Länder auszuüben begann."

Abbildung 17 zeigt eine sehr beliebte Ausführung eines Doppelschrankes, mit Marketeriearbeiten eingelegt, der höchstwahrscheinlich aus der Rheinprovinz eingeführt worden ist.

Die Zeit der Restauration.

Macquoid beschreibt die grundlegende Änderung in der Möbelmode während der Karolinischen Epoche oder derjenigen der Restauration, wie folgt:

„Im Jahre 1659 starb Cromwell und mit ihm der einfache Geschmack, der aus Mangel an Phantasie allmählich ins Gewöhnliche ausgeartet war. — Die Wiederherstellung der Monarchie war auch von ganz neuen Ideen begleitet, da nicht nur der Geschmack der Fürsten sehr stark durch Frankreich und Flandern beeinflußt war, sondern auch die Rückkehr einer großen Anzahl von Anhängern, die mit den Fürsten das Exil in diesen Ländern geteilt hatten, eine beachtliche Umstellung der Mode und Lebensart verursachte, die im schärfsten Gegensatz zu den derzeitigen Lebensbedingungen Englands standen."

Von der Eiche wendete man sich dem leichter bearbeitbaren Walnußholz zu Macquoid sagt in seinem Werk „The Age of Walnut":

„Der neue Stil begann in England ungefähr in der Mitte des 17. Jahrhunderts, er begünstigte die Verwendung von Walnuß sowohl für gebogene wie auch für gedrehte Arbeiten, für die Walnuß sich besser geeignet zeigte als die poröse Eiche, wenn auch für den allgemeinen Aufbau und für die Innenauskleidung der größeren und kleineren Möbel Eiche als Werkstoff verblieb, so wurden doch die Außenseiten mit Walnuß überfurniert und auch mit Schnitzereien aus demselben Holz versehen."

Helen Churchill Candee sagt in ihrem Werk „Jacobean Furniture"[1]) hierzu:

„Zwei Momente beeinflußten vornehmlich die Möbeltischler um die Mitte des 17. Jahrhunderts. Diese stehen jedoch weniger Königen und dem

Fig. 17. Doppelschrank mit Marketerie-Einlagen, vermutlich vom Rheinland nach England etwa 1656 eingeführt.

Hof als mit den ergebenen Untertanen in Zusammenhang. Ein Umstand war die Erfindung einer Säge, die Bretter in eine große Anzahl dünner Holzblätter zerlegen ließ. Es ist natürlich, daß man darin neue Wege für die Ver-

1) Verlag Frederick A. Stokes Co., New York.

schönerung der Möbel sah. Schwere Schnitzarbeiten waren nahezu die einzige Verzierung, solange zollstarke Bretter als Werkstoffe benutzt wurden, jetzt eröffnete sich ein wunderbares Feld neuer Möglichkeiten für die Bestrebungen der Verwendung von Einlagen und Furnieren.

... Der zweite Umstand, der eine große Veränderung in dem allgemeinen Ansehen der Möbel in der zweiten Hälfte des 17. Jahrhunderts herbeiführte, war der Gebrauch von Walnuß an Stelle von Eiche.

... Durch die Vereinigung der Erfindung dieser Säge, die Holz so dünn wie Papier schneiden ließ und es falten ließ wie Seegraß und die Aufnahme von Walnuß, wurde noch eine andere Schönheitsquelle für Möbel ermöglicht, und das ist die Anwendung von großen Flächen. Von kundiger Hand wurden Walnußfurniere erzeugt, bei denen die Maserung allein das Muster lieferte.

Diese Möglichkeiten, ausgenutzt durch vollendete Abarbeitung von Hand eines Tischlers, gaben den Stücken die Schönheit der Bronze, vereinigt mit klassischer Einfachheit."

Das war der Anfang der großen Ausnutzung der wunderbar gewachsenen englischen Walnußbäume, die gegen das Ende der Regierung Elisabeths gepflanzt worden waren. Macquoid beschreibt einen Walnußtisch, der überfurniert und mit Marketeriearbeiten eingelegt ist, desgleichen eine Schubladenkommode derselben Ausführung, bei denen die ovalen Mittelstücke mit Laburnumholz ausgelegt waren. Er bildet eine Tischplatte ab, bei der ein sogenanntes „Oyster Shell-Furnier" (Austerschalenfurnier, vielfach Pomel-Furnier genannt), angewendet worden ist, wie es in der späteren Jacobinischen Periode zur Einführung gelangte. Er sagt hierzu: Die Einfassung zwischen den Panelen wird breiter, um die Anbringung der sogenannten Oyster-Shell von Walnuß, aus dem das Furnier zusammengesetzt ist, ermöglichen zu können. Diese Furniere wurden aus den Astknoten durch Querschneiden gewonnen und waren jahrelang bevorzugte englische Walnußmuster.

Breitbeinige Tische entstanden neben Spieltischen und anderen kleinen Tischarten. In dieser Zeit entstand auch der große Speisezimmertisch.

Nach Burgess waren geformte Panele ein charakteristischer Zug der Möbel aus der Zeit Charles II. gegen Ende der Stuart-Periode. Diese Panele waren meist in geometrischen Figuren angeordnet und wurden als Einlagen während der Tage Elisabeths verarbeitet. Andere Autoren jedoch berichten, daß während der Stuart-Periode alle Arten von Einlagen- und Marketeriearbeiten ausgiebig in Anwendung waren. Macquoid schließt sich dieser Meinung an, er widmet der Marketerie ein ganzes Kapitel, das wie folgt beginnt:

„Ungefähr im Jahre 1675 begann man damit, kleine Tische, Uhren und gewisse andere Möbel mit Verzierungen von Marketerie zu versehen. Die Rückkehr zu dieser Art von Verzierung ist ein Markstein in der Änderung des Geschmacks. Von den früheren Marketeriearbeiten unterscheiden sich diese durch die Art der Ausführung des Musters. Auch die Unterlagen wurden jetzt aus Furnieren hergestellt. Die Formen der eingelegten Möbel aus dieser Zeit sind oft der Notwendigkeit angepaßt, ebene Oberflächen zu erhalten. Die Muster, bei denen Arabesken in der Form von Blättern der Bärenklaue, von Vögeln in braun und rötlichgelb gefärbtem Holz angewendet wurden, sind höchstwahrscheinlich auf den Einfluß der italienischen Arbeiten dieser Zeit zurückzuführen, während die Darstellung von Blumen und Vögeln in einer vielmehr realistischen Auffassung, die später auftrat, wohl mehr auf holländischen Einfluß zurückzuführen ist. Diese beiden Stilarten verschmolzen gegen das Ende der Regierung Williams ineinander. Allmählich verschwanden die Blumen aus den Mustern und die Marketerie entwickelte sich mehr zu fein gearbeiteten Serien sehr feiner Wulstmuster."

Um nicht den Eindruck zu erwecken, daß die Möbel in dem extravaganten Zeitalter Charles II. zu prunkvoll für den guten Geschmack gewesen sind, erinnert Macquoid an die prunkliebenden Gesellschaften, welche auch eine gewisse Lebhaftigkeit von dem sie umgebenden Möbelement verlangten. Er sagt:

„Die Rückkehr zur Farbe war der erste Protest gegen die griesen, braunen und hellgrauen Töne der verflossenen Jahrzehnte und drückt das Gefühl der Karolinischen Periode für moderne Dekorationen aus, das von Castelmaine und Nell Gwyn geleitet worden ist."

Der große Luxus in der letzten Zeit der Regierung Charles II. findet seinen Ausdruck in der Benutzung von silbernen Möbeln in künstlerischer Form, eine Mode, die dem französischen Hof entlehnt war.

Kapitel VII.

Die allgemeine Benutzung von Walnußfurnieren in der anglo-holländischen oder Queen-Anne-Periode 1689 bis 1720.

Die Herrscher von England scheinen weniger Wert auf die Beeinflussung der schönen Künste ihres Landes gelegt zu haben, als die Könige von Frankreich, die als Patrone den einzelnen Stil- und Kunstperioden auch ihre Namen geliehen haben. Die Bezeichnung „Queen Anne“ wird allgemein zur Kennzeichnung des Stiles benutzt, der während der Periode von William und Mary, Queen Anne und einem Teil der Regierung Georg I. vorherrschte. Ausländischer Einfluß war es, der den Hof zu einer ruhigeren Gesetztheit brachte und der auch eine begehrenswerte Änderung in der Gestaltung der Möbel unter dieser Regierung herbeiführte. Die aus dem Ausland eingeführten Ideen wurden allmählich so gut assimiliert, daß der Stil, der mit dem Namen Queen Anne verknüpft ist, nur wenige Spuren von holländischem, französischem Einfluß unter Ludwig XIV. und orientalischem Einfluß, die vorher vorherrschend gewesen waren, aufwies. Die anglo-holländische Periode ist die Zeit, die Mallett als diejenige der „Ersten Periode des englischen Furniers“ bezeichnet.

Black und Reveirs-Hopkins berichten, daß in dieser Zeit die Fertigkeit des Überfurnierens mit Walnuß besonders erwähnt werden muß, weil sie einen hohen Grad der Vollendung in ihr erreichte. Wunderbare Effekte wurden dadurch erzielt, daß verschiedene Streifen mit in verschiedenen Richtungen laufenden Fasern und Schattierungen nebeneinander angeordnet wurden. Die beiden genannten Autoren sagen in ihrer Bücherserie „Little Books about Old Furnitures“, und zwar in ihrem Werk „Queen Anne“:[1])

„Man furnierte nicht, um etwas vorzutäuschen, da man nicht die Absicht hatte, den Eindruck zu erwecken, als wenn das Ganze aus der wertvolleren Holzart bestünde, vielmehr erzielte man bei der Anwendung von dünnen Auflagen, die Möglichkeit einer sorgsameren Auswahl und die Erzielung wunderbarer Effekte bei dem Nebeneinanderanordnen verschieden laufender Maserbilder.

Obwohl gegenwärtig die Bezeichnung Furnier häufig als etwas Herabsetzendes benutzt wird, so ist es hier das Prinzip einer absolut ehrlichen Verwendung. Es ist genau dasselbe, wie man dünne Platten von Marmor auf die Säulen und Wände der Markuskirche von Venedig aufbringt, die man

---

[1]) Verlag, Frederick A. Stokes, New York 1911.

Inkrustation nennt, über die Ruskin in seinem Werk „Steine von Venedig“ schreibt: ‚Die Markuskirche in Venedig ist aus Ziegeln erbaut, die mit einem kostbaren Überzug oder Furnier aus wunderbarem Marmor bedeckt sind, wodurch reiche und mannigfache Farbeneffekte erzielt werden, die man mit massivem Marmor niemals hätte erzielen können.‘

Dasselbe Prinzip ist bei den Holzfurnieren angewendet, bei denen man auch nicht die Absicht hat, irgend etwas anderes vorzutäuschen, vielmehr den Wunsch möglichst viel von dem kostbaren Material verwenden zu können. Es ist vollkommen unmöglich, seine vielen Möbel aus solidem Walnußholz herzustellen, auch würde der Effekt nicht der gleich gute sein, da, wie bereits erwähnt, die Tatsache, daß man Furniere in dünnen Streifen nebeneinander anordnen kann, natürlich die Auswahl im Holz und die Erzielung schöner Effekte erleichtert, außerdem gehört ein viel größerer Geschmack dazu ein furniertes Möbel herzustellen, als ein massives.“

Wie in Möbeln, so wurde auch für Panelarbeiten Walnuß mit Einlagen anderen feinen Holzes verwendet.

William als Prinzgemahl der Königin Anna brachte von den Niederlanden seine Vorliebe für häusliche Bequemlichkeit mit, seinen nüchternen Geschmack für peinliche Ordnung und seine Vorliebe für das Landleben, als Ausgleich gegen die Intrigen des Hoflebens. Königin Mary liebte diese praktischen Ansichten im Haushalt, und ihr Geschmack bei der Wiederaufrichtung und Neumöblierung des Hampton Court Palace legt Zeugnis hiervon ab. Königin Mary brachte das Sammeln von chinesischem Porzellan in Mode, das bald derartige Formen annahm, daß besondere chinesische Zimmer gebaut wurden, um die Sammelobjekte aufzustellen. Eine ganze Anzahl anderer Möbel entstanden als Folge eines ruhigen, häuslichen Lebens, für die die Brauchbarkeit für den Hausbedarf ein besonderes Merkmal ist. Schreibtische, Standuhren, Kommoden, Kleiderständer, Spiegel für Toilettetische, Wanddekorationen, Puderständer und Waschtische sind derartige Gegenstände. Bequemlichkeit, Geeignetheit und Einfachheit der Form waren die Hauptrichtlinien. Macquoid beschreibt den Charakter dieser Möbel wie folgt:

„Ohne Zweifel ist die Einfachheit der Möbel in gewissem Maße auf die Verarmung der Nation zurückzuführen, da durch die Kriege während des größten Teils der Regierung von William und Anna nicht nur das Volksvermögen an sich stark angegriffen worden ist, sondern auch der Handel unterbunden wurde, und zwar in einem solchen Maße, daß für eine gewisse Zeit die Zahl der Handelshäuser, die früher so reichlich Geld für Möbel und Verschönerung ihrer Häuser ausgegeben hatten, außerordentlich verringert wurden. Einschränkung machte sich bei den Bewohnern der Landsitze bemerkbar und hieraus resultiert eine gewisse Mittelmäßigkeit in der Phantasie

Fig. 18. Hohe Standuhr mit feiner Arabesken-Marketerie aus dunklem Holz in einen Grund von Sykomore eingelegt, etwa aus den Jahren 1705—1710.

und eine allgemeine Lethargie in bezug auf die allgemeine Kunst. Nur wenige, sehr wohlhabende Grundbesitzer machten hiervon eine Ausnahme.“

Trotzdem wird überliefert, daß man auch in dieser Zeit für gute Arbeit und für saubere Entwürfe Sinn hatte. Macquoid sagt, daß eine ziemlich große Anzahl englischer Tischler und Künstler von der Herstellung hochklassiger Möbel lebten. Ihre Zahl wurde durch talentierte, französische Handwerker vermehrt, die in England Schutz suchten gegen die religiösen Verfolgungen in ihrem eigenen Lande.

Da Marketerie als Verzierung in Holland sehr in Gunst stand, wurde es auch in England unter dem Einfluß Hollands und seiner Kunsthandwerker hergestellt (siehe Figuren 18 und 19). Die Veränderung, welche bei diesen Verzierungen eintrat, führt Macquoid auf den Einfluß zweier Länder zurück, die als Quelle für neue Kunstideen betrachtet wurden. Italien gab den Anstoß zur Be-

Fig. 19. Tisch mit Blumen-Marketerie verziert in Anlehnung an niederländische Motive.

nutzung von Farben für Einlagen durch Färben des Holzes, während die im Exil in England lebenden Kunsthandwerker die Muster von Boule einführten, die später zu hochdekorativem Stil sich entwickelten.

Das Hauptinteresse dieser Periode liegt in der allgemeinen Benutzung von Sperrholz, sobald Walnuß für die Abarbeitung und Verzierung von Möbeln aufkam, wie in Figur 20 gezeigt. Während des holländischen Einflusses wurde alles überfurniert und die Formen zugunsten der Farbe zurückgestellt. Macquoid zeigt in seiner Arbeit über englische Furniere Stück für Stück, die aus Sperrholz aufgebaut und mit Walnuß überfurniert sind. Die in seinem Buche abgebildeten Stücke sind zu zahlreich, um hier wiedergegeben zu werden. Man muß jedoch aus ihnen schließen, daß die Stücke, die noch in Museen und privaten Sammlungen bekannter Edelleute vorhanden und geschätzt werden, nicht nur Zeugnis ablegen von der wunderbaren Kunstfertigkeit des späten 17. und des frühen 18. Jahrhunderts, sondern auch von der Dauerhaftigkeit von Sperrholz und Furnier.

In dem Buch „The Age of Walnut" wird bereits aus der ersten Zeit ein einfaches Modell beschrieben, das aus Sperrholz aufgebaut ist. Die Türen sind mit Pomel-Furnieren (Auster) aus Walnuß mit helleren Einfassungen aus demselben Holz hergestellt. Auch die Vorderseiten der Schubladen sind in der gleichen Weise ausgeführt, jedoch mit Würfelmustern aus Stechpalme und Ebenholz umrandet. Ein Frisiertisch ist ein typischer Beweis für die Aufnahme von einfachen Schlafzimmermöbeln, die gegen Ende des 17. Jahrhunderts allgemein in Benutzung waren. Er ist durchweg aus Sperrholz aufgebaut und zeigt ein Grätenmuster, Furniereinlagen aus Walnuß mit eingefaßten Schubladen.

Chinesische Schränke zeigten an den Türrahmen entweder Marketerie oder sich kreuzende Walnußfurniermuster.

Von Holland kam die Anregung für den Gebrauch von Kleiderschränken aus Sperrholz aufgebaut, gewöhnlich aus Eiche oder Kiefer mit Walnuß überfurniert, oft auch mit Einlagen ausgeschmückt. Eine Neuerung bemerkt man an einem Schreibtisch, der sich auf einer Kommode aufbaut. Die Verzierungen werden wie folgt beschrieben:

> „Der Fries von ovaler Form ist in der gewohnten Weise in den beiden Flächen eingelegt, unter diesen befindet sich eine große, schwere Eichenklappe, die mit Walnuß- und Marketerieeinlagen versehen ist und eine Anzahl von gleichmäßig eingelegten Schubladen beim Öffnen erscheinen läßt."

Spitzenkästen unterscheiden sich lediglich im Charakter der gebrauchten Furniere, die mit den Kommoden, auf denen sie zu stehen kamen, entsprechend abgestimmt waren. Ein solches Stück aus Sperrholz aufgebaut, das Macquoid beschreibt, ist mit einem gut aussehenden Walnußfurnier bedeckt, und mit Grätenmustern desselben Holzes umrandet. Eine andere Schublade zeigt tigergefleckte Walnuß und eine schmale Einfassung aus Elfenbein und Ebenholz. Von einer dritten Kommode wird lediglich gesagt, daß sie mit besonders dunklem Walnuß überfurniert war. Ein typisches Beispiel zeigt Figur 21. Es wird auch eine Zwergkommode beschrieben, um an ihr den bedeutenden Anteil von Kunstarbeit zu zeigen, welche in diesen jungen Tagen der Wiederverwendung von Furnier angewendet worden ist. Die obere Platte allein besteht aus nicht weniger als 20 großen und 30 kleinen Stücken aus Furnieren, abgesehen von der Umrandung. Als Typ für ein Stück aus dem 17. Jahrhundert, in dem

Fig. 20. Schreibtisch mit Walnußfurnieren, bedeckt mit dem schrägen Klappenverschluß, der Anfang des 18. Jahrhunderts aufkam.

Ovale und ähnliche Muster für Marketerie auf schöner abgestimmter Furniergrundlage angewandt worden sind, ist der Schreibtisch anzusehen, der in Figur 22 dargestellt ist. Er zeigt Walnußfurniere mit den damals so sehr beliebten Seegrasmustereinlagen.

Die englischen lackierten Möbel, die gegen Ende des 17. und Beginn des 18. Jahrhunderts beliebt waren, zeigten hin und wieder einen rötlichgelben Grund, um die hellere Sykomore-Unterlage nachzuahmen.

Fig. 21. „Queen Anne“, Kommode mit Walnuß furniert.

Die Regierung der Königin Anna begann im Jahre 1702, und Macquoid schreibt über die Kunst während ihrer Regierungszeit folgendes:

„Nach dem Tode der Königin Mary verlor der Hof für eine gewisse Zeit alle Fröhlichkeit und Etikette und Anna als ihre Nachfolgerin übte keinen persönlichen Einfluß auf die Kunst ihrer Tage aus. Ihre Vorliebe beschränkte sich auf häusliche Pflichten, auf Schaffung von Kleidung und Anregung eines gesunden Appetits. Ihr etwas lethargisches Temperament war typisch auch für ihre Umgebung, zu einer Zeit, als alle Kunstrichtungen, mit Ausnahme von leichter satyrischer Literatur und Musik zugunsten der Jagd, nutzlosen Parteigetriebes, Karten- und Teegesellschaften vernachlässigt wur-

Fig. 22. Eingelegter Schreibtisch aus gebleichtem Walnußfurnier mit Arabesken-Marketerie in Seegrasmustern, charakteristisch für die Zeit Williams und Mary.

den. Die Interessen der Nation waren zwischen dem Frieden mit Frankreich und der Staatslotterie geteilt."

Die Stühle aus der Zeit der Königin Anna sind aus den Nachbildungen der Gegenwart bekannt, an ihnen waren die geschweiften Füße charakteristisch, sowohl für Ständer, Stühle wie auch für Tische jener Zeit.

Die Regierung war ein Zeitalter des Trinkens, Wettens und Würfelspielens. Es ist amüsant, die trivialen Gründe zu lesen, die man für Wetten größten Stils unter der jungen Lebewelt jener Zeit suchte. Immerhin verdankt man dem Brauch jener Zeit Kartentische und andere Spieltische, von denen viele mit Marketerie verziert waren und auch mit Einlagearbeiten, unter Verwendung von Birnen-, Sykomore-, Ahorn- und Kirschholz. Große Standuhren harmo-

Fig. 23. Deans Swift's-Schreibtisch reich mit Walnuß furniert, mit Marketerie und Einfassung aus Ebenholz und Stechpalme.

nierten mit den übrigen Möbeln dieser Periode. Viele dieser Möbel wurden mit Walnußfurnieren versehen, seltener mit Ebenholz. Der viel zitierte Macquoid beschreibt einen wunderbaren Schreibtisch aus dieser Zeit, der aus Sperrholz hergestellt, und zwar aus dem Holz der Rottanne mit dünnen Furnieren aus Walnuß und knotigen Eichen dunkler Färbung. Die Ecken zeigen

Fig. 24. „The Lost Treasure of Windsor" vollkommen mit Walnuß furniert, reich verziert mit kostbarer Marketerie aus Stechpalme.

Walnußfurniere, die in verschiedenen Faserrichtungen aneinanderstoßen, andere Stücke weisen nur Walnußfurnierung auf, noch andere Einlegearbeiten.

Wohl das vollkommenste Stück eines reich mit Walnuß überfurnierten Möbels ist der Schreibtisch von Dean Swift, ungefähr aus dem Jahre 1710, der in Abbildung 23 gezeigt ist. Macquoid beschreibt diesen Tisch:

„Er ist mit Walnuß überfurniert und mit einem glatten Kranz eingefaßt, der zwei Öffnungen aufweist, die mit geschliffenem Spiegelglas und zwei Schubladen ausgefüllt sind. Eingerahmt werden diese durch 4 Säulen in Marketeriearbeit aus Ebenholz und Stechpalme. Die Säulen sind mit den konventionellen Ornamenten ausgeschmückt. — Die oberen Schubladen mit konkaven Vorderseiten sind mit Ebenholz- und Stechpalmeneinfassung versehen.“

Auf diesem Schreibtisch sind höchstwahrscheinlich die Briefe an „Stella“ geschrieben worden, wie auch die Szenen von „Kapitän Gulliver's Reisen“.

Eine interessante Beschreibung des Zusammensetzens von Furnieren gibt Robinson aus dieser Periode in seinem Buche „The Age of Mahagony“, er sagt:

„Indem man zwei sehr dünne Blätter von demselben Holz verwendet, von denen man das eine mit der einen Seite nach oben, das andere mit der anderen Seite nach oben, sowie man die Seiten eines Buches öffnet, verwendet, erhält man wunderbare Wirkungen durch die Gegenüberstellung der verschieden verlaufenden Fasern. Diese Arbeitsart war mit Ausnahme bei der Verwendung von Walnußfurnieren nicht allgemein üblich bis zum Beginn der Mahagony-Periode. Große Stücke von fein gemasertem Holz konnten in dieser Weise mit Vorteil verwendet werden, da es die Politur unendlich viel besser annimmt, als grobfaseriges Holz.

Eine Kommode, welche typisch für den Stil dieser Periode ist, ist der verlorene Schatz von Windsor — „The Lost Treasure of Windsor“ — ein wunderbares Stück, das wohl aus dem Jahre 1685 stammt und das aus den Trümmern des derzeit im Hampton Court Palace vernachlässigten Stückes wiederhergestellt worden ist. Es wird als ein klassisches Stück der Furnierkunst betrachtet und auch noch unter dem genannten Titel im Windsor Castle aufbewahrt“. (Fig. 24.)

Kapitel VIII.

Furniere aus Mahagoni und Satinwood während der Georgischen Periode 1720 bis 1820.

In der Georgischen Periode, die sich durch die ganze Regierungszeit Georg III. bis zum Jahre 1820 erstreckte, wechselte der Möbelstil mit dem Aufstieg eines prominenten Kunsthandwerkers nach dem anderen. Chippendale, Adam, Hepplewhite und Sheraton gaben dem Stil ihrer Periode mehr den Namen, als die regierenden Fürsten es in früheren Zeiten getan haben.

Diese Zeit zeigt die Abnahme in dem Gebrauch von Walnuß, das in den Tagen der Königin Anna so sehr beliebt geworden war. In ihr wurde die Anwendung von Furnier und Sperrholz fest begründet, ebenso der Aufstieg in der Benutzung von Mahagoni. Zunächst wurde dieses Holz für massive Arbeiten in der Zeit von Thomas Chippendale vorgezogen, nachdem die Aufhebung des Einfuhrzolles für Holz seine allgemeine Benutzung begünstigte. Früher wurde Mahagoni lediglich als Furnier benutzt, da das massive Holz zu teuer war und auch zu schwer zu bearbeiten.

Percy Macquoid berichtet in dem wiederholt zitierten Werk „The Age of Mahagony“, daß die Leichtigkeit des Mahagonis gegenüber Eiche und seine Dauerhaftigkeit und Festigkeit im Vergleich zu Walnuß, wie auch die Neuigkeit des warmen Tones dieses Holzes, das aus Westindien kam, zu seinen Gunsten sprach, er sagt:

> „Gegen Ende des 17. Jahrhunderts wurden Verzierungen von Möbeln hauptsächlich durch Marketerie und durch verschiedene Arten von Furnierarbeiten erzielt, während die teuren Schnitzarbeiten in Weichholz, Vergoldungen, Bemalungen hauptsächlich für Konsol-Tische, Spiegel und Decken benutzt wurden. Die ersten Mahagoni-Möbel um das Jahr 1715 herum waren solide und einfach. Die Verwendung des Mahagonis beschränkte sich hauptsächlich auf Stühle, Fußbänke, Sofas. Die Verzierungen bestanden aus Muschelmuster an den Biegungen der Füße, in leichten Ornamenten auf den Lehnen. Das wahre Zeitalter des Mahagonis begann erst im Jahre 1725 und endete im Jahre 1770, als die Einlegearbeiten wieder mehr Mode wurden.“

Das Jahr 1770 brachte nach Mallett die zweite englische Furnierperiode, in der Adam, Hepplewhite und Sheraton, die sämtlich Verfechter des Sperrholzprinzips bei der Fertigung von guten Möbeln waren, die Führer ihrer Kunst darstellten.

Thomas Chippendale.

Vom Jahre 1750, vielleicht auch schon früher, und durchgehend bis zum Jahre 1780 wurde Chippendale als Hersteller von Möbeln und Polstermöbeln von den Führern der Mode und der Gesellschaft bevorzugt, der Klasse, deren Geschmacksrichtung in jedem Zeitalter die Mode auch für das große, kaufende Publikum bestimmt hat. Der Einfluß dieser Kreise muß immer als psychologischer Faktor für die Belieferung der Allgemeinheit angesehen werden. Dyer entrichtet seinen Tribut an das Genie und die Vielseitigkeit Chippendales durch folgende Worte:

„Chippendale hatte eine wunderbare Auffassungsgabe von Stil, er schöpfte seine Inspirationen aus den verschiedensten Quellen, er war außerordentlich vielseitig. Seine besondere Fähigkeit war es, widerstrebende Elemente zu einem harmonischen Ganzen zu vereinigen. Seine Künstlerschaft als Schnitzer stand auf der höchsten Stufe. Seine Entwürfe waren kühn und vielfältig, vom Bizarren bis zum Ausgesuchtesten, sie reichten von der holländischen Schule der früheren Georgischen Periode durch das Rokoko von Ludwig XV., die chinesischen und gotischen Launen und führten schließlich zum klassischen Stil und zu Ludwig XVI.“

Walnuß, Ahorn, Kirschbaum und Birke sind in den Möbeln dieser Zeit nicht unbekannt, aber das Holz, das sich am besten in die Entwürfe Chippendales einfügte, war Mahagoni (siehe Figur 25). Chippendales Entwürfe, die mehr auf der Form als auf der Farbe beruhen, erforderten hauptsächlich die ausgiebige Benutzung von mehr massivem Holz als von Furnieren. Daß dieser Meister dennoch die Überlegenheit von Sperrholz für gewisse Typen seiner Konstruktionen bevorzugte, und daß er volles Vertrauen zu dessen Festigkeit und Dauerhaftigkeit hatte, zu dieser Schlußfolgerung kommt Robinson nach einem sorgfältigen Studium von Chippendaleschen Entwürfen (siehe Figur 26), er schreibt:

„Chippendale begnügte sich nicht mit der natürlichen Schönheit des Mahagonis, er wurde ihm auch durch die Gewissenhaftigkeit seiner Konstruktionen gerecht. Die Vorderteile bestanden nicht aus einfach geschnittenen Brettern, sondern bestanden aus verschiedenen Decken, die so miteinander verleimt waren, daß die Fasern der benachbarten sich kreuzten, so daß das Ganze in der Lage war, dem Klima und auch den Wirkungen der Zeit in außerordentlichem Maße zu widerstehen.“

Als ein Beweisstück für die Zeit, in der die elegante Linie und Form die schwereren Modelle zu ersetzen begann, beschreibt Macquoid aus den ersten Jahren der Verwendung von Mahagoni einen Schrank von Chippendale, wie folgt:

Fig. 25. Bücherschrank von Chippendale mit feinen Mahagoni-Pyramiden furniert.

„Dieser ist höchstwahrscheinlich von der Firma Chippendale in der Zeit von 1750 bis 1760 gefertigt und ist ein Meisterstück in Aufbau, Entwurf und Ausführung. Es ist ein chinesisches Motiv. Die Schönheit der Wellenlinie der Außenseite wird nur noch erreicht durch die Vollkommenheit der Furniere und der geschmackvollen Anordnung des verwendeten Holzes. — Die Türen sind außen mit feinen Amboina-Maserfurnieren und mit hellem Rosenholz eingefaßt, mit Einlegearbeiten, dem Fischgrätenmuster aus Ebenholz und Stechpalme, während die inneren Seiten aus glatten Panelen von hellen Rosenholz-Furnieren bestehen. Die geöffneten Türen zeigen eine Serie von 39 Schubläden mit Vorderseiten, die mit Walnuß, Mahagoni, Amboinamaser, Satinwood, Laburnum, Rosen- und anderem Holz geschmückt sind.“

Nach den Berichten von Macquoid findet man noch im Jahre 1775 die Mahagonischreibtische mit Satinwoodfurnieren. Ein ganzer Band ist mit den Bildern dieser Möbel, von denen viele furniert sind, gefüllt. Er nennt diese Zeit das Zeitalter des Satinwood.

Kommoden sind zum Teil eingelegt, zum Teil zeigen die Vorder- und die Seitenteile Furniere. Eine solche Kommode ist mit drei Schubladen mit Einlagen aus Mahagoni und Satinwood auf Sykomore-Unterlage versehen. Eine aufrechtstehende Kommode, die zu einer Garnitur von mit Satinwood garnierten und eingefaßten Möbeln gehört, welche von Adam entworfen und von Chippendale ausgeführt worden ist, zeigt eingelassene schwarze Ovale, an den Türen mit grünen Einlagen umrahmt und mit goldfarbigem Satinwood.

Eine andere eingelegte Kommode zeigt innen Furniere aus ungarischer Esche, und zwar grau gefärbt mit einem Moiré-Effekt, der damals Mode war.

Als typischen Entwurf für das Ende des Jahrhunderts zeigt Macquoid einen Damenschreibtisch aus Satinwood, der aus Sperrholz aufgebaut ist, von dem er sagt, daß die gesamte Schönheit durch die Pracht der Furniere und durch die große Einfachheit der Form erzielt wird. Ein anderes Stück war mit feinstem Satinwood furniert, ebenfalls entworfen von Adam und ausgeführt von der Firma Chippendale. Dieses Furnier hat den Geschmack seiner eignen Zeit überlebt. Der konkave Ausschnitt, der die Kniee des Schreibenden aufnimmt, ist ein Meisterstück der Möbelkunst. Er besteht aus schmalen Mahagonidauben, die faßartig zusammengesetzt sind. Bei dieser geschweiften Fläche zeigen die Furniere und Einlegearbeiten nicht die geringste Veränderung seit 1773, dem Jahre, in dem sie vollendet worden sind.

Chippendale brachte unter dem Titel „The Gentleman and Cabinet Maker's Direktor“ den ersten Möbelkatalog heraus, der seine Entwürfe zeigte. Dieses Buch wurde zu einem Preise verkauft, der etwa 68 Reichsmark entspricht, einem ganz erstaunlichen Preise für die Tage der damaligen Zeit.

Robert und James Adam

Trotzdem Robert und James Adam Architekten waren und nicht zur Zunft der Möbelmacher gehörten, muß doch ihr Einfluß bei einer Betrachtung der Möbelkunst der Georgischen Periode anerkannt werden. Von ihnen wurden nur insoweit Entwürfe für Möbel geschaffen, als sie diese zur Erzielung einer vollkommenen Harmonie in denjenigen Räumen für notwendig hielten, für die

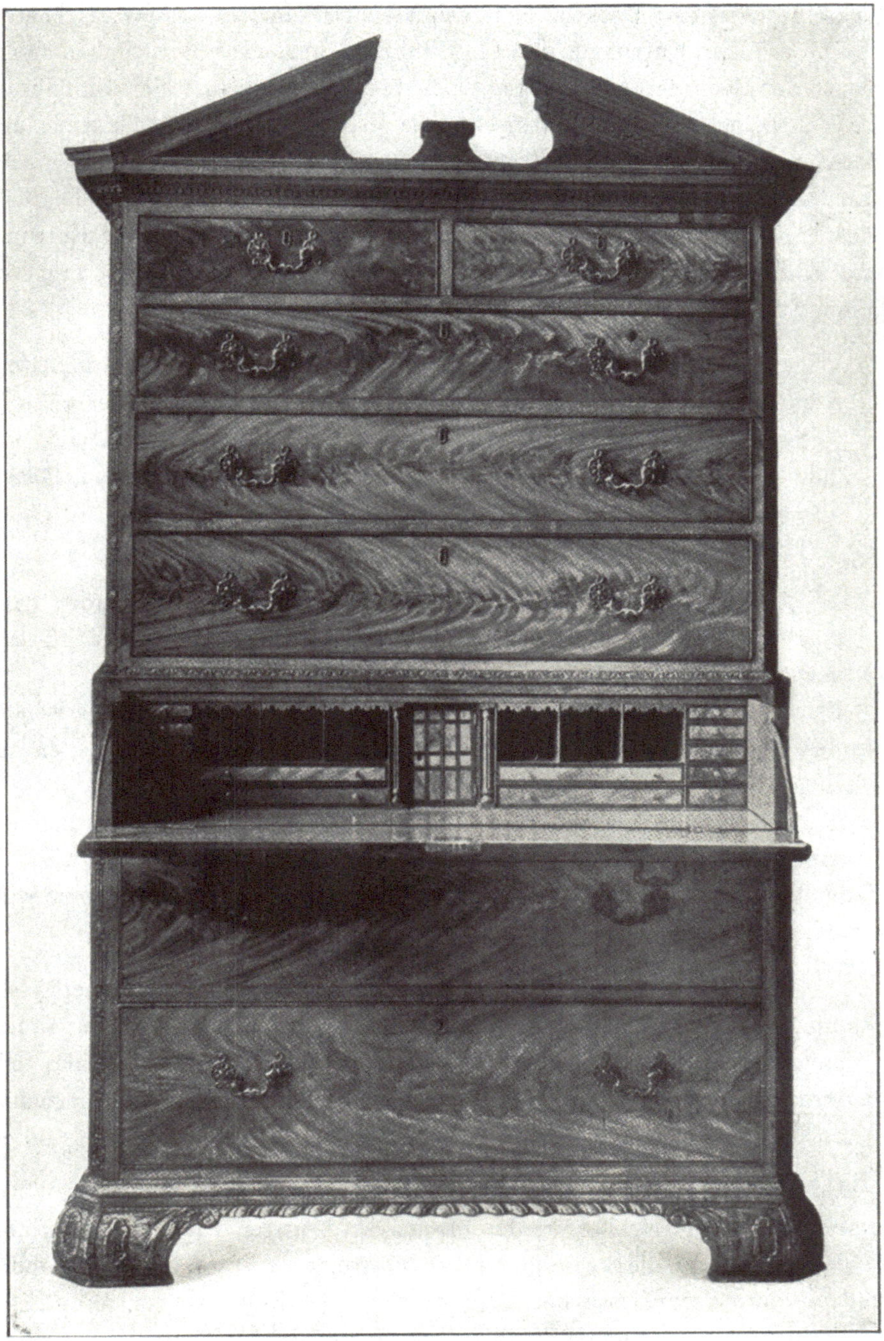

Fig. 26. Sekretär mit zwei Kommodenschubladen, überfurniert mit Mahagoni-Pyramide und Satinwood, Seiteneinfassung Rosenholzfurnier.

sie die Gesamtentwürfe herstellten, in denen sie also auch die Tischtücher, Teppiche, Tapeten, Decken, Kamineinfassungen und Türknöpfe zeichneten.

Die schnelle Aufnahme der Linienführung und charakteristischen Ornamente der Gebrüder Adam übten einen tiefen und andauernden Einfluß auf die Möbelkunst aus. Ihr Verdienst für die Wiedereinführung von Furnier und Sperrholz zu ihrer Zeit soll hier nicht übergangen werden, da sie den Geschmack vom Massivmöbel zu dem durch reiche Farbenwirkung furnierten Möbel zurückführten. Einlegearbeiten sind beständig wiederkehrende Teile ihrer Entwürfe und Furniere aus Satinwood wurden von ihnen bevorzugt. Hunter sagt von ihrem Stil:

„Die ersten Einlagen der Adam-Periode waren größtenteils klassische Köpfe, menschliche Figuren, gebrochene Säulen und Vasen. In der weiteren Ausbildung wurden die Einlagen feiner, sie bestanden hauptsächlich aus dünnen Geißblattornamenten, blattartigen Rollen und vor allem aus fächerartigen Scheiben und Ovalen."

Macquoid sagt hierzu:

„Zunächst waren die Einlagen verhältnismäßig einfach, wurden dann aber bald verfeinert und gelegentlichst über die ganze Oberfläche der Tische verteilt."

Es wird mitgeteilt, daß in vielen Fällen Sperrholzkonstruktionen verwendet worden sind, und daß trotz ausgiebiger Benutzung von Einlagearbeiten aus seltenen Hölzern auch Mahagoni noch verarbeitet wurde.

Ein Büfett aus dieser Zeit zeigt Türen, die mit buntem Mahagoni auf einem Untergrund von Satinwood verziert sind. Auch an anderen Stücken wird die Benutzung von Mahagonifurnieren in der Literatur gezeigt, unter anderem wird ein Kleiderschrank aus Sperrholzkonstruktion wie folgt beschrieben:

„Die abgesperrten Panele sind mit ostindischem Satinwood feiner Zeichnung überfurniert und mit Furnieren desselben Holzes, jedoch mit querlaufender Faser, eingerahmt. Die Kanten zeigen Tulpenholzfurnier. Die Furniere der Schubladenvorderseiten sind geflammtes Satinwood, in feinen reichen goldenen Tönen."

Der Stil der Adams wird mehr durch ihre Ornamentik als durch ihre Form bestimmt. Die Einzelheiten werden bis auf den heutigen Tag bei uns benutzt. Die Urne, die Lyra, die architektonischen Motive, wie z. B. das Jonische Kapitäl und die drapierten klassischen Figuren, sind alles Entwürfe von Adam.

Clifford ist der Meinung, daß die Arbeiten der Brüder Adam die klassische italienische Kunst widerspiegeln, im Typ vielleicht noch reiner als die Anpassung an diesen unter Ludwig XIV. in einer etwas späteren Zeit. Durch die Wiederbelebung des klassischen Einflusses wurden durch die Adams nicht nur

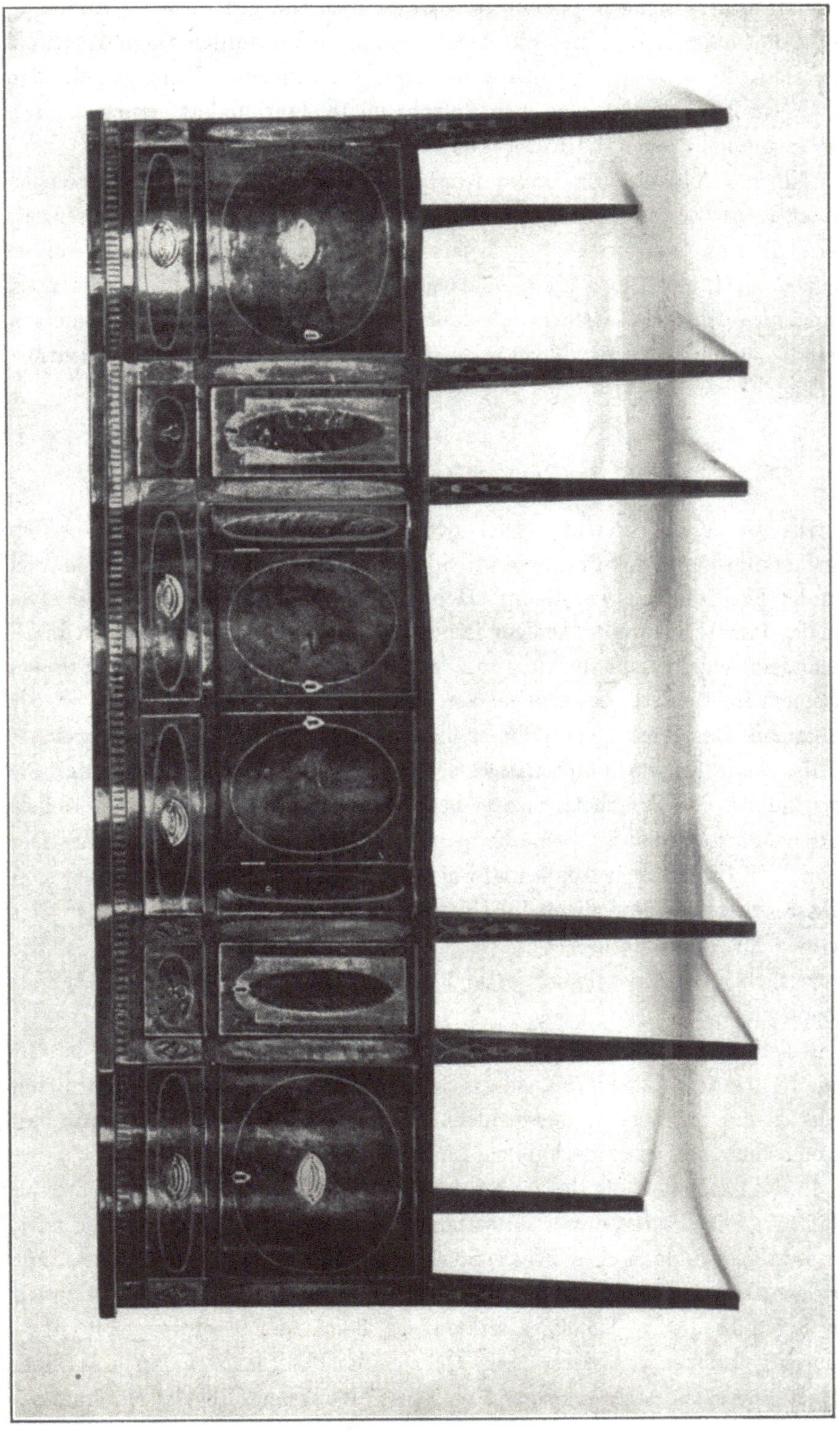

Fig. 27. Büfett von Hepplewhite, Mahagoni furniert mit Stechpalmenfurnieren eingefaßt.

neue Dekorationsmotive eingeführt, sondern auch eine grundlegende Änderung in der Form der Möbel. Ihre graziösen, geraden Linien wurden durch die Kunst inspiriert, die man in dem neu entdeckten, verschütteten Pompeji gefunden hatte, ein Ereignis, das denselben Aufruhr im 18. Jahrhundert verursacht hat, wie in unseren Tagen die Entdeckung des Grabes von Tutankhamen.

Durch Telegraph und Radio wurden Nachrichten von den Ägyptologen direkt an die Zeitungen versandt, die diese Nachrichten für wert hielten, als Leitartikel auf den ersten Seiten ihrer Zeitungen zu erscheinen. So werden Wissenschaft und Kunst Mode und Gegenstand der öffentlichen Unterhaltung. Allmählich wird die Verbreitung einer neuen Idee ein Teil des allgemeinen Gefühls, und zwar soweit, daß es in einer neuen Kunstrichtung seinen Ausdruck findet.

George Hepplewhite.

Die Georgische Periode weist noch einen anderen Meister der feinen Furnierkunst auf, der Furniere auf Sperrholzkonstruktionen weitgehend verwendet hat, und das war George Hepplewhite. Seine Arbeiten wurden etwa um das Jahr 1765 populär. Die von ihm stammenden Stücke zeichnen sich durch besonders schöne Linienführung aus, er folgt den Chippendale'schen Formen in einem freieren Stil, abweichend von den geraden Linien, die damals wieder aufkamen. Das Werk „The Cabinet maker and Upholsterer's Guide", welches er über seine Entwürfe hinterlassen hat, zeigt fast in jedem Entwurf, daß die Anwendung des Sperrholzprinzips bei den Entwürfen jeden guten Möbels durchgeführt worden ist. Seine Entwürfe sind jetzt noch richtunggebend. Der zeitweilige Einfluß von Adam und Sheraton mit ihren klassischen Linien sind ebenso erkennbar, wie die feine Grazie des französischen Stils aus der Zeit Ludwig XVI. und Marie Antoinettes. Aus Fachkreisen wird berichtet, daß die neuzeitlichen Künstler kaum jemand anderem soviel zu verdanken haben als Hepplewhite.

Ein typisches Beispiel ist das Büfett, das in Figur 27 abgebildet ist. Es stammt aus dem Jahre 1795, ist aus Sperrholz gebaut, mit Mahagonifurnieren bedeckt und mit Stechpalmenfurnieren umrandet. Selbst die Füße sind überfurniert und mit geschmackvollen Einlagen versehen.

In der Ausgestaltung des modernen Büfetts teilt Hepplewhite die Ehre des Einflusses mit Shearer, dessen Kunstfertigkeit in Figur 28 in Erscheinung tritt, ein herrliches, klassisches Stück Sperrholzarbeit, es ist das berühmte, mit Satinwood furnierte Büfett der „Bank von England". Hepplewhite ist auch der Schöpfer der hochlehnigen Stühle, bei denen die geschwungenen Füße konisch geformten von viereckigem Querschnitt Platz machen. Auch auf dem Gebiete der Kleiderschränke schuf er Neues. Black und Reveirs Hopkins beschreiben einen dieser Kleiderschränke. Derselbe war mit zusammengesetzten, ovalen Panelen von wunderbar gemasertem Mahagoni versehen, umgeben von Einfassungen mit Grätenmustereinlagen, die sich auch in Schubladenvorderseiten wiederholten.

Wie Chippendale so hat auch Hepplewhite für seine Entwürfe Mahagoni

Fig. 28. Das berühmte „Büfett der Bank von England" von Shearer, mit Satinwood furniert.

bevorzugt, aber weitergehend als seine Vorgänger schätzte er auch die helleren Hölzer, wie Satinwood und Rosenholz usw., wenn besonderen Anforderungen genügt werden mußte, jedoch während der ganzen Zeit seines Schaffens wurde der Sperrholzaufbau allgemein geübt. In einem schönen Büfett, welches Macquoid abbildet, ist die ganze Oberfläche mit Satinwood furniert, andere Büfetts sind mit feinen Einlagen aus Satinwood, Tulpenholz, Rosenholz, Sykomore, Ahorn, Eibe, Ebenholz oder Stechpalme versehen. Wurde gewöhnliches Holz verwendet, so wurde es künstlerisch bemalt und vergoldet, um es auf das Niveau der verlangten Eleganz zu heben. Muster, die man häufig in den Schnitzwerken und anderen Verzierungen sieht, sind die Lyra, die Urne, das Geißblatt und das Wappen des Prinzen of Wales. Hepplewhite haben wir in erster Linie die allmähliche Entwicklung von dem Massiven und Schweren zu den

Fig. 29. Harlekintisch von Sheraton mit westindischem Satinwoodfurnier mit grüner Marketerie und Ovalen aus gravierter Stechpalme eingelegt.

leichteren, gefälligeren und graziöseren Formen zu danken, die heute noch seinen Namen tragen.

Macquoid hat an dem Stil dieses Möbelkünstlers etwas auszusetzen, er sagt:

„Die Schnitzereien von Hepplewhite sind fein, seine Einlagen sorgfältig gearbeitet, aber in beiden vermißt man Leben und Impuls. Die Abarbeitung ist bewundernswert, der Aufbau seiner Möbel wissenschaftlich in seiner Leichtigkeit und Dauerhaftigkeit, aber der Gesamteindruck selten überraschend.“

Fig. 30. Furnierter Bücherschrank und Wandtisch von Sheraton.

Thomas Sheraton.

Der letzte der berühmten Möbelkünstler der Georgischen Periode, der dieses „Goldene Zeitalter der Möbelfertigung" abschloß, ist Thomas Sheraton. Nach Dyer fand mit Sheraton die Entwicklung des reinen englischen Möbelstils ihr Ende. Nach ihm kam das Durcheinander, und als dessen Folge die schweren und unschönen Formen des 19. Jahrhunderts.

Fig. 31. Bibliothek mit kubanischem Mahagonifurnier und Einlagen aus Satinwood.

Viele Fachleute betrachten Sheraton als den größten Künstler dieser Periode. In der Geschichte von Furnier und Sperrholz wird er als Meister der Einlegearbeiten geschätzt. Sein „Drawing Book", das im letzten Jahrzehnt des 18. Jahrhunderts erschienen ist, wird in der ganzen Welt noch heute für die Ausbildung

Fig. 32. Der berühmte Bücherschrank mit Mahagoni furniert für „The London Times“, entworfen von Sheraton.

von Möbeln und Innendekorationen zu Rate gezogen. Einzig in seiner Handfertigkeit schuf Sheraton Möbel, die in genialster Weise für verschiedene Zwecke dienstbar gemacht werden konnten. Man brauchte nur eine Feder herunterzudrücken, oder eine Verzierung an den Möbeln zu bewegen, um es von einem Salonmöbel in ein Boudoirmöbel zu verwandeln (siehe Figur 29).

Nach der Meinung von Dyer war Sheraton auf seinem Höhepunkt unübertrefflich in der Schönheit seiner Ausführungen, in der Anmut der Proportionen und delikaten Beschränkung. Sheratons Stil ist der rechteckige, mit hoher senkrechter Linienführung. Der allgemeine Eindruck seiner Möbel ist derjenige einer schlanken Feinheit, und doch sind sie in der Konstruktion außerordentlich solide. Sheraton wurde sehr stark durch die französische Kunst beeinflußt, er verstand es, die Ideen der Möbel aus der Zeit Ludwig XVI. zur Erzielung der gewünschten Effekte zu adoptieren, mehr noch, er legte Wert auf dekorative Entwürfe. Er bevorzugte hierzu das Oval, den Stern und andere geometrische Figuren, das Gitter, die Kranzflechte und den Fächer (siehe Figur 30 und 31). In dem Buche über Sheraton zeigen Black und Reveirs Hopkins eine ganze Anzahl von Abbildungen, von denen jede einzige seine Meisterschaft in der Ausübung der Furnierkunst beweist. Satinwood, Kingwood, Sykomore, grün gefärbte Pappel sind im Zusammenbau mit Mahagoni zu finden. Auch Stücke, die mit Satinwood furniert sind, zeigen gemalte Muster. Toilettetische sind mit Satinwood furniert, und einer, der als typisch für Sheraton bezeichnet werden kann, ist mit Einlagen aus Satinwood mit Mahagoni in Wechselwirkung versehen, und mit anderen Einlagen aus dunklerem Holz in Blumenmustern. Eines seiner berühmtesten Stücke ist der Bücherschrank, den er seinerzeit für die Zeitung „The London Times" gebaut hat, und der heute noch im Besitz derselben ist. Dieses berühmte klassische Stück ist in Mahagonifurnieren abgearbeitet, deren wunderbare reiche Wirkung in Abbildung 32 in Erscheinung tritt. Im Vordergrunde des Bildes ist noch ein furnierter Tisch und eine kleine Säule und in der Ecke eine Standuhr zu sehen, die in ihrer Ausführung und ihrem Stil zu diesem Schrank passen. Alle sind mit Mahagonifurnieren versehen, sie sind über 100 Jahre alt, jedoch heute noch gut erhalten; sie zeigen heute noch die wunderbaren Schönheiten, die sie nach der Fertigstellung aufwiesen, dank der Sperrholzkonstruktion und der Kunst der Oberflächenbearbeitung in Furnieren von der Meisterhand eines Sheraton. Massive Stücke in solchen feinen Mustern wie dieses würden aller menschlicher Voraussicht nach schon vor langen Jahren sich so geworfen haben, daß sie unscheinbar geworden wären, aber Sperrholz und Furnier haben den Einwirkungen der Zeit widerstanden.

Kapitel IX.

Furnier und Sperrholz im amerikanischen Kolonialmöbel.

Der neue amerikanische Flügel im Metropolitan Museum of Art in NewYork, der im Jahre 1925 eröffnet worden ist, gibt eine sehr gute Gelegenheit, die Geschichte des Möbels der Kolonialzeit zu studieren. Ganze Zimmer sind dorthin überführt worden, selbst die Holzkonstruktionen der Fußböden und die Tapeten entsprechen dem früheren Standort der Möbel. Deutlich ist der Einfluß des Gefühlsmomentes „Amerikanische Ware für das amerikanische Volk" in der immer mehr zunehmenden Unabhängigkeit, sowohl der Fabrikanten wie auch der Museen, unverkennbar.

Die Bezeichnung „kolonial" erstreckt sich in diesem Kapitel auf alle amerikanischen Möbel bis zum Jahre 1840, trotzdem es sich eigentlich auf diejenigen Erzeugnisse beschränken sollte, die vor der Erreichung der Unabhängigkeit vorhanden waren. Die Haushaltungseinrichtungen in den Niederlassungen der Kulturpioniere kamen von der Alten Welt herüber und zeigten selbstverständlich den Stil der verschiedenen Zeiten, aus denen sie stammten. Die späteren Möbel hingen von dem Einfluß des Geschmacks anderer Länder ab, man hat sie als eine Nachfolge des Stils der Jacobinischen, der Queen-Anne-, der Georgischen und der Empirezeit zu betrachten. Es handelt sich hierbei nicht nur um diejenigen Stücke, die über den Atlantischen Ozean gebracht worden sind, sondern auch um diejenigen, welche von amerikanischen Möbeltischlern nach den eingeführten Mustern gebaut worden sind und die gewöhnlich ungefähr zehn Jahre oder mehr hinter dem neuen Stil der Länder nachhinkten, aus denen sie stammten.

Man erkennt die Verschiedenheiten, welche auf die Umgebung und die Nationalität der Kolonisten in den verschiedenen Kolonien zurückzuführen sind. Die Möbel in Neuengland zeigen fast alle Typen, die herübergebracht worden sind, wie auch diejenigen, die im Lande angefertigt wurden. Man bewundert an ihnen heute noch ihre solide Konstruktion und ihre künstlerische Einfachheit. Nachahmungen des Jacobinischen Stiles begannen mit Eichentruhen, Schränken und Sesseln, sie waren roh und einfach, wie man es unter den Bedingungen erwarten mußte, unter denen die Pioniere lebten. Als die Moden der William- und Mary-Periode aufkam, waren die Tischler bereits fortgeschrittener und Sperrholz allgemein in Benutzung.

In der Zeit, als Chippendale und andere georgische Stilarten nachgeahmt wurden, hat oft der Stolz der Unabhängigkeit der Kolonisten statt Mahagoni, das von den britischen Kolonien eingeführt werden mußte, die Verwendung der heimischen Eukalyptusarten veranlaßt. Eiche und Walnuß wurden ebenfalls zu Möbeln verarbeitet, auch weitere einheimische Hölzer, wie Fichte, Ahorn, Hikory, Ulme, Esche, Zeder, Kirschholz und Birke.

Knickerbocker, NewYork, zeigt vorzugsweise holländischen Einfluß. Alsdann

Fig. 33. Georg Washingtons Schreibtisch, aus Sperrholz gebaut, die Vorderseite mit Satinwood furniert.

erschienen Spuren des Stiles aus der Zeit von Cromwell und schließlich der Einfluß von Chippendale und seiner Zeitgenossen.

Pennsylvanien wurde zu spät besiedelt, als daß man von dem massiven Stil der jakobinischen Zeit etwas hätte merken können, hingegen findet man häufig Nachahmungen aus der William- und Mary-Periode mit ihren charakteristischen Verzierungen und Einlegearbeiten. Einheimische schwarze Walnuß wurde für Tischlerarbeiten bevorzugt. Philadelphia bekam bald einen gewissen Ruf für gute Möbelarbeit und wurde von der Aristokratie des früheren Südens als Bezugsquelle für Möbel geschätzt.

Nach Ablauf der ersten 100 Jahre der Kolonisation verdrängt allmählich Mahagoni die bisher übliche Eiche für gute Möbel.

In Delaware wurden die meisten Möbel aus Mahagoni hergestellt, und zwar im Stile der Georgischen Periode mit den üblichen Verzierungen durch Furniereinlagearbeiten und Marketerie.

Ursprünglich führte der Süden der Vereinigten Staaten alle Möbel aus Europa ein, von denen die meisten inzwischen verschwunden sind. Die Anlehnung an Frankreich herrschte in diesem Gebiet vor, besonders in Louisiana.

Fig. 34. William Penns Schreibtisch, furniert.

Nachdem der dauernde Kampf gegen die Elemente und die Ureinwohner abgeflaut war, der in den ersten Jahrhunderten der Besiedelung die meiste Zeit der Kolonisten in Anspruch genommen hatte, drückte sich die nunmehr eintretende Ruhe und Möglichkeit, eigene Ideen zum Ausdruck zu bringen, auch in der künstlerischen Linienführung aus. Die Verwendung von Einlagen und Furnieren für die in dieser Zeit geschaffenen Möbel zeigte, daß man die dekorative Wirkung der Maserbilder, der verschiedenen Farbenschattierungen der Hölzer zu schätzen wußte. Abbildungen in den Büchern so bekannter Autoritäten, wie Luke Vincent Lockwood, Wallace Nutting und Charles Over Cornelius zeigen die Entwicklung der verschiedenen Typen von Kolonialmöbeln. Nahezu in jeder Ausführung sieht man die Anwendung von Sperrholz.

Eine große Anzahl von Büfetts wurden den Entwürfen von Shearer und Hepplewhite nachgebildet. Furniere aus schön gemasertem Mahagoni auf einer Grundlage von Whitewood waren für Schubladen und Türen und Tischplatten keine Seltenheiten. Schubladen waren innen oft mit feinen Stechpalmen- und Ebenholzfurnieren ausgelegt, bei anderen hat man Marketerie aus verschieden

Fig. 35. Daniel Websters Schreibtisch aus Sperrholz mit ausgesuchten Mahagonifurnieren.

gefärbtem Holz an Stelle von Einlagen verwendet. Seltener findet man Einlagen von dunklerem und hellerem Holz als Blumenmuster, das auf einer Kredenz aus dem Ende des 17. Jahrhunderts zu sehen ist.

Bei Schreibtischen und Sekretären nach Sheratons Entwürfen sind auch häufig Satinwoodfurniere zusammen mit Mahagoni verarbeitet worden, während in Speisezimmermöbeln schmale Leisten von Stechpalme oder Ebenholz sehr häufig für das Innere von Schubladen verwendet worden sind. Eine Neuheit, die man jetzt sehr selten sieht, ist der Teetisch mit Schieferplatte, welche mit Furnieren aus Walnuß oder Apfelbaum eingelegt ist.

Garderobenständer in Sperrholzkonstruktion mit Walnuß- oder Ahornfurnieren sind unter den meist geschätzten Stücken noch in vorzüglicher Verfassung erhalten geblieben. Viele haben Einfassungen von Grätenmusterfurnieren. Kommoden mit Kredenzplatten, sowohl mit Schnitzereien und Einlegearbeiten verziert, waren am Ende des vorigen Jahrhunderts der Besiedelung in Gebrauch. Die Vorderseiten von Schubladen waren mit Walnuß überfurniert und mit Grätenmusterfurnieren eingefaßt.

Fig. 36. Schreibtisch, aus überfurniertem Sperrholz aufgebaut, an dem Thomas Jefferson die Unabhängigkeitserklärung niederschrieb.

Frisiertische aus Walnußfurnieren auf Whitewood sind noch vorhanden und der geschmackvollste und wohl am besten gearbeitete Sekretär dieser Zeit wird dahin beschrieben, daß er eine sehr schöne Vorderseite aus Mahagoni zeigte, die mit viereckigen und ovalen Platten aus Satinwood verziert ist, von denen jede mit einem geschmackvollen Rand, der von

Einlagen aus Stechpalme, Rosenholz oder Ebenholz gebildet wird, umgeben ist.

Der amerikanische Windsorstuhl hat die englischen Vorbilder, was Geschmack und Vielseitigkeit anbelangt, übertroffen, und zwar ausschließlich durch das Verdienst amerikanischer Stuhlfabrikanten. Eine alte Sage berichtet, daß Georg I. die Idee zur Schaffung des ersten Original-Windsorstuhles durch einen von Hand hergestellten Stuhl, den er in einem Landhaus gefunden habe, bekommen hätte. Der Windsorstuhl wurde in Amerika in der letzten Hälfte des 18. Jahrhunderts und zu Beginn des 19. Jahrhunderts populär und erschien dann in den mannigfachsten Formen. Der Windsorstuhl hat auch eine gewisse historische Bedeutung, denn in einem solchen saß Jefferson, als er die Unabhängigkeitserklärung Amerikas schrieb, und Martha Washington benutzte Windsorstühle in Mount Vernon.

In dieser ehrwürdigen Kolonial-Residenz werden viele hochgeschätzte Originalstücke aus Sperrholz aufbewahrt. Ein Hepplewhite-Büfett mit Mahagoniwurzelfurnier war ein Lieblingsstück von Martha Washington und auch die Mahagonitruhe in ihrem Zimmer ist aus Sperrholz gebaut.

Das feine alte Spinett, das der Adoptivtochter Washingtons, Nellie Custis, gehörte, zeigte Mahagonifurnier mit Einlagen aus Satinwood. Auch der Tisch, der in ihrem Raum stand, ist in Sperrholzkonstruktion aufgebaut. Ein Schreibtisch und ein Bücherschrank, ein Geschenk an George Washington von seiner Mutter, sind ebenfalls in Sperrholz gebaut worden, und zwar etwa 1689 in England. Alle diese Stücke kann man heute noch wunderbar erhalten in Mount Vernon sehen.

Von historischem Interesse und auch bezeichnend für die Geschichte von Furnier und Sperrholz sind die Schreibtische, welche in den Figuren 33, 34, 35 und 36 abgebildet sind. Der Tisch George Washingtons, den er vom Jahre 1789 bis 1797 benutzt hat, ist aus Sperrholz gebaut, die Vorderseiten sind mit Satinwoodfurnieren überzogen. Auch der Tisch von William Penn ist in gleicher Weise furniert und derjenige von Daniel Webster ist ein anderes, ausgezeichnetes Beispiel für die Beständigkeit von Sperrholz. Das zuletzt erwähnte, sehr in Ehren gehaltene Stück zeigt ausgesucht schöne Mahagoniwurzelfurniere, es wurde seinerzeit der Handelskammer der Vereinigten Staaten als Geschenk überwiesen, deren Hauptbüro neben dem Wohnhaus von Webster in Washington sich befand. Der Schreibtisch, an dem Thomas Jefferson die Unabhängigkeitserklärung niederschrieb, ist ebenfalls überfurniert. Dieses Stück ist seinerzeit vom Kongreß erworben worden und gehört jetzt zu einem der Nationalheiligtümer.

Spätere Kolonialmöbel, in denen der Einfluß des französischen Empire dem Stil von Sheraton überlagert war, werden manchmal das amerikanische Empire genannt. Gewöhnlich wurde hierfür ausgesucht schönes Mahagoniwurzelfurnier verwendet und zwar in möglichst großen Flächen. Stühle waren größtenteils mit Mahagoni überfurniert hergestellt, während Sofas glatte furnierte Flächen zeigten. Die Tische wurden mit der Zeit schwerer im Aufbau, es wurden jedoch auch weiter Sperrholztischplatten und Füße benutzt, die mit schönen Furnieren bedeckt waren.

Kredenztüren wurden ebenfalls aus Sperrholz hergestellt, deren Vorder- und Rückseiten mit schön gezeichneten Mahagonifurnieren bedeckt waren.

Duncan Phyfe, ein schottischer Möbelmacher, der in NewYork etwa um das Jahr 1825 lebte, soll besonders künstlerisch schöne Möbel dort erzeugt haben, die neben den Werken von Sheraton und Hepplewhite genannt werden können. Wenn auch seine Entwürfe den englischen und französischen Einfluß nicht verleugnen können, so hat er doch seinen eigenen Stil entwickelt, der wegen seines ausgesprochenen amerikanischen Geschmackes allgemein Anerkennung gefunden hat. Seine besondere Vorliebe für reich und schön gemasertes Holz drückt sich in der Anwendung von Furnier- und Sperrholzaufbauten aus. Durch die Anwendung von großen Flächen sorgsam ausgesuchter Hölzer zeigt Phyfe, daß schönes Holz schon an sich ein dekoratives Element ist. Er zeigte eine meisterhafte Beherrschung der Proportionen. Sein vornehmer Geschmack und seine Vorliebe für schlanke, vertikale Linien sind charakteristisch auch für die Architektur jener Tage, ferner auch für die Mode in der Frauenkleidung, welche die langen, kurztailligen Röcke und die schlanken Formen bevorzugte.

Die obigen Ausführungen zeigen, daß sich auch ein gewisser nationaler Geschmack gebildet hatte, dessen Formen zum größten Teil von der Umgebung beeinflußt waren, in denen die sozialen und wirtschaftlichen Faktoren in Wechselwirkung mit der Kunst sich ausdrückten.

Kapitel X.

Furnierarbeiten im 19. Jahrhundert, nach 1840.

Der künstlerische Geschmack, der in den letzten Jahren von Sheraton sich auf einer absteigenden Linie zu bewegen begann, scheint sowohl in Europa wie auch in Amerika um das Jahr 1840 herum vollkommen geschwunden zu sein.

Zur besten Zeit der voraufgegangenen Perioden hatten die Architekten eine wichtige Rolle bei den Entwürfen von Möbeln gespielt, um diese dem Stil ihrer Innenausstattungen anzupassen. Sie schufen Möbelentwürfe, die der Hauptlinienführung und den Proportionen der von ihnen ausgestatteten Räume angepaßt waren und die meist dieselbe Ausdrucksweise wiedergeben sollten, die die Raumbildung und Ausstattung beherrschte. In der nun einsetzenden Periode überwog die Sucht nach „Originalität" den guten Geschmack.

In früheren Zeiten wurden die Möbel von Hand nach den Entwürfen erster Künstler und Möbelmacher gefertigt, die nicht nur den ganzen Stolz ihrer Handfertigkeit, sondern auch ihr gesamtes künstlerisches Empfinden in ihr Werk steckten, die bis auf den heutigen Tag als prachtvolle Beispiele gelten.

Etwa in der jetzt behandelten Periode fand man, daß Maschinen sehr gut für die Fabrikation von Möbeln verwendet werden könnten, und sowohl in England, wie in Amerika versuchte man die Möglichkeiten auszunutzen, die diese Entwicklung bot. Was in den nächsten Jahrzehnten folgte, war eine Überflutung des Marktes mit neuen Modellen, die am modernen Geschmack gemessen nichts weiter sind als Monstra.

Die Zeitschrift „The Furniture Trade Review and Interior Decorator" führt bei der Besprechung dieser Sucht nach Neuheit auf Kosten des Geschmackes folgendes aus:

> „Der Empirestil war sicherlich keine Verbesserung des georgischen Stils, dem er folgte. Der Viktorianische war noch schlimmer. Dann kam eine Flut von namenlosen Dingen, die ihren Kulminationspunkt in der goldenen Eiche fand und im ‚Missionsstil', den man immer noch in älteren Häusern findet, an denen man sich jedoch keineswegs mit Vergnügen erinnert."

Unglücklicherweise konnten um diese Zeit die Architekten nichts anderes tun als protestieren. Thomas Hope versuchte in England die klassische Form wieder einzuführen. Augustus Pugin versuchte es mit gotischen Motiven.

Eastlake gab sich vergebliche Mühe, die Tudor-Entwürfe wieder zu Ehren zu bringen, alles ohne wirksamen Einfluß auf die verloren gegangene Stilrichtung. William Morris, der Schöpfer des Morris-Stuhles, mit seinen Kameraden linderten wenigstens etwas die entsetzlichen Produkte, mit denen das arglose Publikum überschwemmt wurde. Sie schufen eine ideale Art der Abarbeitung, die sich beinahe zu einem Kultus auswuchs, in dem sie dieselbe Peinlichkeit in den Aufbau der Möbel legten, welche die Kunsthandwerker der mittelalterlichen Zünfte gepflegt hatten.

Im Gipfelpunkt dieser Periode der Geschmacklosigkeiten scheint es, als wenn man es darauf angelegt hätte, alle Grenzen zu überschreiten und Neuheiten zu schaffen, die soweit als möglich von den guten, früheren Zeiten ablagen. Es ist erstaunlich, daß ein Geschmack, der sich zu der Höhe entwickelt hatte, wie sie im 18. Jahrhundert in England erreicht war, derart entarten konnte. Es gab kein Erbarmen, nur solider Aufbau und Verwendbarkeit waren maßgebend.

Wie immer in solchen Zeiten schloß sich England der Führung Frankreichs in der Stilgebung an, jedoch statt französische Entwürfe der englischen Umgebung anzupassen, entlehnte man lediglich belanglose Einzelheiten urteilslos, bis die Verschnörkelungen und Kurven des Rokokos und des Empirestils in die unglaublichsten Entwürfe verzerrt wurden.

Litchfield schreibt über das bemerkenswerte Wiederaufleben der Marketerie, als ein Zeichen der Zeit:

> „Alle Mosaikarbeiten, gleichgültig, zu welchem Stil des Kunstgewerbes sie gehören, mußten den allgemeinen Entwürfen untergeordnet werden. Jedoch die Sucht nach Neuheiten, die die öffentliche Aufmerksamkeit auf sich zieht, entwickelte alle möglichen Arten von phantastischen Mustern aus verschiedenartigen Furnieren . . .
>
> Teils verursacht durch die Schwierigkeiten, schön gezeichnetes altes Mahagoni oder Satinwood zu erhalten, bei dem wenig oder gar keine Einlegearbeiten zur Verzierung gebraucht würden, teils um dem öffentlichen Geschmack entgegenzukommen, wurden schlecht aufgebaute Möbel mit Furnier-Marketerie bedeckt. Es sind mehr Einlegearbeiten in den Reproduktionen zu finden, als je auf den Originalwerken der Möbel des 18. Jahrhunderts vorhanden waren. Schlichtheit wurde aufgegeben und Furniere wurden ein Ausdruck von Minderwertigkeit, die falsche oder oberflächliche Ornamentik in sich schloß."

Die große Ausstellung in London im Jahre 1851 unter dem Protektorat von Prinz Albert machte diese abscheulichen Entwürfe populär, sie drückte das Siegel königlicher Anerkennung auf den vorherrschenden Geschmack der Victorianischen Periode.

Etwa 40 Jahre später versuchte die Pariser Ausstellung einen Stil einzuführen, unter dem Namen „L'Art Nouveau", der vorgab, sich auf die fließenden Linien der Natur zu stützen. Diese Mode hatte ein sehr kurzes Leben, da sie nicht auf der Tiefe künstlerischen Gefühls basierte.

Die Jahrhundert-Ausstellung in Philadelphia legte Zeugnis von der Degeneration des amerikanischen Stils des 19. Jahrhunderts ab. Die amerikanische Möbelfabrikation lag vollkommen in den Händen von Profitmachern. Holz war billig und Maschinen gestatteten die Verwendung ungelernter Arbeiter. Um die wachsende Nachfrage nach Möbeln zu decken, wurden geschmacklose Stücke geliefert, die in keiner Weise den künstlerischen Erzeugnissen der Kolonialzeit nahekamen, welche die gesunden und ausgeglichenen Entwürfe des 18. Jahrhunderts nachahmten.

Die Mode, welche der Bevorzugung von Mahagoni folgte, brachte Rosenholz in den Vordergrund, verschwenderisch mit dekorativen Details ausgestattet. Allmählich wurde dieses aber von dem schwarzen Nußbaum verdrängt, das dann der goldenen Eiche Platz machte.

Im letzten Jahrzehnt dieses Jahrhunderts wurde der Missionsstil in Amerika bereitwillig aufgenommen. Seine gerade Linie war völlig frei von Verzierungen, ein Balsam für das Gemüt, das durch die Anhäufung von unnötigen Schnörkeln und geschmacklosen Details verwirrt worden war, die die Möbel der vorangegangenen Periode entstellt hatten. Clifford sagt, daß der Missionsstil keine Schule der Ornamentik, sondern vielmehr die Schule für die Beseitigung der Ornamentik gewesen sei.

Die Anregung zu diesem Stil stammt aus den alten spanischen Missionsstädten Kaliforniens und Mexikos. Er wurde begünstigt durch die Einfuhr von Stühlen aus dieser Gegend nach NewYork. Die Missionen waren von den alten Klosterbrüdern derb ausgestattet, die aus Holz und Werkstoffen, die dort zur Verfügung standen, das an Möbeln geschaffen hatten, was bescheidene Ansprüche an Bequemlichkeit erforderten. Ihren Entwürfen scheinen die Muster des primitiven spanischen Stils des 18. Jahrhunderts vorgeschwebt zu haben, die gotischen Charakter trugen. Einheimische Esche und Eiche waren die Hölzer, die sich am besten den Ansprüchen dieses Stils anpaßten, und die die Möbel auf die steife, starke Form des Mittelalters zurückbrachten, nur verziert durch Schnitzwerk und in ihrer Wirkung nicht gemildert durch schöne Furniere.

Da die Mode sich ausbreitete, wurden eine große Menge von maschinell hergestellten Missionsmöbeln auf den Markt gebracht. Allmählich werden jetzt diese Möbel als Gegenstände des Unbehagens in den Häusern empfunden, wo man Schönheit als Beigabe zur Nützlichkeit schätzt. Diese Missionsmodelle mit ihren eckigen Linien und ihrem schweren bretterartigen Charakter sind noch so oft zu finden, daß hierüber nichts weiter gesagt zu werden braucht.

Die ganze Periode, die hier betrachtet wird, war der Kunst nicht geneigt. Der Fortschritt wurde infolge des Bürgerkrieges in Amerika etwa 30 Jahre lang aufgehalten. Möglichkeiten eröffneten sich mehr zur Entwicklung mechanischer, technischer und wissenschaftlicher Fortschritte als für das Gebiet der Kunst. Wie zu anderen Zeiten, wenn die allgemeine Kunst abebbte, litt auch die Kunst des Furnierens.

Erst gegen Ende des Jahrhunderts begann künstlerischer Geschmack wieder einen Einfluß auf die Fertigung zu erringen. Die Fabrikanten kamen zur Erkenntnis, daß eine gewisse Höhe der Kunstfertigkeit erreicht werden mußte. Sie benutzten die Möglichkeit, Möbel zu schaffen, um dem bürgerlichen Geschmack und den sozialen Anforderungen eines modernen Hausbesitzers entgegenzukommen. Schätze der Alten Welt, die von reichen und kunstliebenden Amerikanern angesammelt worden waren, dienten den heimischen Kunstgewerblern als Muster. Natürliche Schönheit des Holzes gewann wieder ihren wahren Wert mit der Erkenntnis, daß sie den höchsten und schönsten Ausdruck in der Verwendbarkeit als Furnier erzielen läßt.

Die Weltausstellung in Chikago im Jahr 1893 zeigte den Wiederaufstieg des Kunstgewerbes und die Rückkehr zur Herstellung von Möbeln mit bestimmtem Charakter in diesem Teil der Welt.

Kapitel XI.

Die Stellung des 20. Jahrhunderts zu massivem und aufgebautem Holz und die Gegenwart.

Im ersten Viertel des 20. Jahrhunderts findet man einen regelmäßigen Aufstieg im künstlerischen Geschmack, der bereits im letzten Jahrzehnt des 19. Jahrhunderts begonnen hatte, sich von den traurigen Ausschweifungen und dem langen Aufenthalt in der Wildnis unkünstlerischer Produktionen zu erheben. Einfachheit und ruhige Eleganz sind die vorherrschenden Noten in der Möblierung des guten Hauses unserer Tage. Die modernen Fabrikanten neigen zu luxuriösem Komfort, sie erkennen aber alle an, daß die Entwürfe dem hohen Standpunkt der Kunst und damit der liberalen Erziehung und dem größeren Weitblick der gegenwärtigen Zeit entsprechen müssen. Die Möbelhändler bestätigen, daß in den weitaus meisten Fällen es die Frauen sind, die die Auswahl und den Einkauf besorgen, und daß in erster Linie — selbst noch vor dem Preise — die äußere Erscheinung des Möbels berücksichtigt wird. Es ist gar keine Frage mehr, daß der Handel die Notwendigkeit von auf einander abgestimmten, zusammengesetzten Furnieren zur Verschönerung der Holzoberfläche akzeptiert hat. Die Fabrikanten sowohl wie die Möbelhändler sind auf Grund ihrer langen Erfahrung davon durchdrungen, daß der Sperrholzaufbau nicht nur theoretisch das Richtige ist, sondern auch praktisch.

Der Haushaltsvorstand betrachtet die Dauerhaftigkeit einer Konstruktion als einen weiteren wichtigen Punkt, der bei der Anschaffung berücksichtigt werden muß, und hier wieder bietet die Sperrholzkonstruktion den größten Anreiz.

Bei vielen Verbrauchern hat das alte Vorurteil bereits der neuen Erkenntnis als Folge von Studien und Beobachtungen Platz gemacht. Das Vorurteil, das noch bei wenigen Käufern vorhanden ist, kann erfolgreich durch Belehrung beseitigt werden, Belehrung des kaufenden Publikums durch die Bemühungen des klugen und gut informierten Verkäufers und dadurch, daß man der Öffentlichkeit Handbücher oder andere richtige Informationen an die Hand gibt. Der Käufer ist ein sehr verständiges Wesen, einmal überzeugt, läßt er das Alte fallen und wird ein begeisterter Anwalt des Neuen.

Daß man mit Sperrholz eine Holzoberfläche mit weit überlegenerer Maserzeichnung erzielen kann, kann sehr leicht durch einen Vergleich von zwei Tischen verschiedener Konstruktion bewiesen werden. Der Tisch, der nicht in Sperrholz ausgeführt worden ist, wird höchstwahrscheinlich eine Platte haben, die aus verschiedenen Stücken Schnittholz zusammengesetzt ist, die sowohl in dem Charakter ihrer Zeichnung, vielleicht sogar in Farbe und Maserung verschieden sind. Der Sperrholztisch zeigt eine Platte von wunderbar gezeichneten und in vollendeter Form zusammengesetzten Furnieren und Farben, er macht einen künstlerischen Eindruck, den man eben nur durch Anwendung des Sperrholzprinzips erreichen kann. Der Vergleich, der zugunsten des Sperrholzes spricht, wird noch überzeugender, wenn die Zunahme der Festigkeit durch das Prinzip der Absperrung klargemacht wird, durch das Aneinanderreihen von verschiedenen Lagen, deren Fasern sich im rechten Winkel schneiden.

Am meisten geschätzt wird heutzutage der Verkäufer, der die Ware genau als das anbietet, was sie ist. Viele der großen und bekannten Möbelhandlungen bezeichnen die einzelnen Stücke offen und frei als das, was sie sind. Wenn die Einrichtung aus Walnuß oder Mahagoni gefertigt ist, so wird sie in dieser Weise ausgezeichnet, ist sie aus Gum oder Birke aufgebaut und mit Walnuß oder Mahagoni abgearbeitet, so wird dieses angegeben. Besteht die Konstruktion aus Sperrholz, so wird jetzt, anstatt zu versuchen, den Kunden zu betrügen, wie es früher skrupellose Verkäufer versuchten, dies offen zugegeben und stolz betont, da diese Tatsache sowohl für den Verkäufer als auch für den Käufer ein günstiger Faktor ist. Bessere Händler verbieten unrichtige oder zweifelhafte Angaben jeder Art. Sie verlangen, daß der Verkäufer die Ware genau studiert, sie kennt und wahrheitsgemäß die Vorteile derselben ins rechte Licht setzen kann.

Die Erkenntnis der wahren Tatsache hat viel dazu beigetragen, in der Allgemeinheit Furnier und Sperrholz in Gunst zu bringen. Wenn die Überlegenheit erklärt ist und die Gleichmäßigkeit der nach Figuren und Farben zusammengesetzten Furniere den Kunden gezeigt worden ist, so erkennt auch der Uneingeweihte, daß sein Wunsch, ein massives Möbel zu kaufen, gleichwertig ist mit der Nachfrage nach etwas Minderwertigem.

Möbel der heutigen Zeit ebenso wie die des Mittelalters oder der unfruchtbaren Periode von höfischen Luxus stehen stets im Einklang mit den sozialen Erfordernissen. Die Bedürfnisse der Familie bestimmen, was das Haus enthalten muß. Der massive Stil, der in einem italienischen Palast oder in einem englischen Herrensitz bewundernswert aussehen mag, eignet sich in keiner Weise für die jetzige Lebensweise in Amerika oder auch in Europa. Die Zusammenballung von Menschen in den Städten mit den hohen Baukosten und Mieten hat Raumökonomie zur Notwendigkeit gemacht. Möbel von großem Ausmaß und Gewicht bedeuten eine Verminderung des Raumes, der zum Leben bleibt.

In ihrer wandelbaren Natur spiegelt sich die moderne Richtung im Möbel wider. Ein Telephonbehälter kann ein Schmuckstück eines allgemeinen Raumes sein, der das Instrument in sich birgt, und vielleicht als Tisch dient. Ein

Frisiertisch kann in Erinnerung an Sheraton seine Platte über Schminke, Lippenstift und Puder decken und den Eindruck eines Vertikos vortäuschen. Ein Bibliothektisch kann eine komplette kleine Wascheinrichtung unter seiner Platte bergen, usf.

Ein Besuch in den Möbelmagazinen der verschiedenen Fabrikations- und Handelszentren in den Vereinigten Staaten bestätigt die Tatsache, daß das amerikanische Volk eine geschlossene Einheit ist, was Geschmack und Gewohnheit anbelangt. Walnuß und Mahagoni sind die vorherrschenden Holzarten der gegenwärtigen Mode. Beide Holzarten werden seit langem für Furniere benutzt, um die Schönheit von zusammengesetzten Maserbildern und den wunderbaren Farbeneffekt zu betonen, den man so leicht bei Sperrholzaufbauten erzielen kann. Wenn auch andere Hölzer verwendet werden, so kann man mit ziemlicher Sicherheit rechnen, daß die Abarbeitung in den braunen Schattierungen des Mahagoni oder Walnuß erfolgt ist, gleichgültig, ob es sich um Gum, Ahorn oder Birke handelt.

Außer dieser Abarbeitung scheinen Schleiflack und lasierte Einrichtungen des Cottage Types bevorzugt zu werden. Für diese Abarbeitung wird Sperrholz mit Rücksicht auf Dauerhaftigkeit und Glattheit der Oberfläche bevorzugt, und für die lasierten wird hauptsächlich eine schöne Oberfläche gewählt, die durch die Lasur sichtbar bleibt. Eine Erneuerung in den Blumenmustern wird bei manchen Stücken durch Bemalung in Öl zu finden sein, wenn die Oberfläche des Sperrholzes aus gewöhnlichen, glatten Furnieren besteht. Bei den teuren Stücken wird diese Arbeit sehr oft von Künstlerhand ausgeführt, bei den billigeren wird nach dem Prinzip der Abziehbilder das Muster aufgebracht. Ein Fachmann sagt voraus, daß die Bevorzugung des Blumenmusters ein Vorläufer der Rückkehr zur Marketerie sei. Wenn heute Marketerie in dem einen oder anderen teuren Stück gefunden wird, so ist diese von Frankreich oder Deutschland eingeführt.

Heutzutage beherrscht kein besonderer Stil das Feld längere Zeit. Queen-Anne-Reproduktionen waren lange Zeit beliebt, sowohl in Mahagoni wie auch in Walnußfurnieren. Jetzt findet man viele Einrichtungen für größere Wohnungen im Stil der italienischen Renaissance. Tischplatten, Schubladenfronten, Schubladenböden, Türen, Panel sind furniert. Für kleinere Wohnungen pflegt man die Tudor-Entwürfe zu bevorzugen, die, mit heller Walnuß furniert, den Eindruck machen, als wenn sie dem früheren englischen Stil folgen. Furniere in mannigfacher Variation in abgestimmten Mustern und Farben sind die Hauptverzierungen.

Das neue Amerika erfreut sich eines guten Rufes. Es benutzt gemasertes Gum oder Ahorn mit Walnuß oder anderen Hölzern abgearbeitet, diese Stücke sind überfurniert. Spanische Formen und Abarbeitungen werden geschätzt, vielleicht weil deren Architektur viel in den schnell wachsenden Kolonien von

Florida und Kalifornien benutzt wird. Auch hier werden Sperrholzkonstruktionen ausgiebig verwendet.

Preiswerte Möbel zeigen den Hang zur Neuheit und den wachsenden Geschmack der Masse. Die Wohlhabenheit des großen kaufenden Publikums verlangt Möbel, die zum mindesten das Aussehen irgendeines bestimmten Stiles haben, der in bezug auf Farbe und Neuheit variiert ist. Um diesem Wunsche des öffentlichen Geschmackes nachzukommen, sind alle möglichen

Fig. 37. Effekte durch Sperrholz in einer Bibliothek erzielt. Entwurf von M. Dufrene und G. Englinger für die Ausstellung „Moderne dekorative Kunst“ in Paris 1925.

(Dank dem Entgegenkommen von The Architectural Record.)

Variationen der vorherrschenden Mode geschaffen worden. In diesen billigen Erzeugnissen findet man oft Motive verschiedener Perioden kombiniert, irgend etwas, um den Erfordernissen der Zeit zu genügen und den Drang nach Neuheiten zu befriedigen.

Möbel besserer Qualitäten sind größtenteils nach den Meisterstücken der englischen großen Möbelkünstler des 18. Jahrhunderts entworfen. Wie bereits erwähnt, war damals schon die Anwendung von Furnier und Sperrholz allgemein adoptiert. Genaue Nachbildungen werden bei teuren Stücken verlangt. Wo auch höhere Ausgaben beim Kunden von konservativem Geschmack keine Rolle spielen, kann man sogar peinlich genaue Kopieen der alten Stücke finden.

Einige der bedeutendsten Möbelfabrikanten haben gute Erfahrungen damit gemacht, ihre Kunstgewerbler zu den Ursprungsländern der betreffenden Möbelkunst zu senden. Eine Chikagoer Firma verfügt über einen Mann, der 14 Jahre lang auf der ganzen Welt die Möbelstile studiert hat, er wird jetzt als ein Meister seines Faches betrachtet und als ein unschätzbares Mitglied seiner Gesellschaft, deren Kundschaft mehr unter den Anhängern an die Schätze der Vergangenheit als an die gegenwärtigen Neuheitsschlagern zu finden ist.

Die Pariser Ausstellung für moderne, dekorative Kunst war der Ausdruck der „modernen Bewegung", wie sie von den französischen Künstlern des Jahres 1925 verstanden wurde. Ob dieser diplomatische Schachzug Frankreich die alte Führung im Kunstgewerbe wiederbringen wird, ist fraglich, jedenfalls scheint er in gewissem Grade das gegenwärtige Werturteil dahin beeinflußt zu haben, daß eine Bevorzugung solcher Ausstattungen und Möbel bemerkbar wird, die mit dem augenblicklichen Tempo des Lebens in Einklang stehen. Das Groteske wird verschwinden und das solide Element wird bleiben.

Die Aufgabe scheint für den Kunstgewerbler darin zu bestehen, die Abmessungen, Linienführungen und den allgemeinen Stil der Möbel mit der Innenarchitektur in Einklang zu bringen. Man wird an die Tage der Gebrüder Adam erinnert, in denen ein Raum als richtig eingerichtet galt, wenn er mit der Inneneinrichtung ein harmonisches Ganzes bildete. Besonders ins Auge fällt vielen die Tatsache, daß die Türenflächen, die Wandbekleidungen und selbst die Decken in vielen Innenräumen durch seltenes und ausgesuchtes Furnier ihren dekorativen Abschluß erhielten. Alle ausgestellten Möbel, gleichgültig ob für eine Bibliothek, ein Eßzimmer oder ein Boudoir, waren restlos aus Sperrholz gefertigt. Abbildung 37 und 38 zeigen einige wirkungsvolle Anwendungen von Furnieren. Sie stammen aus der Zeitschrift „Architectural Record" und illustrieren die Ausführungen von William Franklin, Paris, die derselbe in dieser Zeitschrift im September 1926 veröffentlicht hat.

„Die modernen Kunstgewerbler nutzen den Wert der Holzmaserung voll aus. Durch Zuschneiden unter den verschiedenen Winkeln erhalten sie Bilder der Maserung, die neu sind und außerordentlich dekorativ wirken. Es wird viel Mühe auf die sorgsame Abstimmung des Faserverlaufes aufgewendet. Oft genug ist eine zufällige Störung in der Maserzeichnung, die z. B. durch einen Ast verursacht ist, diesen Bemühungen außerordentlich günstig ...

Oft ist das Holz eingelegt, mitunter mit Elfenbein, mitunter mit verschiedenen Holzarten oder auch mit Marmor und Metall. Kein Stuhl oder Tisch wird gewählt, ohne daß man nicht seine Wirkung mit Rücksicht auf die Ausgestaltung der Wände, der Vorhänge oder anderer Gegenstände, die der allgemeinen Ausschmückung des Raumes ihre Note geben, abgestimmt hat ...

Die Abmessungen des ganzen Raumes werden sorgfältig überlegt, berücksichtigt wird der Charakter des Besitzers, der Platz, der zwischen dem Raum und seinem Inhalt bleiben muß, die Farbenschattierungen und, wenn notwendig, auch der Geschmack des Auftraggebers . . .

Die Möbel der vergangenen Epoche drückten liebliche Grazie aus, sie zeigten mehr oder minder weichliche Konturen . . .

Fig. 38. Einheitliche Effekte erzielt durch Gebrauch von Sperrholz in einem Damenschlafzimmer. Entwurf Dufrene und Tchernack für die Ausstellung „Moderne dekorative Kunst" in Paris 1925.

(Dank dem Entgegenkommen von „The Architectural Record".)

Wenn gewisse Stühle in ihrem Farbenton mit den Satin Breeches und den Pantoffeln mit roten Absätzen unserer männlichen Vorfahren übereinstimmten, wie können solche Farbentönungen heute noch mit unseren Golfknickers oder unseren Schuhen mit Gummisohlen übereinstimmen? — . . . Der neue Stil, der wohl weichliche und schmachtende Linien vermissen läßt, ist reich in seiner Schönheit und ausdrucksvoll in seiner Ausgeglichenheit und seiner Natürlichkeit."

Soweit der Amerikaner über das jetzige Europa. Dem Mitteleuropäer stellen sich die Verhältnisse doch etwas anders dar.

Wiederholt ist in der Geschichte der Entwicklung der Möbel und ihrer Stilarten darauf hingewiesen worden, welchen großen Einfluß die politischen und sozialen Umstände auf ihre Gestaltung gehabt haben. Die großen Umwälzungen, die in Mitteleuropa vor etwa zehn Jahren eingetreten sind, haben sich in ähnlicher Weise ausgewirkt, besonders in Deutschland und in Mitteleuropa, wie in der Zeit nach der großen Revolution in Frankreich und England.

Wo die Revolution das Unterste zum Obersten gekehrt hat, ist, trotz aller Versuche, eine neue Kultur vorzutäuschen, von einer solchen nicht die Rede, am wenigsten auf dem Gebiete der Möbel, so z. B. in Rußland bis auf den heutigen Tag nicht, im Gegenteil, was früher dort hiervon bestanden hatte, ist für die große Masse des Volkes völlig verloren gegangen, trotzdem Rußland als Fabrikant von Furnier- und Sperrholz als Ausfuhrartikel mengenmäßig immer mehr an Bedeutung zunimmt.

Schon zu Beginn des gegenwärtigen Jahrhunderts vor der großen politischen Umwälzung war in Deutschland und Österreich eine energische Abkehr von den Stillosigkeiten des vorigen Jahrhunderts eingetreten. Der Einfluß eines Peter Behrens, Bruno Paul und anderer großer Architekten und Innenarchitekten machte sich auch im Möbelbau und in den Innenausstattungen bemerkbar. Die klare, gerade Linienführung setzte sich durch mit der Tendenz, die einen gewissen technischen Einschlag zeigte, nämlich den, schon in der Linienführung den Zweck dessen zum Ausdruck zu bringen, dem der Gegenstand dienen sollte, für den er geschaffen wurde. Angepaßt dem technischen Geist der Zeit, ging die Beeinflussung nicht vom heimischen Gebrauchsgegenstand auf den technischen über, sondern umgekehrt. Es sei an das Wortspiel erinnert, das man für die Linienführung im Maschinen- und Apparatebau Anfang dieses Jahrhunderts geprägt hat, wenn man die äußere Gestaltung von Maschinen und Apparaten, auch solcher, die in das Fach der Architektur und Innenarchitektur schlagen, charakterisieren wollte, wie z. B. Beleuchtungskörper und ähnliches. Man sagte, der Franzose gestaltet so, daß er sagt: „Seht, was ich fertig bringe!". Engländer und Amerikaner drücken in ihrer Linienführung aus: „So geht's!", der Deutsche sagt: „So muß es sein!"

Zweckmäßigkeit, gepaart mit gerader, schöner Linienführung, die in sich auf den Zweck hinweist, war das Leitmotiv für die neue Kunstrichtung, als Reaktion auf die überladenen Geschmacklosigkeiten, die gegen das Ende des 19. Jahrhunderts einsetzten. Das, was die Pariser Ausstellung im Jahre 1925 zeigte, ist eigentlich dasjenige, was im deutschsprachigen Mitteleuropa bereits 1906 bis 1914 als Richtlinie anerkannt war. Dieses ist den amerikanischen Autoren entgangen, da sie deutsche Quellen nicht benutzt haben.

Selbstverständlich brachte der große Krieg in den Ländern, die von ihm unmittelbar betroffen waren, die Kunstentwicklung fast ganz zum Stillstand, und die Revolution revolutionierte nicht nur das politische Leben, sondern radikalisierte auch den Stil. Die kurze Zeit der Inflation ließ an den Stil anknüpfen, der 1914 in seiner Entwicklung unterbrochen worden war. Die Kreise derer jedoch, die von der Inflation verschont wurden oder von ihr profitiert haben, waren zu klein, um eine breite Weiterentwicklung im Sinne der Wohlhabenheit durchführen zu können. Wohnungsmangel überall, Raummangel zum Leben, Geldmangel in allen Schichten, die vor der großen Umwälzung die Hauptabnehmer für geschmackvolle Möbel gewesen waren, wirkten sich in einer Herabdrückung der Möglichkeiten für dekorative Wirkungen aus. Die Raumenge, die Beschränkung der Mittel zwangen zur äußersten Schlichtheit und schufen schließlich einen Stil der grausamsten Einfachheit, die besonders von den gebildeten Kreisen, die früher bessere Tage gesehen hatten, und der in ihrem sonstigen Leben sehr frei gewordenen Jugend als neue künstlerische Stilrichtung proklamiert wurde. Wie alles nach der Revolution, wurde auch dieses ins Extrem getrieben, in ein Extrem, das an Kahlheit und Unwohnlichkeit nichts zu wünschen übrig ließ. Die Werkbundausstellung 1927 in Stuttgart bildete wohl den Höhepunkt dieser auf ein falsches Gleis geratenen Sucht zur bis ins Extreme betonten Einfachheit. Wie immer in solchen Zeiten, gelang es Architekten und Kunstgewerblern, die die Fähigkeit zu wirklichen Leistungen nicht in sich hatten, durch völlig aus dem Rahmen fallende Absonderheiten in manchen Kreisen sich als große Künstler zu gebärden. Zum Beispiel wurden wieder Möbel geschaffen, die an den robusten Missionsstil erinnerten, bei dem massives Holz noch eine Rolle spielte. Erwähnt sei ferner die Absurdität einer glatten aus der Wand ragenden Betonplatte als Schreibtisch.

Das währte jedoch nur eine kurze Zeit. Sobald die jungen Stürmer, die diese Auswüchse auf ihre Fahne geschrieben hatten, den Kampf ums Leben unter den nach der Revolution so sehr erschwerten Bedingungen aufnehmen mußten, setzte der Ausgleich ein, der dem allgemeinen Bildungsstand entspricht, auf dem sich heute die Jugend und die neue Generation z. B. in Deutschland und Österreich befinden. Die Gleichmacherei ebbte ab, die Person, das Individuum kam auch im Geschmack wieder zur Geltung, man erkannte, daß die größere Behaglichkeit der Wohnung zu erzielen ist in einer Beschränkung der Zahl der Stücke zugunsten des Geschmacks und ihrer Ausführung. Der Wohlstand auch bei den Anfertigern von Möbeln war geschwunden, die Möglichkeit, jahrelang Holz zu pflegen, ehe es verarbeitet wurde, war verloren gegangen, die mitteleuropäische Industrie war gezwungen, von den technischen Fortschritten Gebrauch zu machen, die das abgesperrte Holz, das Sperrholz, ihnen bot, und diejenigen Möbelerzeuger sind heute noch mit der Lupe zu suchen, die es unternehmen, ohne Verwendung von Sperrholz ihre Erzeugnisse aufzubauen.

Diese wirtschaftliche Notwendigkeit der Verwendung von Sperrholz, die vor allem eine Erhöhung der Qualität im Aufbau der Möbel mit sich brachte, und die Verfeinerung der Methode der Herstellung von Furnieren, vereint mit

Fig. 39 a. Büfett und Vertiko für ein Speisezimmer mit ausgesuchtem Nußbaumwurzelfurnier und Satinwoodfurnier veredelt.
(Dank dem Entgegenkommen von Bernhard Bartels, Langenberg)

Fig. 39 b. Teile eines modernen Speisezimmers mit Furnieren aus bunter kanadischer Birke in dunkelgoldgelbem Ton abgearbeitet, dem beschränkteren Raum moderner Wohnungen angepaßt. Das frühere glatte sogenannte englische „side board“ ist weniger tief und zeigt einen Aufsatz mit Schiebeglasfenstern. Der Aufsatz kann für Bücher oder Kristall gebraucht werden.

(Dank dem Entgegenkommen der Ruschewey A. G., Langenöls in Schlesien.)

der ererbten Kunstfertigkeit der Aufbringung von Edelfurnieren, brachten es zustande, daß nicht nur vermögende Kreise sich an den Schönheiten erfreuen können, die man bei der Verwendung von Furnieren erzielt, sondern auch der

Fig. 40. Teile eines modernen Schlafzimmers mit Furnieren aus afrikanischem Rosenholz und Bubinga.
(Dank dem Entgegenkommen der Fa. Zelder & Plathen, Berlin.)

Mittelstand, der bei der Beschaffung von Möbeln mit dem Pfennig zu rechnen hatte. Auch diejenigen, die infolge Raumbeschränkung nur mit einer Wohnküche oder mit einer Küche und einem Zimmer sich bescheiden müssen — und das ist die große Masse in Mitteleuropa zur Zeit —, besitzen ausschließlich Möbel, die durch und durch aus Sperrholz aufgebaut sind. Es sind das die lackierten Möbel, die in kleineren Serien nach verschiedenen Entwürfen vom Fabrikanten hergestellt werden. In ihnen zeigt sich eine schlichte, gerade Linienführung, jedoch die Proportion ihrer Abmessung gibt ihnen ein gefälliges Aussehen, das immer noch so weit von dem sogenannten Missionsstil abweicht, daß ein Behagen in den Räumen ermöglicht wird, die sie beherbergen.

Die Schönheit der Holzmaserung, ganz besonders bei der stark in Aufnahme

Fig. 41. Obere Diele eines Treppenaufganges in einem Privathause. Die Wände sind bis zur Bilderleiste mit Sperrholzpanelen bekleidet.
(Dank dem Entgegenkommen von W. Ruhenstroth, Gütersloh.)

kommenden Kiefer als Außenfurnier, hat eine zweite Sorte von Möbeln geschaffen, die sich neben den lackierten Möbeln nicht nur behaupten, sondern ihnen in nicht geringem Maße den Rang streitig machen, es sind dies Möbel, die aus Sperrplatten mit Kiefernaußenfurnieren aufgebaut sind, bei denen man auf die Schönheit des Maserbildes beim Zuschnitt achtet und die als Abarbeitung nach vorangegangenem Schleifen eine durchsichtige Lasur erhalten, so daß die Schönheit des Furniers als Schmuck des Möbels dient. Auch in Deutschland ist das verwandelbare Möbel in manchen engen Wohnungen in Gebrauch, das am Tage einen Diwan, in der Nacht ein Bett darstellt, bei dem durch geschickte Kombination ein Bücherschrank mit einem Utensilienschrank vereinigt ist, usw. Das sind jedoch Ausnahmen und nicht die Regel.

Für Ausstattungen besserer Wohnungen war bis vor kurzem immer noch das eichenfurnierte Möbel außerordentlich beliebt, erst in den allerletzten Jahren macht sich, ohne daß in der Form, in der meist gerade durch ihre Einfachheit schön wirkenden Linienführung wesentliches geändert worden ist, eine Bewegung der Mode dahingehend bemerkbar, auch andere Edelfurniere, vor allen Dingen Nußbaum, kombiniert mit Satinwood, Palisander, Rosenholz usw. zur Verschönerung des Äußeren der Möbel heranzuziehen. Figur 39a zeigt Teile eines

Fig. 42. Gastzimmer eines Privathauses, vollständig mit Kiefernsperrplatten ausgekleidet, mit eingebauten Möbeln ebenfalls aus Kiefernsperrplatten. Entwurf Professor A. Müller, Darmstadt.

(Dank dem Entgegenkommen von W. Ruhenstroth, Gütersloh.)

Speisezimmers, bei dem Nußbaumwurzelfurniere in ausgiebiger und originellen Weise zur Verzierung des Möbels verwendet worden sind.

Fig. 39 b zeigt Teile eines modernen Speisezimmers, bei denen bereits den geringen Abmessungen der Wohnräume Rechnung getragen ist. Die moderne Abwandlung des sogenannten englischen Büfetts mit einem Aufsatz, der durch verschiebbare Glasplatten nach vorne abgeschlossen werden kann. Der Aufsatz kann zur Aufbewahrung von Büchern oder auch Gläsern und Kristall verwendet werden. Die Außenfurniere sind kanadische Birke in dunklem goldgelbem Ton gehalten.

Figur 40 zeigt Teile eines modernen Schlafzimmers, bei dem Furniere aus

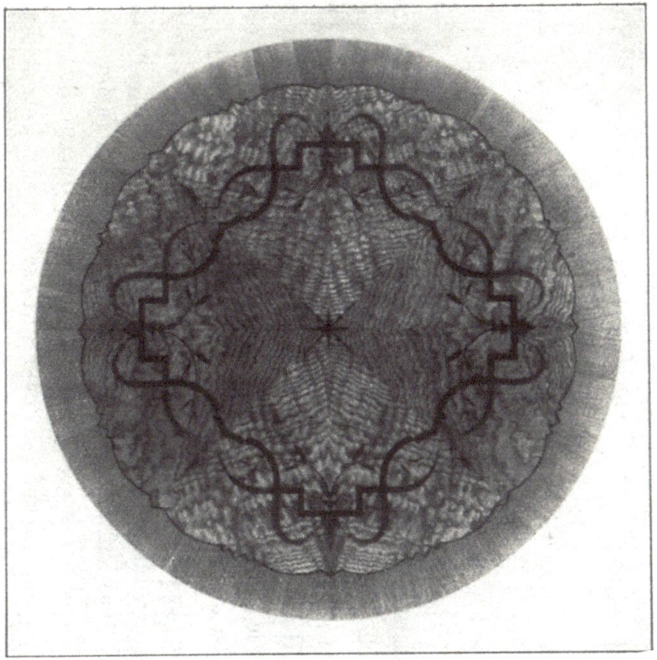

Fig. 43. Aus 5fach abgesperrtem Birkensperrholz, auf der nach einem sehr sorgfältig in Intarsienarbeit hergestelltem Original das Muster genau in allen Originalfarben und allen Feinheiten der Farbenschattierungen im Reproduktionsprozeß übertragen ist.

(Dank dem Entgegenkommen der Panela A.G., Swinemünde.)

Fig. 44. Tischplatte aus 5fach abgesperrtem Birkenholz, dessen Oberfläche in derselben Art veredelt ist wie für Fig. 43 beschrieben.

(Dank dem Entgegenkommen der Panela A,G., Swinemünde.)

afrikanischem Rosenholz und Bubinga zur Oberflächenveredlung benutzt sind. Das neueste auf diesem Gebiete, das zuerst auf der Leipziger Messe im Jahre 1928 ins Auge fiel, war die Aufteilung der größeren Möbelflächen in viereckige Felder, die mit meist streifigen Furnieren so überfurniert waren, daß Längs- und Querstreifen miteinander abwechselten, Effekte, die unter Umständen schon etwas zu bunt wirken können. Eiche ist für Möbel mehr in den Hintergrund getreten zugunsten aller übrigen Edelfurniere. Wie bereits erwähnt, hat man es auch gelernt, die Maserungen von weicheren Hölzern, wie z. B. Kiefer und Gaboon — letzteres vornehmlich in der rötlichen Politur des Mahagoni-Effektes wegen —, zu dekorativen Zwecken heranzuziehen. Die Möbel der Umgebung anzupassen oder auch bei vorhandenen Möbeln die Umgebung auf die Möbel abzustimmen, ist auch heute noch, selbst in einfachen Haushalten, Stil geblieben.

Die warme Wirkung von Holz, besonders das in seiner Maserbildwirkung abgestimmte Holz auf Räume hat vielfach dazu geführt, wo die Mittel dazu reichen, nicht nur die Wände, sondern auch die Decken mit furnierten Panelen zu versehen, in die die Möbel dann stimmungsvoll hineinpassen. Figur 41 zeigt z. B. die obere Diele eines Treppenaufganges in einem Privathause, in dem mit ein paar einfachen Möbeln und unter Verwendung von furnierten Wandpanelen geschmackvolle warme Wirkungen erzielt sind. Figur 42 zeigt Panelierung und Decke in dem Gastzimmer eines Privathauses, in dem die Möbel und Schränke in die Wandbekleidung eingebaut sind. Man sieht hier, daß man auch mit Kiefernfurnieren sehr schöne Wirkungen erzielen kann.

Einlegearbeiten sind in verhältnismäßig geringem Umfang bei der großen Mehrzahl der Möbel des Privathauses zu finden, vielmehr findet man sie als Ornamente in Wandpanelen von Schaufensterläden, öffentlichen Gebäuden usf.

Wie bereits ausgeführt, kann die Gegenwart sich nicht mehr den Luxus erlauben, in der großen Masse der Gebrauchsmöbel Kunstwerke zu schaffen, an denen ein Künstler jahrelang arbeiten kann. Die Maschinen räumen ihren Platz nicht wieder der Hand des Handwerkers, es ist aber gelungen, Maschinen zu schaffen, welche die Kunst des Handwerkers zu vervielfältigen gestatten, in einer Vollendung, wie sie früher kaum für möglich gehalten war. Figur 43 und 44 zeigen zwei Tischplatten, deren Oberflächen aus verschieden gemasertem Holz mit Intarsieneinlagen verziert sind. Ein Kunsthandwerker, ein Künstler hat ein Original geschaffen, und die Maschine oder besser gesagt mehrere Maschinen haben dieses Kunstwerk auf eine fünffach abgesperrte Birkenplatte so täuschend übertragen, daß auf den ersten Blick selbst der geübte Fachmann nicht in der Lage ist, das Original von der Reproduktion zu unterscheiden. Sowohl die bildliche Darstellung selbst, wie auch die Farbentönung sind täuschend dem Original ähnlich. Dieses Verfahren ermöglicht es auch, für Möbel, für die man nicht die Kosten der Handarbeit aufwenden kann, wenigstens das kunstvollendete Abbild des Furniers und der Intarsienarbeit anzuwenden. Freilich kann man auch für diese Reproduktion des Sperrholzes nicht entbehren, da nur eine stabile, ausgeglichene und beständige Unterlage den Beanspruchungen widersteht, die das Verfahren bedingt, und dem Gegenstand selbst die Festigkeit bieten, die man von ihm verlangt. Die Deckel dieses Buches, sowohl des ersten wie des zweiten Bandes, aus Sperrholz zeigen, wie auch nach demselben

Fig. 45. Farbe und Maserbild von Makassar Ebenholzfurnier, sind auf das Außenfurnier einer Birkensperrplatte auf photochemischen und Druckwege übertragen.

Fig. 46. Farbe und Maserbild von Polisanderfurnier auf die Außenseite einer Birkensperrholzplatte auf photochemichem und Druckwege übertragen.

(Dank dem Entgegenkommen der Masa G.m.b.H., Berlin.)

Verfahren die Veredelung einer Sperrholzoberfläche durch ein Edelfurnier, in diesem Falle Thuyamaser, so vollkommen nachgeahmt werden kann, daß des Erfahrenste sich täuschen läßt und das Edelfurnier an der Schnittfläche sucht.

Im Kapitel über Anwendung von Sperrholz wird hierüber noch weiter gesprochen werden. Diese Effekte werden durch ein besonderes Verfahren von Umdrucken (oft in Fünffarbendruck) erzeugt, die dem Bilde neben einer großen Schönheit und Ähnlichkeit mit dem Original eine sehr bedeutende Beständigkeit geben. Es sind auch andere Verfahren zur Imitation von Furnieren in Benutzung, die photochemische Wege benutzen. Figur 45 und 46 zeigen Effekte, die damit erzielbar sind.

Mit Ausnahme der in Figur 43 und 44 gezeigten Art werden jedoch diese Furniere- und Intarsienimitationen für Möbel in großem Umfange noch nicht benutzt, wohl aber zur Herstellung von Gebrauchsgegenständen, wie z. B. Grammophonkästen, zur Herstellung von großen Panelen, von denen man eine gewisse Einheitlichkeit in der Flächenwirkung für die Ausschmückung größerer Räume verlangt. Hierüber wird Näheres noch in dem Abschnitt über Anwendung von Sperrholz und Furnier in der Gegenwart zu sagen sein. In diesem Kapitel werden auch weitere Beispiele gegeben werden, welche zeigen, in welcher Form heute Sperrholz und Furnier für Ausstattungen von Räumen in ausgiebigstem Maße in Benutzung sind.

Nachdem nunmehr ein Überblick, beginnend mit der ältesten Kulturperiode Ägyptens bis zum Ultramodernen, gegeben ist, wobei sich gezeigt hat, daß nahezu in jeder Epoche Furniere in irgendeiner Form zu Verzierungen benutzt und Sperrholz zum Aufbau verwendet wird, und daß beide sich bewährt und durchgesetzt haben, soll das nächste Kapitel eine kurze Besprechung derjenigen Holzarten bringen, die zur Zeit hauptsächlich der Furnier- und Sperrholzindustrie den Werkstoff liefern.

Kapitel XII.

Holzarten im Gebrauch zur Herstellung von Furnieren und Sperrholz und ihre Bezeichnungen.

Klassifikation.

Eine strenge Klassifikation läßt sich für die Holzarten, die zu Furnieren verarbeitet werden, weder mit Rücksicht auf die Zugehörigkeit zu den botanischen Klassen, noch nach Wuchs und Maserbild, noch auch nach den Gesichtspunkten treffen, die zu den handelsüblichen Bezeichnungen, schlichten, gemaserten Furnieren oder Edelfurnieren geführt haben.

Es ist also irgendein System, nach dessen Reihenfolge man die Besprechung der einzelnen Holzarten vornehmen könnte, nicht vorhanden, vielmehr werden zunächst die sogenannten Harthölzer kurz beschrieben, welche gemaserte Edelfurniere ergeben, sodann diejenigen Hartholzarten, die schlichte Masermuster zeigen, aber selbst die Grenze zwischen diesen beiden Sorten läßt sich nicht genau ziehen. Im Anschluß daran sollen die Weichhölzer behandelt werden, die im wahrsten Sinne des Wortes, soweit der Handel es jetzt versteht, nicht als Edelfurniere mit Maserbildung angesehen werden können, die man jedoch so schneiden und anordnen kann, daß der Faserverlauf an sich ein schönes charakteristisches Gesamtbild ergibt. Schließlich folgen dann noch solche Holzarten, die in geringerem Umfange, wie z. B. seltene Exoten und Zierfurniere, als Furnierhölzer von Interesse sind.

Soweit wie möglich wird ganz kurz auch die geschichtliche Entwicklung der Verwendung gegeben werden, wie auch neue Anregungen für weitere Benutzung der Hölzer.

Es soll hier nicht der Versuch gemacht werden, alle überhaupt für die Furnier- und Sperrholzindustrie in Betracht kommenden Holzarten zu besprechen oder zu erwähnen, sondern lediglich diejenigen, die größere wirtschaftliche Bedeutung haben, außerdem auch noch eine Anzahl der mehr bekannten Edelholzfurniere.

Es gibt kaum irgendeine Stelle unserer Erde, die bemerkenswerten Baumwuchs aufweist, an der nicht nach Bäumen geforscht wird, die schön gezeichnete Furniere erzielen lassen. In den seltensten Fällen sind die Exploiteure, welche auf die Suche geschickt werden, wissenschaftlich gebildete Botaniker. Werden geeignete Bäume gefunden, so kommen gewöhnlich Holz und Furniere unter Namen in den Handel, die entweder nach der Gegend benannt werden, in der sie gefunden worden sind, oder unter dem Namen, mit denen die Eingeborenen der betreffenden Gegend diese Bäume bezeichnen.

Es kommt daher oft genug vor, daß ein und dieselbe Baumart, die z. B. in Afrika in verschiedenen Gegenden oder besser gesagt im Gebiet verschiedener Negerstämme wächst und von diesen auch verschieden benannt wird, unter verschiedenen Bezeichnungen gehandelt wird.

Für manche Holzarten, die gerade in den letzten Jahrzehnten in Aufnahme gekommen sind, sind die Bezeichnungen durchaus nicht einheitlich. In Amerika ist der sehr beachtliche Vorschlag gemacht worden, für den Handel die botanischen Bezeichnungen der Holzart einzuführen, was sicher das Geschäft erleichtern würde. Jedoch ist kaum anzunehmen, daß bei der heutigen Einstellung der verschiedenen Nationen der Handel bereit sein wird, auf diesen Vorschlag einzugehen. Am Ende dieses Kapitels ist eine Zusammenstellung gegeben, welche die in Deutschland, Amerika und England üblichen Bezeichnungen für die verschiedenen hier behandelten Holzarten und die dazu gehörigen wissenschaftlichen botanischen Namen zeigt. In den einzelnen Abschnitten ist darauf verzichtet worden, die englischen und botanischen Bezeichnungen mit anzuführen. Es möge vielmehr hier in dieser Beziehung auf die Zusammenstellung am Ende dieses Kapitels verwiesen werden. Nochmals sei betont, daß die Aufstellung keinen Anspruch auf Vollständigkeit hat, da immer wieder neue Sorten auftreten, die die große Menge der wunderbar gezeichneten Furniere bereichern, mit denen der Handel und auch die Furnier- und Sperrholzindustrie bereits rechnen müssen.

Nußbaum.

Der Walnußbaum ist einer der häufigsten amerikanischen Bäume. Er kommt in allen Teilen des Landes, besonders überall im Osten, in den mittleren Staaten von Kanada bis zum Golf von Mexiko vor. Zuerst wird der Walnußbaum in der Entwicklung der Zivilisation als der persische oder der Königswalnußbaum erwähnt. Er stammt aus Persien und hat von dort aus seinen Weg nach Europa gefunden, wo er jetzt, besonders im westlichen Europa häufig zu finden ist. Im Handel befinden sich am häufigsten italienische, französische und englische, türkische und kaukasische Nußbaumhölzer, Nachkommen des persischen Walnußbaumes, außerdem die amerikanischen Sorten.

Spuren der Benutzung von Walnuß hat man aus den ältesten Zeiten in Europa gefunden, schon aus dem Steinzeitalter. Das Holz ist stets in Benutzung gewesen, so wie es jetzt noch von den Erbauern der Wolkenkratzer benutzt wird.

Der Walnußbaum wurde in alten Zeiten hauptsächlich seiner Früchte wegen geschätzt, die „Nüsse des Jupiter“ genannt wurden. Man nimmt an, daß als Eichel der Alten vielmehr die Nuß des Walnußbaumes, als die Eichel vom Eichenstamm anzusehen ist. Schon in den Zeiten des König Salomo findet man den Nachweis der Benutzung des Holzes des Walnußbaumes, wie auch in

Fig. 47a. Amerikanisches schwarzes Walnußfurnier. Typische Streifenmuster, das beim Messern geviertelter Stämme erzielt wird.
(Dank dem Entgegenkommen der American Walnut Manufacturers' Association.)

Fig. 47b. Messerfurnier aus amerikanischer Walnuß aus halbiertem Stamm.
(Dank dem Entgegenkommen von F. Moritz Müller, Leipzig.)

den Zeiten des römischen Kaiserreiches. Der Nußbaum teilt mit der Eiche die Ehre zum Ausdruck der Kunstfertigkeit in der früheren Renaissanceperiode benutzt worden zu sein, ganz besonders zu Schnitzereien in massivem Holz. Im ersten Teil des 17. Jahrhunderts begann man Walnuß in größerem Maßstabe zur Verschönerung von Möbeln anzuwenden und augenscheinlich begann in dieser Zeit zuerst die Wertschätzung der wunderbaren Maserzeichnung des Walnußfurniers.

In dem scharfen Winter des Jahres 1709 sind in Mitteleuropa eine sehr große

Fig. 48. Geschältes amerikanisches Walnußfurnier.
(Dank dem Entgegenkommen der American Walnut Manufacturers' Association.)

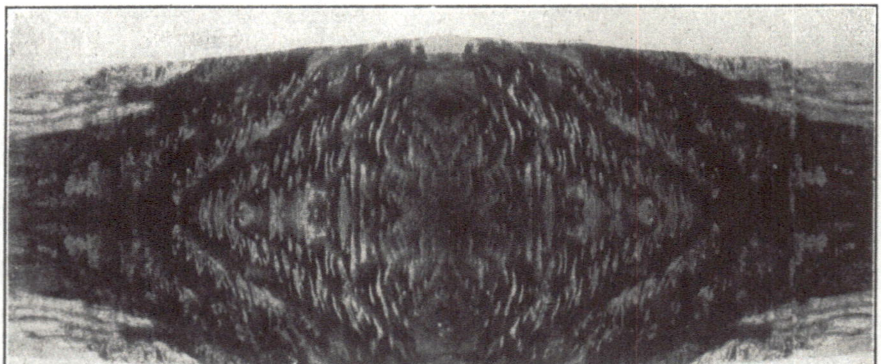

Fig. 49. Amerikanischer Walnußfurnier mit stark entwickelter Maserzeichnung aus einem Wurzelstumpf halbrund geschnitten.
(Dank dem Entgegenkommen der American Walnut Manufacturers' Association.)

Anzahl von Nußbäumen eingegangen. Die französische Regierung verbot im Jahre 1720 die Ausfuhr von Walnußholz. Die holländischen und spanischen Kunsthandwerker mußten infolgedessen Mahagoni als Ersatz für Walnuß für den Möbelbau aus anderen Teilen der Welt einführen. Nach der Schlacht von Belleallianee wurde Walnuß fast ausschließlich für die Herstellung von Ladestöcken für Kanonen gebraucht. Es liegen Berichte vor, nach denen man für einen einzigen Stamm 12000 Mark bezahlt haben soll, und daß Frankreich im Jahre 1806 allein 12000 Stämme zu Ladestöcken verarbeitet habe.

Nußbaum ist sowohl in Frankreich, wie in England während der Entwicklung der klassischen Möbelstile stets sehr begehrt gewesen und erfreut sich heute noch großer Beliebtheit, nicht nur in Amerika, sondern auch in Europa.

Die amerikanische schwarze Walnuß war früher ein Waldbaum. Da jedoch gerade seine Holzart besonders begehrt war, wurde dieser Baum zuerst aus den Wäldern herausgeschnitten, so daß der Verbrauch vom Jahre 1875 bis zum

Fig. 50. Gemessertes amerikanisches schwarzes Walnußfurnier mit Streifen und Querzeichnung.
(Dank dem Entgegenkommen der Penrod Walnut & Veneer Co.)

Jahre 1900 sehr stark abnahm. Erst während des Weltkrieges trat, wegen seiner Festigkeit und Elastizität, wieder eine Zunahme im Verbrauch von Nußbaum ein, die ihn zur Verwendung für die Artillerie und für Flugzeugpropeller besonders geeignet machte. Nach dem Kriege stellte sich dann ganz unerwarteterweise heraus, daß Walnußbäume in großer Menge dauernd angepflanzt worden waren, einmal, weil sie eine gute Schattenwirkung geben und außerdem auch wegen ihrer Früchte, so daß für die nächsten Jahre genügende Mengen Walnußholz und Walnußfurniere vorhanden sein werden.

Es werden beträchtliche Mengen amerikanischer Walnuß in Stämmen und in Furnieren nach Europa eingeführt. Die kostbarste Art ist das Holz der sogenannten Schwarznuß, die leichter und dunkler ist wie die europäische. Ferner wird auch die sogenannte Weißnuß oder Butternuß, die schwächere Stämme hat und im Handel weniger geschätzt wird, verarbeitet.

Die reiche dunkelbraune Färbung des schwarzen Walnußkerns macht es für Furniere ganz besonders geeignet. Der Splint ist verhältnismäßig dünn, und ziemlich farblos. Wie bereits erwähnt, sind die Produkte der sogenannten Butternuß weniger geschätzt, da die Farbtönung nicht an diejenigen der schwarzen Walnuß heranreicht.

Walnußfurniere werden auf den verschiedensten Fabrikationswegen hergestellt, vorwiegend gemesserte Furniere, sowohl schlicht wie bunt, desgleichen geschälte und halbrund geschälte Furniere, wie auch Furniere aus geviertelten

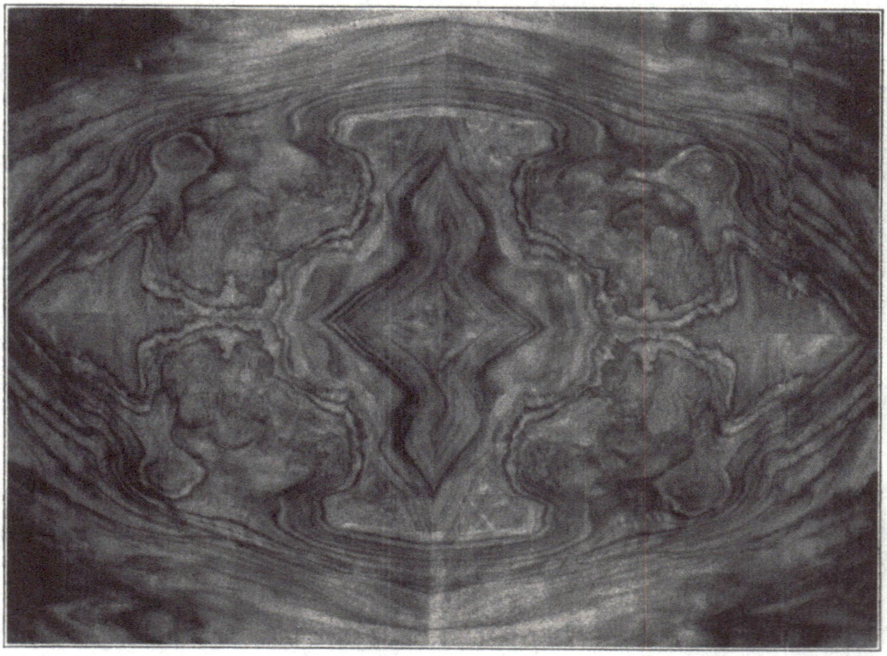

Fig. 51. Nußbaumwurzelfurnier aus vier Teilen auf Muster zusammengesetzt.
(Dank dem Entgegenkommen von F. Moritz Müller, Leipzig.)

Stämmen, schlicht und bunt und vor allen Dingen Wurzelfurniere. Die letzteren werden wegen ihrer wundervollen Maserbilder besonders hoch geschätzt und eignen sich vorzüglich zu aus vier oder mehr Stücken zusammengesetzten Mustern. Auch für Appliqué- und Einlegearbeiten wird Walnußwurzelfurnier [1]) benutzt.

Die Figuren 47a bis 50 zeigen die Maserungen der in verschiedenen Herstellungsverfahren erhältlichen Maserbildern. Durch Zusammensetzen von Streifen verschiedenartiger Furniere kann man in einer außerordentlich großen Manigfaltigkeit wunderbare Effekte erzielen (Figur 51). Es sei hier auch auf die Abbildung 104 des ersten Bandes dieses Buches hingewiesen. Es gibt kaum ein

[1]) Siehe Band I, Seite 91.

anderes Holz, das in der Vielseitigkeit der erzielbaren Maserbildeffekte das Walnußfurnier übertrifft.

Kaukasische Walnuß kommt aus den Gegenden in der Nähe des Schwarzen Meeres. Die Blöcke werden gewöhnlich auf Tieren zur Verladestelle an der Küste gebracht, dadurch wird das Holz ziemlich teuer. In der kaukasischen Walnuß findet man sehr scharfe Farbenkontraste mit außergewöhnlich einheitlichen Zeichnungen. Auch von französischen, italienischen, türkischen und turkestanischen Walnußbäumen werden Edelfurniere hergestellt.

Der Hauptsache nach versorgt die amerikanische schwarze Walnuß zur Zeit den Bedarf in den Vereinigten Staaten und Kanada. Es gehen jedoch auch bedeutende Mengen nach Europa.

Die Mengen, welche von europäischer und asiatischer Walnuß zur Verfügung stehen, sind verhältnismäßig beschränkt. Die Einfuhr nach Amerika ist wohl in der Form von Stämmen, wie auch von geschnittenen Furnieren äußerst gering.

Mahagoni.

Die Familie der Mahagonibaumarten ist groß und weit verbreitet in tropischen Ländern, jedoch nur wenige lassen die Mahagoniprodukte herstellen, welche als Edelfurniere besonders geschätzt werden. Es gibt außerdem eine große Anzahl von „beinahe Mahagoniarten", die von den echten sorgfältig unterschieden werden müssen. Es handelt sich hier um das sogenannte afrikanische Mahagoni, das unter den verschiedensten Bezeichnungen, wie Okoumé, (Okumé) Gaboon und deren Abarten sich im Handel befindet. Diese Sorten spielen eine große Rolle für die europäische Sperrholzindustrie, jedoch nicht als Edelfurniere im eigentlichen Sinne, wenn sie auch an vielen Stellen mit nicht geringem Erfolge als Deckfurniere, z. B. für Panele und auch für die Innenauskleidung sowie für Möbel benutzt werden. Diese Holzsorten sollen getrennt behandelt werden, und zwar unter dem Stichwort ihrer handelsüblichen Bezeichnung, während dieser Abschnitt sich hauptsächlich mit dem sogenannten „echten Mahagoni" befassen soll, dessen Hauptwert in der Verwendung als hochwertiges Edelfurnier liegt.

In Amerika wird Mahagoni im allgemeinen als fremdes Holz gewertet, das nur auf der äußersten Spitze von Florida im Gebiet der Vereinigten Staaten im freien Wuchs vorkommt. Trotzdem ist es mehr ein Holz der westlichen Hemisphäre als von Afrika, wo es außerdem noch zu finden ist.

Die Geschichtsforschung zeigt, daß Mahagoni erstmalig durch Sir Walter Raleigh im Jahre 1597 der damaligen zivilisierten Welt zugeführt worden ist. Auf einer seiner Reisen nach dem unbekannten Westen fand der Schiffszimmermann seines Schiffes Mahagonistämme, die er zur Ausbesserung von Schiffsschäden und auch des Schiffsdecks benutzte, während er in einem westindischen Hafen vor Anker lag. Nach seiner Rückkehr nach England soll die Königin Elisabeth bei einem Besuch seines Schiffes das außerordentlich schöne und unge-

Fig. 52. Gemessertes afrikanisches streifiges Mahagonifurnier.
(Dank dem Entgegenkommen der Mahagoni Association.)

wöhnlich dunkelbraune Holz bewundert haben, was Sir Walter veranlaßte, das Holz aus dem Schiff zu entfernen und der Königin daraus einen Tisch anfertigen zu lassen.

Mahagoni wurde in ausgiebigster Weise in Frankreich und England in der

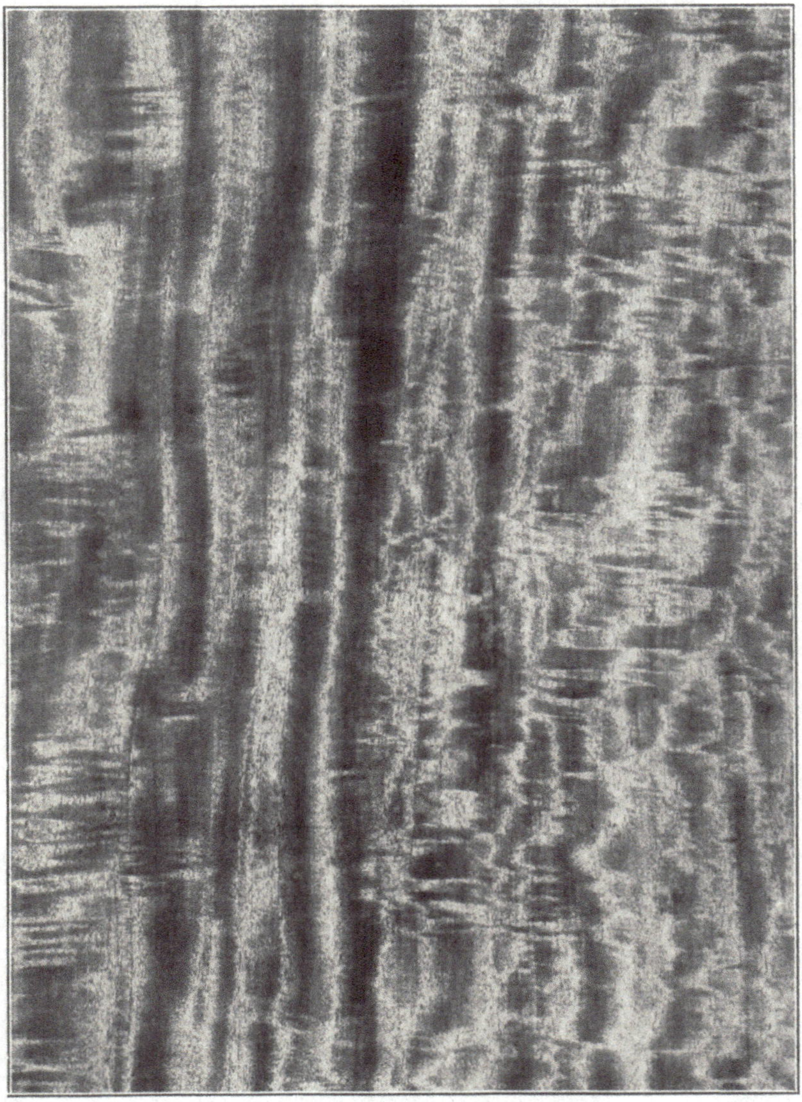

Fig. 53. Gemessertes afrikanisches buntes Mahagonifurnier mit den typischen Flecken und Streifen (mottle and broken stripe) quer zur Faser.
(Dank dem Entgegenkommen der Mahagoni Association.)

Zeit benutzt, in der die Stile der furnierten Möbel entwickelt wurden und hat von Anbeginn eine führende Rolle unter den gesuchten und beliebtesten Möbelhölzern gespielt, da es leicht verarbeitbar ist, eine wunderbare Färbung und Zeichnung zeigt und sich gut zu künstlerischen Mustern zusammensetzen läßt.[1])

[1]) Siehe Band I, Seite 79.

Fig. 54. Mahagoni-Pyramide (Crotch). Das Bild zeigt die Möglichkeit, durch Zusammensetzen mehrerer Furniere wunderschöne Muster zu erhalten.
(Dank dem Entgegenkommen der Mahagoni Association.)

Das echte Mahagoni kommt von Kuba, San Domingo, Mexiko, Zentralamerika und den hieran anschließenden Teilen Südamerikas, aus Westindien, der Gold- und Elfenbeinküste, wie auch aus Nigeria, an der westafrikanischen Küste. Es ist ein tropischer Baum, der in einzelnen Stämmen wächst und außerordentlich hoch und umfangreich wird. Das Fällen erfolgt durch die Eingeborenen in der primitivsten Weise. Die Stämme werden oft entrindet und diejenigen, die aus Afrika exportiert werden, werden meist vierkantig zugehauen, um sowohl an Gewicht, wie Lagerraum zu sparen.[1])

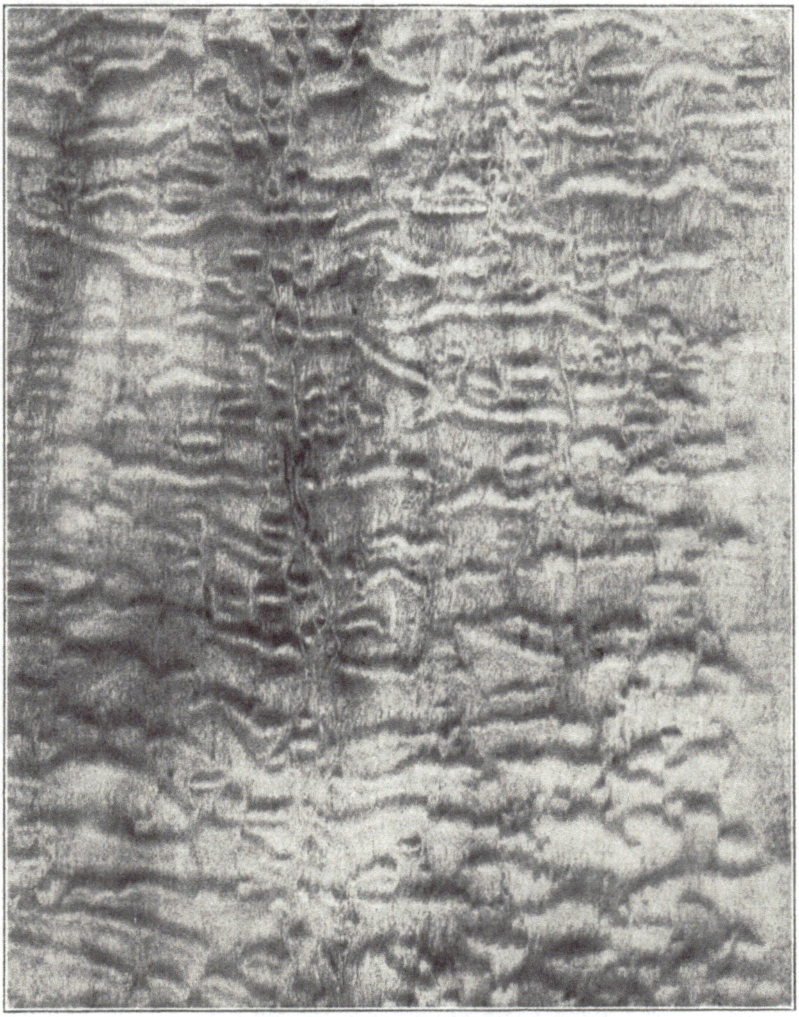

Fig. 55. Gemessertes Mahagoni-Blisterfurnier.
(Dank dem Entgegenkommen der Mahagoni Association.)

Die Hölzer, die mehr oder weniger Mahagoni ähneln und häufig mit Mahagoni verwechselt werden, sind Primavera oder weißes Mahagoni, auch spanische Zeder, ein aromatisches Holz, ohne besondere Maserzeichnung, das sehr viel für Zigarrenkisten verwendet wird, das sogenannte philippinische Mahagoni

[1]) Siehe Band I, Seite 81.

oder Padouk, ein ostindisches Holz, das ähnlich aussieht und schließlich die Gaboonarten, die manchmal als Libervillemahagoni bezeichnet werden. Jedes dieser Hölzer hat seinen Wert auf den verschiedenen Gebieten und sollte unter

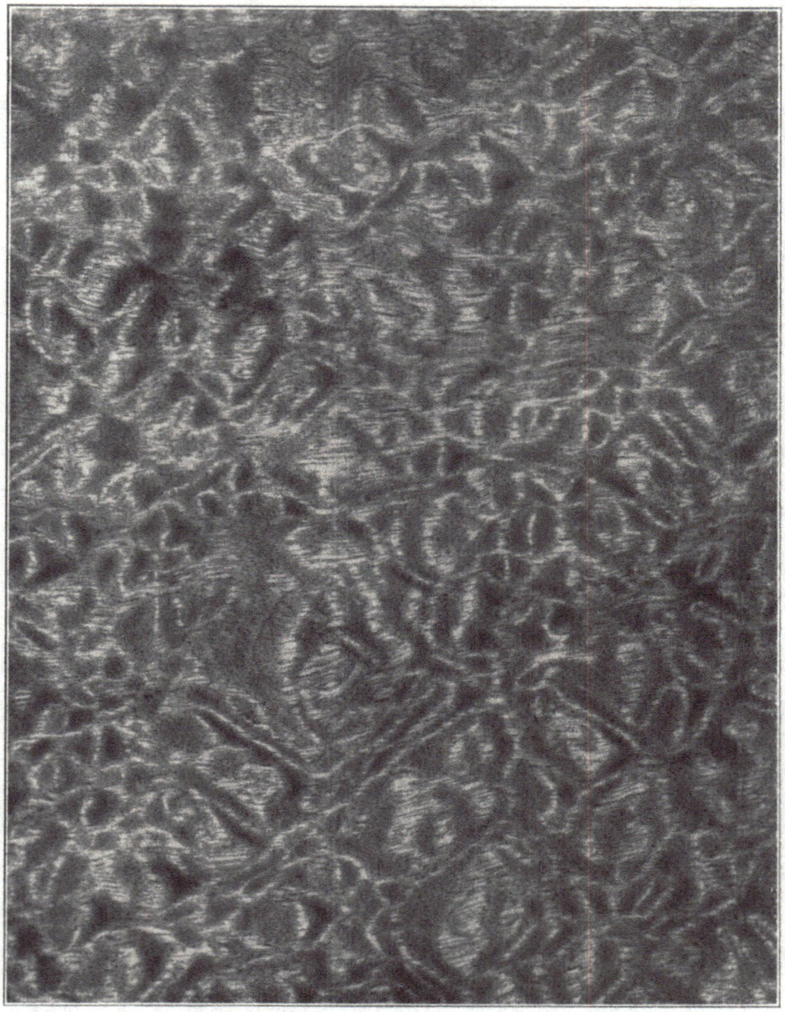

Fig. 56. Mahagoni-Blisterfurnier, gemessert, zeigt ein anderes schönes Maserbild, das bei sogenannten Blisterfurnieren zu erreichen ist.
(Dank dem Entgegenkommen von F. Moritz Müller, Leipzig.)

seinem wahren Namen gehandelt und gewertet werden, statt es unter einer irreführenden Bezeichnung mit anderen zu verwechseln.

Mahagonifurniere zeigen eine große Verschiedenheit der Zeichnung, die als streifiges, als buntes, als Pyramide oder als Blister bekannt sind. Figuren 52—60 zeigen typische Maserbilder. In Band I dieses Buches ist außerdem in Figur 103 eine wunderbare Tischplatte aus zusammengesetzten Mahagonifurnieren gezeigt.

Fig. 57. Gemessertes Sapeli-Mahagoni, gestreift.
(Dank dem Entgegenkommen von F. Moritz Müller, Leipzig.)

Fig. 58. Sapeli-Mahagoni, gemessert, derselben Art wie in Fig. 57 gezeigt, jedoch in größerem Maßstabe dargestellt.
(Dank dem Entgegenkommen von F. Moritz Müller, Leipzig.)

Mahagoni wird vorzugsweise für Möbel aller Art benutzt, jedoch auch für Innenausstattungen von Banken, Büros, Hotels oder andere Bauten, welche eine feine und künstlerische Innenverarbeitung erfordern.

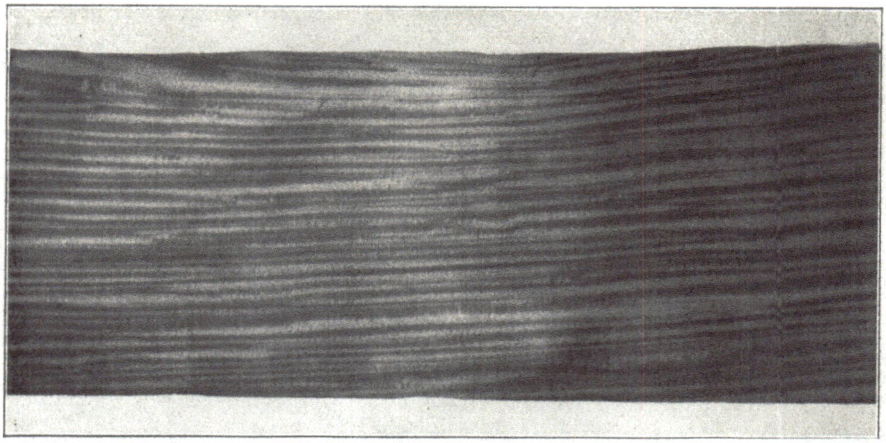

Fig. 59. Mahagoni, moiré gemessert.
(Dank dem Entgegenkommen von F. Moritz Müller, Leipzig.)

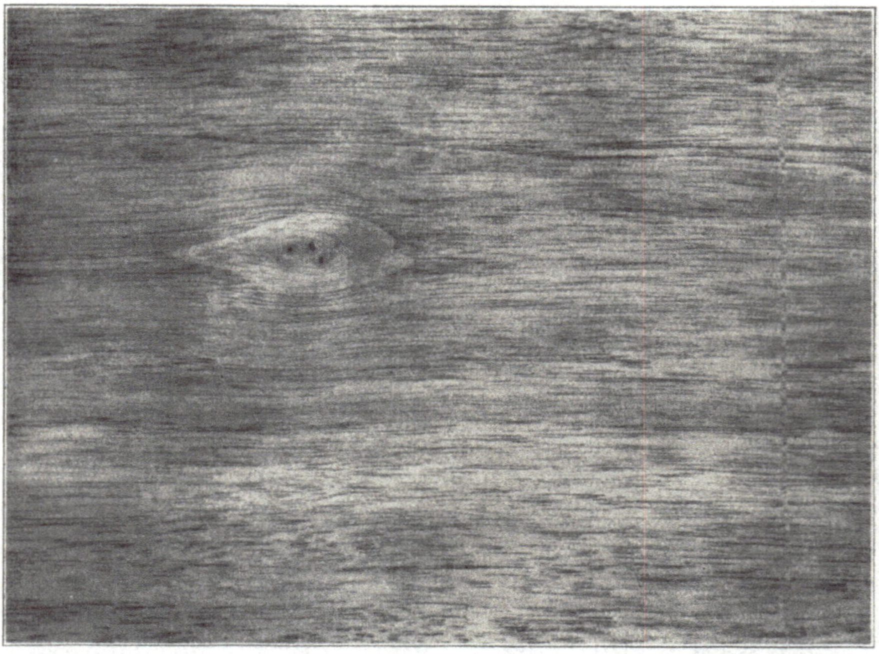

Fig. 60. Tabasko-Mahagoni, gemessert.
(Dank dem Entgegenkommen von F. Moritz Müller, Leipzig.)

Eiche.

Eine der wichtigsten und allgemein gebräuchlichsten Harthölzer ist die Eiche. Sie spielte ebenso in geschichtlichen Zeiten, wie auch in der Gegenwart für den Handel eine bedeutende Rolle. Die Benutzung von Eiche kann bereits in der prähistorischen Zeit nachgewiesen werden. Die Eiche ist das Symbol der Kraft, Stämmigkeit und Widerstandsfähigkeit geworden. In allen Teilen der Welt findet man die Eiche in ihren verschiedenen Arten. Überall wird ihr Holz wegen seiner Festigkeit, Dauerhaftigkeit und auch wegen seines Äußeren in sehr großen Mengen benutzt. Die Pfeiler der alten „London Bridge“, die im

Fig. 61. Geschältes Eichenfurnier.
(Dank dem Entgegenkommen der Underwood Veneer Co.)

Jahre 1827 herausgezogen wurden, waren, selbst nach etwa 650jährigem Gebrauch gesund bis in den Kern.

Die Eiche wurde im alten römischen Reich als Konstruktionsmaterial außerordentlich geschätzt. Noch ältere Zeugen als die Pfeiler der eben erwähnten Londoner Brücke sind die Pfeiler der alten römischen Rheinbrücken. Auch zur Verschönerung für Schnitzereien wurde Eiche besonders während der Gotik in der Zeit der Tudor und Eingang der Stuartperiode für Möbel benutzt, bis sie allmählich von Walnuß und Mahagoni verdrängt wurde.

Bis zum Beginn des 18. Jahrhunderts war Eiche das meist benutzte Material für Gebäudekonstruktionen, bis etwa um die genannte Zeit, die Weichhölzer dazu herangezogen wurden. Ganz besonders geschätzt war Eiche für den Schiffbau, für Eisenbahnschwellen, für Wagenkonstruktionen aller Art.

Die englische Eiche ist ein historisches Holz, sie wird von manchen höher eingeschätzt als die amerikanische Weißeiche, trotzdem die Meinungen hierüber geteilt sind.

Auf dem europäischen Kontinent erfreut sich wohl die Spessarteiche der größten Beliebtheit wegen ihrer Milde und goldgelben Farbe. Sie erzielt in der Verwendung für die Möbelindustrie besonders für Furniere auch stets höhere Preise als andere Eichenarten.

Die milde, etwas dunklere ins Braun spielende slavonische Eiche wird gegen-

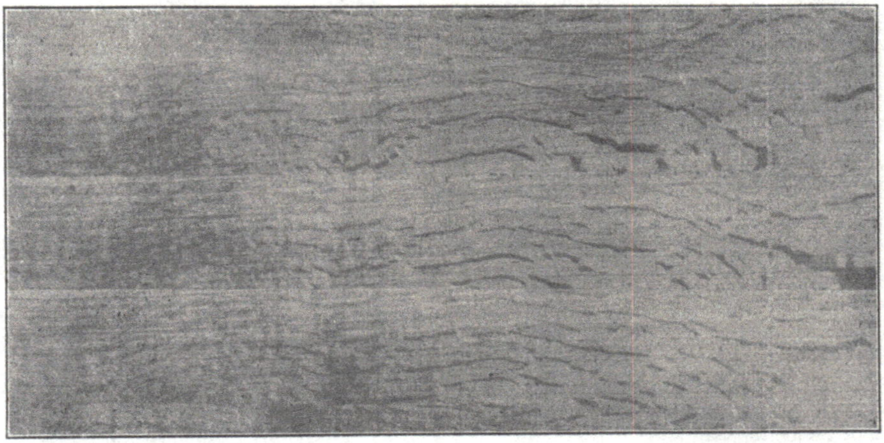

Fig. 62. Gesägtes weißes Eichenfurnier (Spiegel-Eiche) aus vier Einzelfurnieren zusammengesetzt.
(Dank dem Entgegenkommen der Underwood Veneer Co.)

über der harten böhmischen bevorzugt. Die polnische Eiche wird weniger geschätzt.

In Amerika gibt es ebenfalls verschiedene Eichensorten. Die am meisten benutzten sind die Weißeichen und die Roteichen.

Die Weißeiche wird sowohl zu geviertelten Eichenfurnieren geschnitten, wie auch geschält, siehe Figuren 61—64. Schlichte, gesägte Eichenfurniere werden in Amerika dazu benutzt, um mit massivem Eichenholz abgestimmt werden zu können, siehe Figur 63.

Der Herstellung und Bearbeitung von Eichenfurnieren sind in Band I, Kapitel IX, besondere Abschnitte gewidmet.

Geviertelte, gesägtes Eichenfurnier ist in Amerika ein Standardholz für Ausstattungen von Wohnungen, Büros, Bibliotheken und Büromöbel geworden.

Geschälte Eiche zeigt ein größeres, weniger feines Muster.

In Europa verschwindet das gesägte Eichenfurnier mehr und mehr und ist

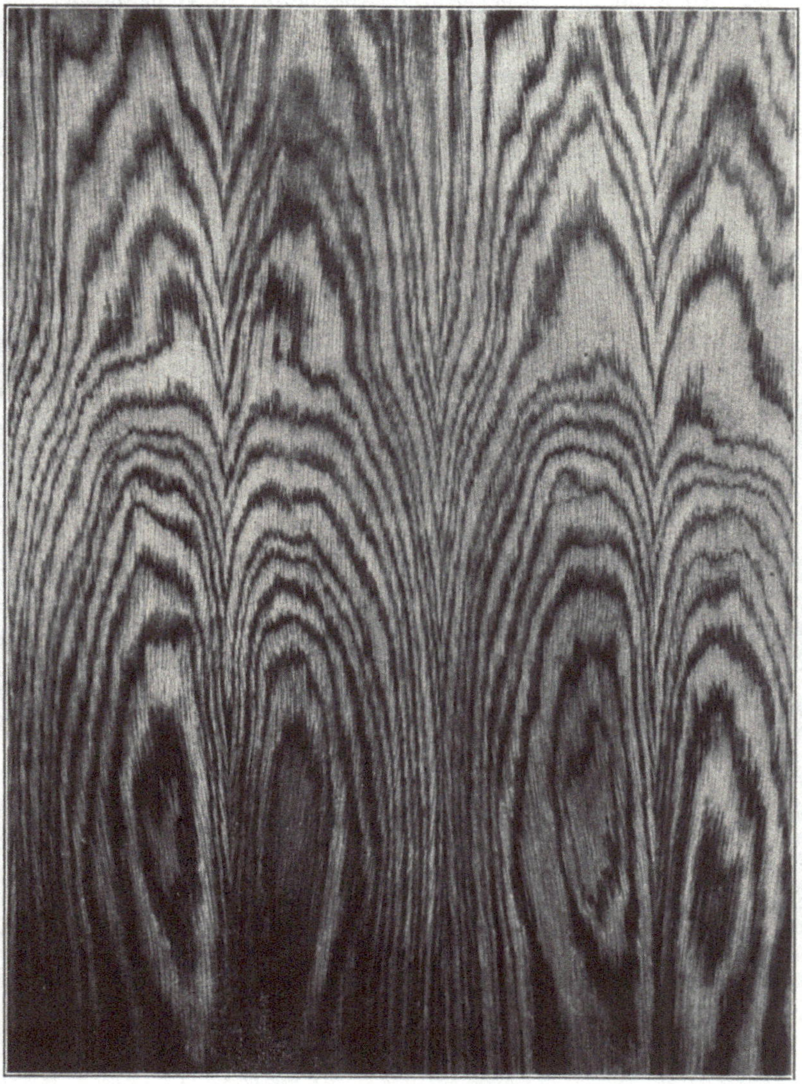

Fig. 63. Gesägtes einfaches geblumtes Eichenfurnier aus vier einzelnen Furnierstreifen zusammengesetzt. Man beachte die geringe Ähnlichkeit zwischen solchen Eichenfurnieren und den geviertelten gesägten, gemesserten und geschälten Eichenfurnieren Fig. 61, 62 und 64.

(Dank dem Entgegenkommen der New Albany Veneering Co.)

längst überholt von dem gemesserten Eichenfurnier, sowohl als Spiegel- wie auch als Schlichteichenfurnier. Geschälte Eiche wird in der europäischen Möbelindustrie nur sehr selten gefunden.

Die amerikanische Roteiche zeigt keine so charakteristische und bemerkenswerte Maserung, auch beim geviertelten Sägefurnier und ist für Furnierarbeiten nicht sehr gesucht. Da sie jedoch nicht zu teuer ist, wird sie dort, wo die Kosten eine große Rolle spielen, berücksichtigt. Geschältes Roteichenfurnier ist viel brüchiger als Schälfurniere aus Weißeiche.

Fast alle Eichenfurniere lassen eine vorzügliche Oberflächenabarbeitung zu. Der Farbenunterschied beim Beizen ist hauptsächlich auf das Abwechseln der harten und weichen Wuchsringe zurückzuführen, da die letzteren die Farbkörperchen schneller absorbieren, so daß besonders bei dunklerer Abarbeitung sich interessante Farbtönungen ergeben.

Die verschiedenen Eichenarten, die sich in den südlichen Flußniederungen und Deltas der Vereinigten Staaten befinden, wachsen schneller und geben zu

Fig. 64. Gemesserte Spiegeleiche, sogenanntes Silky-Oak.
(Dank dem Entgegenkommen von F. Moritz Müller, Leipzig.)

große Muster, die nicht so geschätzt sind, wie diejenigen, die man aus den langsamer wachsenden Hochlandeichen erzielt.

Die Lebenseiche wird als Furnier nicht benutzt. Sie hat ein außerordentlich hartes Holz, das in weitgehendem Maße dort Anwendung findet, wo es auf geringe Abnutzung ankommt, so für Transportzwecke, für Fahrzeuge, im Schiffbau usw.

Birke.

Die Birke zählt zu den vornehmsten nördlichen Harthölzern, sie zeichnet sich durch gefällige Maserbildung aus, durch ihre Dichte und Härte und der Möglichkeit einer sehr hochwertigen Oberflächenabarbeitung.

Die in Kanada und in den Vereinigten Staaten für die Furnier- und Sperrholzindustrie zur Verfügung stehenden Birken sind, wie in Band I, Seite 111 ff. eingehend dargelegt, trotzdem sie zu derselben Baumfamilie gehören, wie die europäischen Birken, für den Furniermarkt von verschiedener Bedeutung.

Die wesentlich ältere Kultur Europas, die Tatsache, daß die Wiege der industriellen Sperrholzerzeugung gerade in den Ländern gestanden hat, die die Heimat der Birke sind, und die Tatsache, daß die Birke von Anbeginn der industriellen Herstellung an den Hauptanteil an Holz für die Furnier- und Sperrholzindustrie geliefert hat, hat es mit sich gebracht, daß diejenigen Bäume, die in Europa zur Verfügung stehen, meist in ihrem Stammdurchmesser nicht einmal den Umfang aufweisen, welchen die als Abfall in Amerika betrachteten Birkenschaftrollen zeigen, die von den starken Stämmen der amerikanischen Birken beim Schälen übrigbleiben. Dementsprechend ist auch die Verarbeitungsart und die Wertung bei der amerikanischen und europäischen Birke sehr verschieden. Es ist daher gerechtfertigt, sie auch in der Besprechung zu trennen.

In den Vereinigten Staaten wird die Birke von Maine bis Minnesota, aber kaum südlich der Linie zwischen Boston und Milwaukee gefunden. Sie wird hauptsächlich für Innenausstattungen, für Möbel und gebogene Sitze verwendet.

Verschiedene amerikanische Birkensorten, deren Maserbilder und auch Farben ineinander übergehen, die gelben und roten Birken sind diejenigen Arten, die für Furnier- und Sperrholz für Ausstattung und Möbel am meisten beliebt sind. Die gelbe Birke kommt am häufigsten vor und wird von Furnierfabriken in erster Linie bevorzugt. Sie zeigt ein ziemlich leicht gefärbtes Splintholz mit rotem Kern, mit einer etwas gelben Schattierung im Vergleich zum kirschroten Kern der roten Birke.

Die gelbe Birke ist gewöhnlich frei von Fehlern und besonders von dem eigenartigen Querwuchs, der in der roten Birke häufig zu finden ist und der Verarbeitung von Furnieren Schwierigkeiten bereitet. Die rote Birke, die bedeutend öfter mit Fehlern behaftet ist als die gelbe Birke, ergibt jedoch häufig die bekannten bunten Furniere, sie zeigt eine prachtvolle kirschrote Färbung des Herzholzes, das bei Tischlern außerordentlich beliebt ist. Die weiße Birke hat einen sehr kleinen Kern und wird hauptsächlich für Spulen, Spindeln, Zahnstochern benutzt, gibt aber auch bei der Verarbeitung zu Stuhlsitzen, Absperrfurnieren und Mittellagen brauchbare Furniere. Sie zeigt nicht die Festigkeit der gelben und roten Birke. Man findet häufig zahlreiche kleine Astknoten, die sich jedoch gut durchschneiden lassen, die auch nicht Risse verursachen und auch im Trockenprozeß nicht herausfallen.

Eine besondere Maserung ist an der weißen Birke nicht zu finden, sie wird daher auch für bessere Möbelarbeiten nicht benutzt.

Figur 65 zeigt ein schlichtes Birkenfurnier einer Weißbirke, während Figur 66 ein buntes Furnier der Rotbirke zeigt.

Die Birke ist das führende Holz für den Tischlermeister infolge seiner guten charakteristischen Eigenschaften und auch seiner Schönheit wegen. Es läßt sich infolge seiner wunderbaren Schattierung und Farbe mit einer großen Zahl anderer Hölzer, wie z. B. Walnuß, Mahagoni und Kirschbaum, zusammen verwenden. Sehr viele Fabrikanten machen hiervon Gebrauch, ohne daß sie jedoch hierbei offen der Birke das Verdienst zubilligen, das sie am Gesamteffekt trägt. Die Birke ist fester und bei der Verwendung für Stuhlbeine, Schaukelstühle usw. weniger dem Bruch ausgesetzt als andere Hölzer. Die so zierlich aussehenden Stühle und Tische würden kaum die notwendige Festigkeit aufweisen, wenn sie statt aus Birke, aus Nußbaum oder anderen schönen Hölzern hergestellt würden,

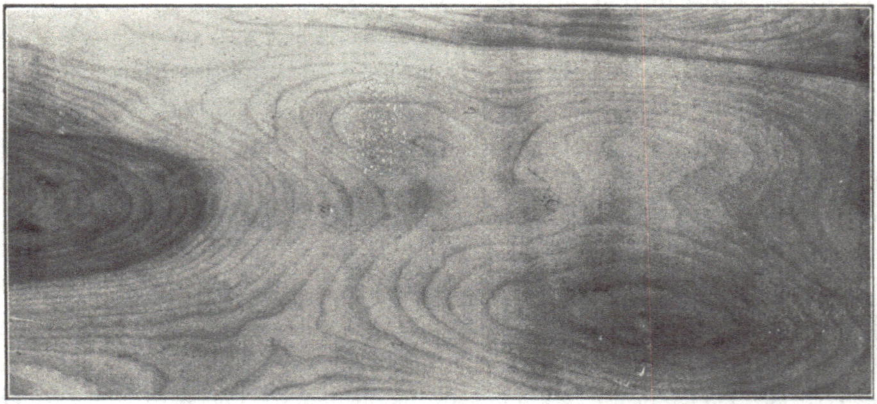

Fig. 65. Geschältes amerikanisches weißes Birkenfurnier mit hellerem Splint und dunklerem Herzholz.
(Dank dem Entgegenkommen der Underwood Veneer Co.)

die nicht die Festigkeit der Birke besitzen. Die Festigkeit und Zähigkeit des Holzes war es auch, welches es für die Konstruktion von Flugzeugen so geeignet gemacht hat, wo die größte Festigkeit bei geringstem Gewicht von ausschlaggebender Bedeutung ist.

Für Innenausstattung wird Birke ausgiebig benutzt, sowohl in grauer, gelber, brauner und roter Abarbeitung, wie auch in ihrer Naturfarbe. Man findet die Birke nicht nur in den erstklassigen Hotels, Klubs, Krankenhäusern, Universitäten, Bürogebäuden, sondern auch in Wohnräumen, vom Palast bis zur Hütte.

Kanadische Birke besonders wird in geringen Mengen nach England, auch mitunter in andere Länder Europas eingeführt, in denen man das feste Birkenholz verwenden will, ohne die Schwierigkeiten, die infolge der starken Ästigkeit bei der europäischen Birke auftreten, in den Kauf nehmen zu müssen. Es gab eine Zeit, in der z. B. in England für die Heeresflugzeuge kanadische Birke ausschließlich vorgeschrieben war.

In Europa kommt für die Furnier- und Sperrholzfertigung lediglich die nordische Birke in Frage. So lange das alte Rußland bestand, hat auch die sibirische Birke eine große Rolle für Furniere gespielt, die in ihrer Mächtigkeit der kanadischen Birke und der der Vereinigten Staaten kaum etwas nachgibt. Es ist möglich, daß die starke sibirische Birke vielleicht in naher Zukunft wieder eine Rolle auch bei den europäischen Furnier- und Sperrholzwerken spielen wird, wenn nämlich Sowjetrußland den Sägewerken, die es jetzt in Sibirien, besonders an den großen Flüssen angelegt hat, auch Furnier- und Sperrholzwerke angliedert.

Abgesehen von diesem Vorkommen sind in Europa die Hauptgebiete für die Birke Finnland, Lettland, in nur noch sehr geringen Mengen Estland und Polen. In Polen hat der Raubbau der letzten Jahre die Bestände derart gelichtet, daß

Fig. 66. Geflammtes (Curly) Schälfurnier einer amerikanischen roten Birke.
(Dank dem Entgegenkommen der Underwood Veneer Co.)

sie für den europäischen Markt kaum noch von Bedeutung sind. Hingegen verfügt das europäische Rußland ebenfalls noch über große Birkenbestände. In Band I ist auf Seite 103 eine kleine Zusammenstellung der durchschnittlichen Stammdurchmesser, z. B. für Birken in Lettland gegeben. Da die europäischen Birken in ihren geringen Stammdurchmessern sehr viel Äste und Knoten aufweisen, kommt Birke für große Flächen nicht in Betracht, es sei denn, daß sich die Einsicht der Vorteile des zusammengesetzten Furniers in Zukunft noch mehr durchsetzen wird wie bisher, was anzunehmen ist, da die Not der Zeit auch diejenigen osteuropäischen Staaten gezwungen hat, zur Verleimung gegetrockneter Furniere überzugehen, die bisher Birke noch in großen Mengen ungetrocknet verleimt haben.[1])

Auch in europäischen Staaten ist Birke noch zum weitaus größten Teil dasjenige Holz, welches die Flugzeugindustrie in Form von Sperrholz verwendet. Es ist immer noch das Standardholz, wenn auch bereits in manchen Staaten aus dem Wunsch heraus, im Bezuge des für Militärflugzeuge notwendigen Rohmaterials

[1]) s. Bd. I, Seite 185.

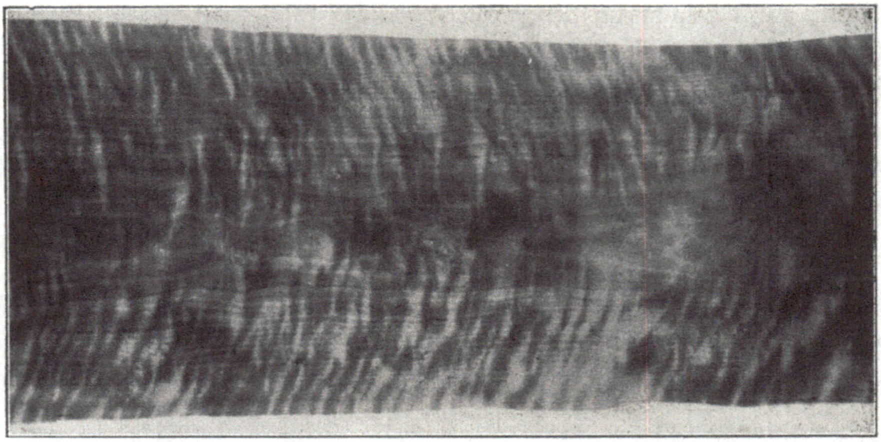

Fig. 67. Schälfurnier aus finnischer Birke, bunt. Der Unterschied in der Maserung gegenüber der amerikanischen Birke ist deutlich zu erkennen.
(Dank dem Entgegenkommen von F. Moritz Müller, Leipzig.)

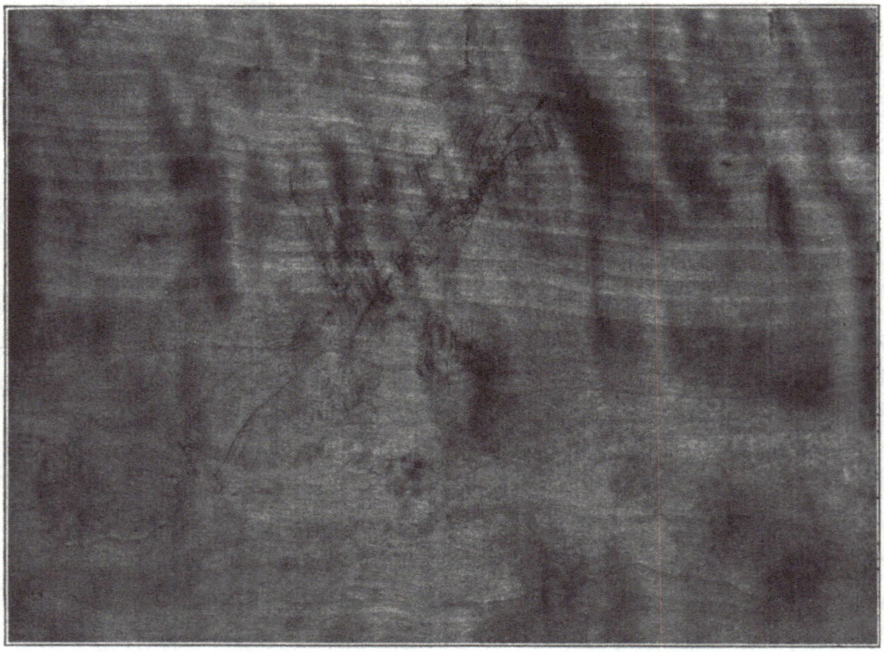

Fig. 68. Geschälte finnische Birke, geflammt.
(Dank dem Entgegenkommen von F. Moritz Müller, Leipzig.)

vom Auslande unabhängig zu sein, auch anderen Furnieren eine Chance gegeben worden ist.

Für ganz schwache Sperrplatten ist Birke heute fast immer noch das allein verwendete Material und wird hoch bezahlt, weil die Ausbeute eine verhältnismäßig geringe ist. Der weitaus größte Teil von Birkenfurnieren, soweit es sich nicht um geflammte Birke handelt, die als Edelfurniere sehr geschätzt sind, wird zu Stuhlsitzen und Kolonialkisten verarbeitet. Selten sieht man Birkensperrplatten in größeren Abmessungen, hingegen werden sehr große Mengen in fertigen kleinen Zuschnittmaßen geliefert, um eine einigermaßen günstige Holzausnutzung zu erzielen. Birke hat heute noch in Deutschland ihren eigenen Marktpreis. Auch für die Herstellung von Imitationen von Edelfurnieren wird Birkensperrholz als Grundlage sehr geschätzt wegen seiner weißen Farbe und der Dichtigkeit seiner Oberfläche. Mit Ausnahme von geflammten oder bunten Furnieren spielt jedoch Birke für den europäischen Möbelbau nicht entfernt die Rolle, wie in Amerika. Fig. 67 und 68 zeigen Maserbilder europäischer Birken.

Gum.

Der amerikanische Gumbaum gehört zur Familie der Eukalyptusarten. Er ist in den Vereinigten Staaten weit verbreitet. Der blaue Gumbaum wird in Kalifornien auch häufig Eukalyptus genannt. Diese Baumart wächst hauptsächlich in den südöstlichen Staaten, man findet sie selten nördlich der Linie Mason-Dixson und desgleichen selten noch westlich der Grenze von Texas. Es ist ein stämmiger, großer Baum, der hauptsächlich in Sümpfen wächst. Über ein Drittel aller Furniere, die in den Vereinigten Staaten hergestellt werden, stammen von den verschiedenen Sorten des Gumbaumes.

Den Hauptbedarf decken nur drei der vielen vorkommenden Sorten, die unter den verschiedensten Namen sich im Handel befinden. *Der Sweet Gum* hat einen großen braunroten Kern mit einem verhältnismäßig schwachen, leichter gefärbten Splint. Das Herzholz ist der sogenannte *Redgum* des Handels. Sowohl der reine Splint wie auch der Übergang vom Kern zum Splint wird im Handel mit Splint bezeichnet. Diese Sorte wird auch Redgum genannt und daraus entstehen häufig Mißverständnisse. Für den Bau von Möbeln und auch Innenausstattungen wird Redgum in großem Maßstabe in den Vereinigten Staaten benutzt. Schön gemasertes Gumholz stammt gewöhnlich von abnormal gewachsenen Stämmen dieser Art. In Europa werden mitunter die Furniere dieses *Sweet Gum* entweder als Walnuß- oder Haselnußsatinholz gehandelt und stehen hoch im Preise.

Tupelo-Gum hat nur einen sehr schwachen Kern. Dieser ähnelt in seiner Struktur dem Splint so sehr, daß eine Trennung von Kern und Splint nur selten in der Fabrikation und im Handel vorkommt. Mitunter wird dieses Holz auch „Baypoplar“ (Golfpappel) genannt, weil sein Aussehen dem Splintholz der gelben Pappel außerordentlich ähnlich ist.

Blackgum ist die dritte Art der drei, die den Markt beherrschen, aber weniger bekannt als die anderen beiden. Gewöhnlich wird es mit dem Tupeloholz zu-

Fig. 69. Geschältes Red-Gum-Furnier aus dem Kern des Sweet-Gum-Baumes.
(Dank dem Entgegenkommen der New Albany Veneering Co.)

Fig. 70. Messerfurnier aus gevierteltem Gum zu Mustern zusammengesetzt.
(Dank dem Entgegenkommen von Louisville Veneer Mills.)

sammen geliefert, trotzdem es diesem in seiner Geeignetheit zur Verarbeitung in Möbeln kaum gleichkommt.

Gum läßt sich jetzt sehr leicht verarbeiten und wird deswegen für Möbel und Innenausstattungen sehr viel benutzt. Früher stand dieses Holz in dem schlechten Ruf, sich sehr stark zu werfen. Diese falsche Beurteilung stammte von denjenigen, die die richtige Behandlung des Holzes beim Trocknen nicht kannten. Nachdem diese Schwierigkeit durch wissenschaftliche und praktische Forschung überwunden worden ist, kann die Verarbeitung einwandfrei durchgeführt werden. Minderwertige Gumfurniere werden viel für Verpackungszwecke, als Einzelfurniere oder auch in dreifacher Absperrung verwendet.

Gumholz läßt sich sehr gut sowohl in seiner natürlichen Färbung wie auch in dunkelbraunen und rötlichen Tönen abarbeiten. Früher wurde es zur Imitation von Mahagoni und Walnuß benutzt, ein übler Brauch, der überwunden ist. Viele Verbraucher finden die delikaten braunroten, natürlichen Farbenschattierungen des Redgum viel schöner als Abweichungen von dieser natürlichen Farbe. Der Splint wird häufig so gefärbt, daß er in seiner Farbenschattierung dem Kernholz gleicht.

Maserfurniere aus Gum stammen meistenteils von abnormal gewachsenen Bäumen. Man erreicht die besten Wirkungen durch Messerung geviertelter Stämme. Figur 69 und 70 zeigen sowohl schlichte wie auch gemaserte Gumfurniere auf Figuren zusammengesetzt.[1]

Ahorn.

Der Zuckerahorn, welcher den unübertrefflichen Syrup liefert, ist der sogenannte harte oder „Felsenahorn“ Amerikas, der allgemein für Fußböden gebraucht wird. Er kommt häufig in den nordöstlichen Staaten der U.S.A. vor.

Als alleinstehender Baum ist er für die Herstellung von Furnieren nicht brauchbar, jedoch im Waldwuchs erreicht er große Stammdurchmesser und auch bedeutende Höhen und liefert vorzügliche Furniere (Figur 71).

Das Furnier aus Zuckerahorn zeigt eine wenig charakteristische Maserung, mit Ausnahme der außerordentlich eigenartigen Wirkung der sogenannten Vogelaugen. Diese Miniaturwirbelchen wachsen radial, und wenn sie gleichmäßig über das hellfarbige Holz verteilt sind, ergeben sie ein ansprechendes und wundervolles Furnier. Gelegentlich findet man auch ähnliche Vogelaugengebilde in Walnuß und anderen Hölzern. Vogelaugenfurnier wird geschält. Die Furniere müssen sehr schnell und sorgsam getrocknet werden, um die leuchtenden, natürlichen Farben zu erhalten, in der dieses Holz gewöhnlich auch abgearbeitet wird.

---

[1]) Siehe auch Band I, Seite 112 und 113

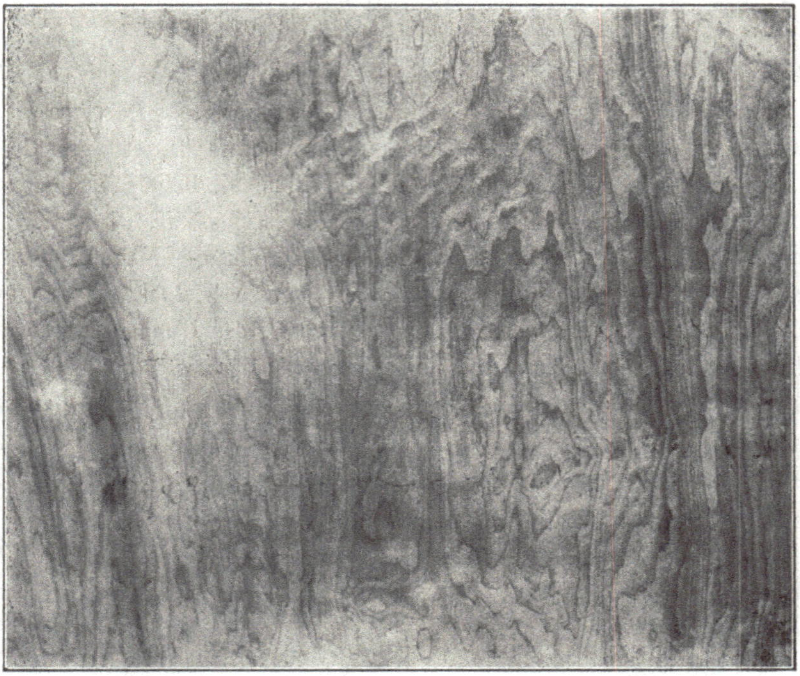

Fig. 71. Geschältes Ahornfurnier des nördlichen Zucker-Ahornbaumes.
(Dank dem Entgegenkommen der Wisconsin Veneer Co.)

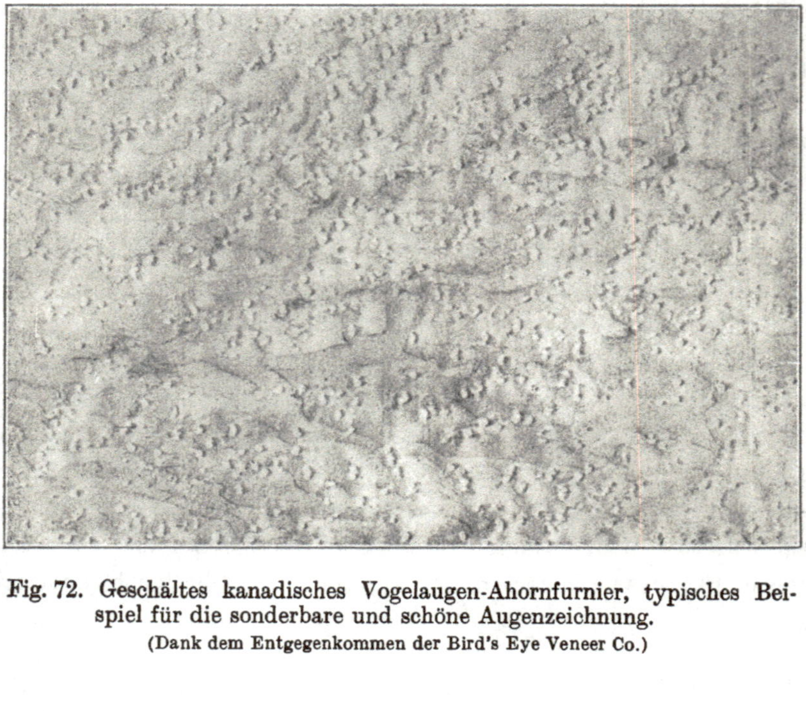

Fig. 72. Geschältes kanadisches Vogelaugen-Ahornfurnier, typisches Beispiel für die sonderbare und schöne Augenzeichnung.
(Dank dem Entgegenkommen der Bird's Eye Veneer Co.)

Fig. 73. Vogelaugenahorn, geschält. Die natürliche Farbe ist gewöhnlich ein ganz helles Gelbbraun.

(Dank dem Entgegenkommen von F. Moritz Müller, Leipzig.)

Figur 72 und 73 zeigen einige typische Muster der eigenartigen Vogelaugengebilde aus Vogelaugenahorn.

Ahornfurnier ist das härteste und wohl auch dichteste Furnier der gewöhnlichen Holzarten. Es wird durchweg geschält, und zwar in Furnieren von $^1/_8''$ (3,2 mm), $^3/_{16}''$ (4,8 mm), $^1/_4''$ (6,4 mm) und manchmal auch in $^5/_{16}''$ (8 mm) Stärke. Es wird in dreifach oder fünffach abgesperrte Sperrplatten verarbeitet und für den Pianobau verwendet, und zwar als Saitenspannleisten.

Dünne Ahornfurniere wer-

Fig. 74.
In der Mitte vier geschälte bunte Furniere aus mildem Ahorn mit Rosenholz-Furnieren eingefaßt.

(Dank dem Entgegenkommen der Luce Furniture Co.)

den in gewissem Ausmaße auch für Möbel verwendet, wo man mit schlichtem Holz auskommt. Ferner finden diese Furniere auch in Amerika als lamellierte Isolierringe für elektrische Isolation Verwendung.

Das sogenannte milde Ahorn kommt nicht in so starken Stämmen vor wie die harten Sorten, ist jedoch in den südlichen und westlichen Teilen der Vereinigten Staaten weiter verbreitet. Die seltenen und außerordentlich lockigen Maserbilder findet man im Weichahorn, und wenn Furniere hieraus eine gleichmäßige klare Färbung ausweisen, werden sie außerordentlich hoch geschätzt. (Siehe Figur 74.) Im übrigen werden die besseren, nicht schön gemaserten Sorten der milden Ahornfurniere zum Absperren benutzt, wobei sie eine festere Unterlage für weichere Außenfurniere bieten als irgendein anderes Holz, wodurch eine Fläche erzeugt wird, die nicht leicht ihre Form verliert.

Pappel.

Die Pappel liefert in den Vereinigten Staaten in all ihren verschiedenen Abarten das Standard-Absperrfurnier. Der Baum wächst in allen Teilen der Vereinigten Staaten und erreicht schneller eine verwendbare Stärke als die meisten anderen Holzsorten.

Die Farbe der Furniere schwankt zwischen einem wolkigen Weiß bis Gelbbraun. Wie bereits gesagt, wird das Furnier hauptsächlich in der Herstellung von hochwertigem Sperrholz als Absperrfurnier verwendet.

Hin und wieder findet man auch Pappelbäume, die durch eine Naturlaune eigenartig verwachsen sind. Aus diesen kann man ein sehr hoch geschätztes Blisterpappelfurnier herstellen, das für Appliqué und Einlegearbeiten sehr geschätzt wird. Gewöhnlich kann man Pappelstämme, ohne sie vorher zu dämpfen, im Saft schälen. Das Furnier trocknet sehr schnell, ohne rissig zu werden oder sich zu werfen, ergibt sehr starke Leimbindungen und ist seines häufigen Vorkommens wegen auch sehr preiswert.

Um Oberflächenrisse und sogenannten „losen Schnitt“, wie er beim Schälen vorkommt, zu vermeiden, werden Pappelfurniere auch durch Messerung hergestellt, besonders wenn sie zu großen Pianorahmen verarbeitet werden sollen, wobei sie gebogen werden. Als Außenfurniere dienen dann gewöhnlich Mahagoni, Walnuß, Rosenholz, Ebenholz oder andere Edelfurniere.

In Amerika wird Pappelschnittholz sehr gerne für Sperrholzmittellagen verwendet, weil es sich sehr gut verleimen läßt. Es läßt sich auch sehr gut verarbeiten, liegt flach und ist frei von Rissen.

In Kanada wird die kanadische Schwarzpappel, das sogenannte „Cottonwood“, auch zu Furnieren verarbeitet. Es ergibt ein sehr weiches, biegsames Furnier mit einer Oberfläche, die auch schon bei schwachem Reiben Flocken zeigt, die einen baumwollartigen Eindruck machen. Das Holz hat eine geringe

Festigkeit, läßt sich jedoch leicht verleimen, ergibt jedoch keine Sperrplatte höherer Qualität.

Nach Deutschland wird amerikanisches Pappelholz mitunter unter dem falschen Namen Whitewood geliefert, was als Absperrfurnier besonders in der Fabrikation von Nähmaschinentischen und in ähnlichen Industrien sehr geschätzt wird. Es ist jedoch nicht alles Pappelholz, was als Whitewood gehandelt wird. Vielfach findet man auch Lindenfurnier und Furniere des Tulpenbaumes unter dieser Bezeichnung im Handel.

Auch in Europa wird die einheimische Pappel in manchen Gegenden zu Furnieren verarbeitet. Als Mittelholz wird es bisher weniger geschätzt, weil in Deutschland mit höheren Drücken beim Absperren gearbeitet wird und hierbei der Holzschwund bei Pappel ein zu großer wird.

Fig. 75. Geschälte braune Esche. Der große Unterschied im Maserbild der benachbarten Teile tritt deutlich hervor.
(Dank dem Entgegenkommen der Underwood Veneer Co.)

Esche.

Die amerikanische weiße Esche ist ein sehr festes und zähes Holz, ähnlich wie Hickory. Die braune Esche, die die meisten Furniere liefert, zeigt nicht die Festigkeit und Zähigkeit der weißen Esche, sie wird aber dennoch für die Verarbeitung von Furnieren bevorzugt, weil sie eine charakteristische Maserzeichnung ergibt. Wenn diese stark gemaserten Furniere in der richtigen Weise zusammengesetzt werden, geben sie sehr auffallende, wirkungsvolle Bilder, sie werden für Schaukästen, Schaufenster und im allgemeinen da gebraucht, wo ein Effekt erzielt werden soll, der die Aufmerksamkeit erregt. Gewöhnlich

Fig. 76 a. Schälfurnier der ungarischen Mannaesche.
(Dank dem Entgegenkommen der Ruschewey A.G., Langenöls.)

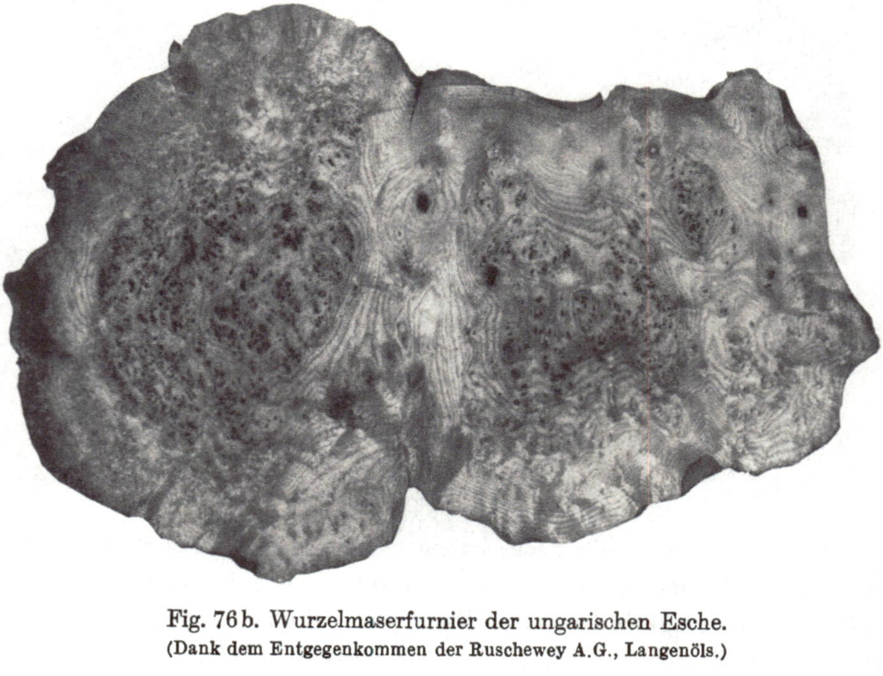

Fig. 76 b. Wurzelmaserfurnier der ungarischen Esche.
(Dank dem Entgegenkommen der Ruschewey A.G., Langenöls.)

werden die Furniere durch Schälen hergestellt. In Figur 75 ist das Maserbild gezeigt, welches man beim gewöhnlichen Schälprozeß erzielt.

Die Geschichte zeigt, daß schon die alten Römer Eschenfurniere gekannt und verwendet haben. In Südeuropa wächst die sogenannte Blumen- oder Mannaesche, die ein sehr eigenartiges Edelfurnier ergibt, in dem ähnlich wie beim Ahorn die Vogelaugen, feine Blumenknospen erscheinen in hellerer Farben auf dunklerem Grunde. Die ungarische Esche ergibt sowohl als Messerfurnier wie auch als Schäl- und Wurzelfurnier oft sehr schöne Maserbilder, die auch für Außenseiten sehr geschätzt sind. Figur 76a und b zeigen solche Maserbilder.

Ulme oder Rüster.

In Amerika ist die Ulme das Furnierholz für Korb-, Faß- und Faßreifenfabrikation, wo Zähigkeit die größte Rolle spielt. Die geringeren Sorten von

Fig. 77. Zusammengesetzte geschälte Furniere von grauer amerikanischer Ulme (Rüster).
(Dank dem Entgegenkommen der Underwood Veneer Co.)

Ulmen, die in den Niederungen wachsen, können für andere Zwecke kaum verwendet werden. Die amerikanische graue Ulme ergibt jedoch sehr ansprechende Furniere für Innenausstattungen und ist in ihrer Wirkung ähnlich wie Esche. Figur 77 zeigt das typische Maserbild dieses Furniers. Ulmenfurniere werden wegen ihrer Zähigkeit und Schmiegsamkeit auch zum Einrollen von Leder benutzt.

In Europa werden die Furniere weniger unter dem Namen Ulme als unter dem Namen Rüster gehandelt. Das Holz ist nicht so grob wie das der amerikanischen Ulme. Sowohl als Säge- wie als Messerfurnier wird die Rüster für Waggonbau und auch für Innenausstattungen in Europa benutzt. Ein paar typische Maserbilder von gemessertem Rüsterfurnier sind in den Figuren 78 und 79 gezeigt.

Französisches Ulmenmaserholz wird als Furniere auch für den Möbelbau geschätzt.

Fig. 78. Gemessertes Rüsterfurnier.
(Dank dem Entgegenkommen der Firma F. Moritz Müller, Leipzig.)

Fig. 79. Gemessertes Rüsterfurnier.
(Dank dem Entgegenkommen der Firma F. Moritz Müller, Leipzig.)

Sykamore, Platane.

Die Platane kommt sowohl in der alten wie in der Neuen Welt vor. Die Arten zeigen jedoch keine großen Verschiedenheiten.

Geviertelte und gesägte Platanen werden in Amerika zu Schubladenseiten verwendet. Gesägte und auch gemesserte geviertelte Sykamore geben bunte Furniere mit Spiegel, die ziemlich gleichmäßig über die ganze Fläche verteilt werden. Derartige Furniere werden ebenfalls für Schubladenböden im Möbelbau verwendet. Figur 80 zeigt das Maserbild einer solchen geviertelten Platane oder Sykamore. Das Holz ist beinahe so hart wie das von Ahorn.

Diejenigen Platanensorten, die nach Europa ausgeführt werden, werden dort

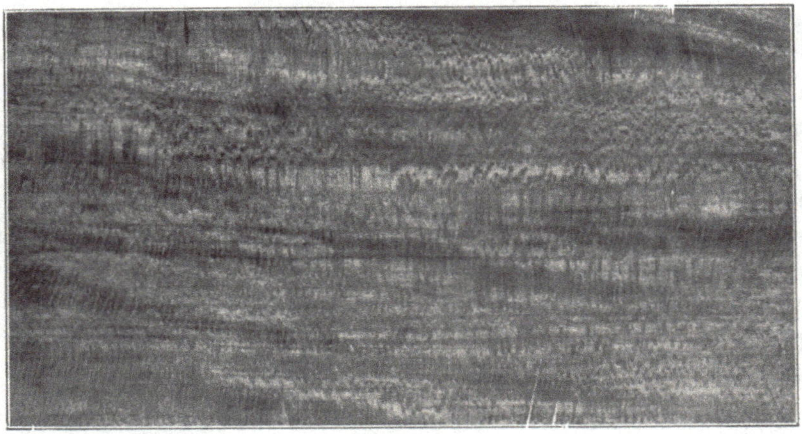

Fig. 80. Spiegelfurnier (flake grain) aus geviertelter Platane hergestellt, vielfach für das Innere von Schubkästen benutzt.
(Dank dem Entgegenkommen der Luce Furniture Co.)

unter dem Namen Sykamore und nicht Platane gehandelt. Diese Bezeichnung kann leicht zu Irrtümern führen, da in der Alten Welt die Bezeichnung Sykomore eigentlich auf eine Feigenart „*Ficus sycomorus*" angewendet wird, die einer ganz anderen Baumfamilie zugehört. Es sind in der letzten Zeit Bestrebungen im Gange, die Schwierigkeiten, die aus derartigen Verwechslungen entstehen können, möglichst durch entsprechende Aufklärungen zu beseitigen.[1])

Kirschbaum.

Das Kirschbaumholz zeigt ein außergewöhnlich dichtes Gefüge. Es hat rötliche Färbung und wird nur selten für Furniere benutzt, trotzdem es fest und hart ist. Amerikanisches Kirschholz wird zur Herstellung von Weberschiffchen

[1]) Siehe »Veneers« Juni 1930, Seite 24.

nach Europa eingeführt, es wird vor der Formgebung in einem besonderen Verfahren komprimiert, wodurch die Härte noch steigt.

Im 19. Jahrhundert wurde Kirschholz für Möbel, besonders für Schulausrüstungen in Neuengland, verarbeitet. Es war mehr durch seine Farbe als durch das Maserbild gekennzeichnet.

Basswood, Linde.

Basswood ist die Bezeichnung für die amerikanischen Lindensorten. Der Baum wächst sehr schnell, hat ein weiches Fasergefüge, sein Holz keine große Festigkeit. Das Holz ist hell, kann ohne Dämpfung geschält werden und läßt sich sehr gut verleimen. Geschälte Lindenfurniere eignen sich am besten für Mittellagen und Absperrfurniere.

Früher wurde Basswood für den Bau von Reisekoffern, sowohl als Furniere wie auch in Absperrung als Sperrholz sehr viel benutzt, da es eines der leichtesten Hölzer ist, das sich auch nach der Verleimung in die Form der Böden und Deckel von Reisekoffern biegen läßt. Auch für Instrumentenkästen und ähnliches findet es Verwendung. Da Basswood in Amerika immer seltener wird, hat seine Verwendung in der Industrie abgenommen. Seine Stelle wird allmählich durch Gum- und Pappelfurniere ersetzt.

Die Blasbälge und Luftpumpen von selbstspielenden Klavieren sind häufig aus Lindensperrholz hergestellt, da es sich leicht verarbeiten, sich sehr gut mit Stoff verleimen läßt und es außerdem seine Form behält.

Irgendeine besondere oder geschätzte Maserzeichnung ist nicht vorhanden, außerdem läßt sich das Holz nur schlecht zu einer guten Oberfläche abarbeiten.

Auch in Europa spielt die Linde bisher für die Furnier- und Sperrholzindustrie keine besondere Rolle, da sie in den Hauptländern, in denen die Furnier- und Sperrholzfabrikation wurzelt, in geeigneten Mengen und Qualitäten nicht vorkommt. Vielleicht tritt die Linde mehr in den Vordergrund, wenn die Länder, in die Sperrholzfabrikation eintreten, in denen sie in großen Mengen und sehr schönen Stämmen vorhanden ist, also z. B. in Jugoslawien und seinen Nachbarländern.

Okumé, Gaboon, Abachi, Bubinga.

Wie bereits im Abschnitt Mahagoni erwähnt, werden in der Furnier- und Sperrholzindustrie Holzarten, die aus Afrika stammen, in großem Maßstabe benutzt, die oft als afrikanisches oder weißes Mahagoni bezeichnet werden.

Im allgemeinen ist der Ausdruck Okumé oder Gaboon für die Sorten im Gebrauch, die die größte Bedeutung zunächst für die deutsche und französische Sperrholzindustrie haben. Ihre Bedeutung wächst aber von Jahr zu Jahr auch für diejenigen Länder, die bisher noch eigene Holzarten zur Verfügung hatten. Es sei nur erwähnt, daß 390000 cbm Okumé im Jahre 1928 nach Deutschland allein eingeführt worden sind. Die Stämme haben riesige Dimensionen, sowohl was die Länge als auch den Durchmesser anbelangt. Das Holz kommt entweder als Rundholz oder als viereckig zugehauener Stamm in Schiffsladungen in die europäischen Häfen. Stammdurchmesser bis zu 1,80 m (6 Fuß) sind keine Seltenheiten. Das Holz ist sehr weich, trotzdem dicht und hat eine etwas rötliche Färbung. Es läßt sich, wenn es auch in seiner Maserung und in seiner Färbung bei weitem nicht an Mahagoni heranreicht, bei ausgesuchten Stücken in der Verarbeitung doch so herrichten, daß es als Imitation von Mahagoni zu gebrauchen ist. Okumé und Gaboon werden sowohl gemessert als auch geschält. Figur 81 zeigt ein zusammengesetztes Messerfurnier aus Gaboon. In Figur 82 ist ein typisches Maserbild von Gaboon-Schälfurnier gezeigt. Figur 83 und 84 zeigen ebenfalls Gaboon-Schälfurniere mit ausgesucht schöner Maserung, die für Großflächenplatten zur Innendekoration von Räumen benutzt werden.

Fig. 81. Zusammengesetzte Gaboon-Messerfurniere.
(Dank dem Entgegenkommen der J. Brüning & Sohn A.G., Potsdam.)

Fig. 82. Gaboon-Furnier geschält.

In den Ländern, welche nicht über große Bestände von Furnierhölzern verfügen, besonders nicht in großen Abmessungen, wird gerade Gaboon und Okumé besonders geschätzt, weil es sowohl in der Verarbeitung als Messerfurnier wie auch als Schälfurnier eine sehr hohe Ausnutzung des Holzes ergibt.

Freilich sind zur Herstellung von Furnieren und Sperrplatten aus Gaboon meist sehr große Maschinen notwendig. Als Furnier allein wird Gaboon fast nie verwendet, weil es keine hohe Festigkeit und auch keine hohe Härte aufweist. Es wird hauptsächlich zur Herstellung von Sperrholz benutzt, und zwar, wie bereits erwähnt, in Deutschland, jedoch auch in sehr großem Maßstabe in Frankreich, und neuerdings nehmen auch in denjenigen Ländern, in denen genügend

Fig. 83.

Fig. 84.

Gaboon-Schälplatten, Abmessungen 1,65 m (5½ Fuß) × 4,65 m (15¼ Fuß) in einem Stück für die sogenannte Architekturplatte.
(Dank dem Entgegenkommen der Schütte-Lanz Holzwerke A.G., Mannheim-Rheinau.)

einheimisches Holz vorhanden ist, solche Werke, die in der Nähe der See liegen oder gute Verschiffungsmöglichkeiten haben, die Fertigung von Gaboon-Sperrplatten auf. Das Holz wird sowohl zu Mittellagen wie auch zu Absperrfurnieren verwendet.[1]) Wo man an der großlinigen Maserung des Gaboon Gefallen findet, werden Schälfurniere auch für Außenlagen gebraucht, die dann nicht selten in der Farbe von Mahagoni abgearbeitet werden, und auch dort, wo man einen billigen Ersatz für echtes Mahagoni anzuwenden wünscht.

[1]) Siehe Band I, Seite 122.

In Deutschland werden Gaboonfurniere auch zum Aufbau von Stäbchenplatten verwendet, so daß von einzelnen Werken starke Platten bis zu 40 mm Stärke in allen ihren Teilen aus Gaboon hergestellt werden.[1]) Auch in Tischlereien sind Gaboonfurniere als Absperrfurniere oft zu finden.

Da in Afrika sehr häufig dieselben Baumarten in den verschiedenen Teilen mit verschiedenen Namen belegt sind, andererseits auch oft Holzarten, die dem handelsüblichen Gaboon ähnlich sind und in denselben Beständen zu finden sind, bei Lieferungen mit unterlaufen, ist es nicht sicher, ob alles das, was als Gaboon oder Okumé im Handel ist, stets wirklich dieselbe Baumart ist. Ebenso besteht noch keine völlige Klarheit darüber, ob die übrigen Holzarten, die aus denselben Gegenden Afrikas auf den amerikanischen und europäischen Markt kommen, immer unter ihrem richtigen Namen gehandelt werden.

Eine Abart, die in ähnlicher Weise verarbeitet wird wie das ins Rötliche schimmernde Gaboon, ist das gelblichweiße *Abachi*, das etwas wolliger oder filziger ist wie Gaboon.

Aus denselben Holzbeständen kommt auch das *Bubinga*-Holz, über dessen richtige botanische Bezeichnung sich heute noch die Gelehrten streiten. Vielfach wird es von den Kolonisten als falsches Rosenholz bezeichnet. Die Maserung ist der von Mahagoni nicht unähnlich. Alle diese Bäume kommen genau wie Okumé in riesigen Stämmen aus den afrikanischen Wäldern. Je nach der Schönheit der Maserung werden die verschiedenen Arten in größerem Maße auch für Außenfurniere verwendet. Sehr häufig findet man die Innenseiten von Schranktüren, die Schränke selbst mit solchen Furnieren belegt. Auch für Innenausstattungen werden diese Furniere gerne verwendet, da sie sich zu großen Flächen seht gut verarbeiten lassen. Es ist gar keine Seltenheit, daß die Messerfurniere in Längen bis zu 5 m ($16^1/_2$ Fuß) gemessert werden oder Schälfurniere in den Faserrichtungen von 2,60 m ($8^1/_2$ Fuß) hergestellt werden.

Da das Holz sich sehr gut trocknen läßt und der Verarbeitung sehr wenig Schwierigkeiten bereitet, wird es gerade für großflächige Sperrplatten vorzugsweise verwendet (siehe Figur 83 und 84).

Der stetig zunehmende Holzverbrauch der Welt hat den Gedanken der Aufforstung von Gaboonbäumen reifen lassen. Es sollen bereits Probeplantagen in Afrika in Angriff genommen worden sein.

Gaboonfurniere finden besonders in den letzten Jahren auch in großem Maßstabe Verwendung für Zigarrenkisten an Stelle von Zedernholz. Hierbei werden sie in der Farbe der Zedern abgearbeitet. Der Gebrauch für diese Zwecke erhöht im übrigen die Ausnutzungsmöglichkeiten der Gaboonstämme in der Sperrholzverarbeitung bedeutend.

---

[1]) Siehe Band I, Seite 181.

Buche.

In Amerika spielt dieses harte Holz, das dort meist in Beständen mit Birke und Ahorn zusammen gefunden wird, keine irgendwie in Betracht kommende Rolle für die Sperrholzindustrie. Buchenfurniere werden in Amerika fast ausschließlich für die Korbfabrikation und für ähnliche Zwecke hergestellt und gehandelt.

In Europa liegen die Verhältnisse wesentlich anders. Hier spielt die Buche, und zwar die Rotbuche, eine ganz bedeutende Rolle in der Sperrholzindustrie. Dieses sehr harte, feste Holz erfordert jedoch besondere Kenntnisse für seine Verarbeitung, besonders mit Rücksicht auf das starke Schwinden und Quellen.

In Deutschland bestehen recht beträchtliche Sperrholzwerke, die zum größten Teil nur Buche zu Furnieren und Sperrholz verarbeiten. Sehr beliebt ist die Weserbuche, jedoch auch in Österreich werden Buchenplatten hergestellt. Auch die langsam in Gang kommende Sperrholzindustrie Jugoslawiens, wo enorme Buchenbestände vorhanden sind, bedient sich bereits der Buche als Rohmaterial für Furnier und Sperrholz. Die Schwierigkeit der Verarbeitung von Buchenfurnieren wächst mit der Größe der herzustellenden Platten. Daher findet man in der Buchensperrholzindustrie schon seit längerer Zeit die Bevorzugung der Herstellung von Sperrplatten in festen Zuschnittmaßen.

Das typische Bild, das ein Buchenfurnier ergibt, ist in den Figuren 85 und 86 gezeigt. Durch verschiedenartiges Dämpfen oder Kochen kann man den Buchenfurnieren verschiedene Färbungen erteilen, vom Grauweiß bis ins Dunkelrot.

Während in Deutschland und Österreich hauptsächlich weiße und helle Töne bevorzugt werden, genießt in Jugoslawien, auch in Rumänien, teilweise auch in Ungarn die rötliche Farbe eine besondere Bevorzugung.

Der schlechte Ruf, der der Buche wegen ihrer Bearbeitungsfähigkeit vorausgeht, findet seine Parallele in dem schlechten Ruf, den in dieser Beziehung der Gumtree in Amerika genossen hat. Sobald man noch etwas mehr wissenschaftliche Arbeit für die Erforschung der zweckmäßigsten Arbeitsmethode für Buchen aufgewendet haben wird, wird man die Buche zweifelsohne gerade mit Rücksicht auf die außerordentlich hohen Festigkeiten, die man bei Buchensperrholz erzielen kann und die kaum von einem anderen Sperrholz erreicht werden, ganz besonders für technische Zwecke schätzen lernen. Auch die Dichte und Härte der Oberfläche, welche Nichterfahrenen bei der Verleimung Schwierigkeiten macht, läßt die Buchensperrplatte für technische Zwecke als außerordentlich geeignet erscheinen.

Der Mangel an Birken in Deutschland hat dazu geführt, daß in sehr großen Mengen Stuhlsitze hier aus Buche hergestellt werden, und gerade diese Fabrikation zeigt, daß bei richtiger Behandlung selbst dieses harte Holz sich sogar sehr gut in gebogene Formen verarbeiten läßt.

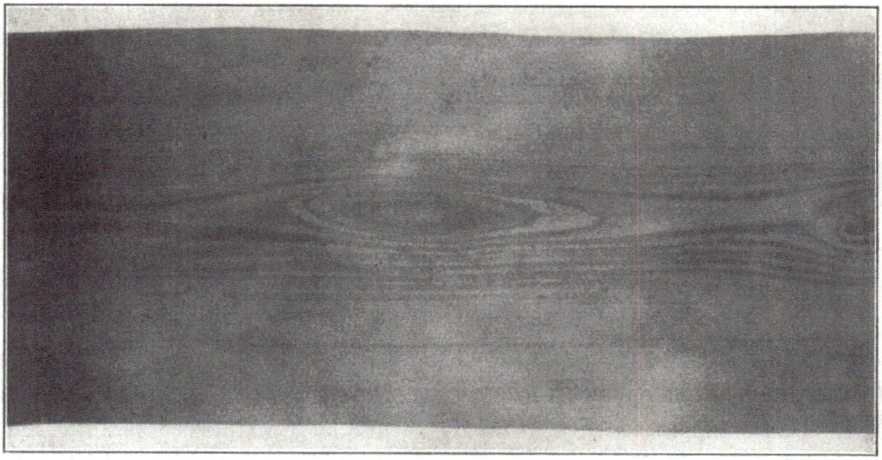

Fig. 85. Gemessertes Rotbuchenfurnier.
(Dank dem Entgegenkommen der Firma F. Moritz Müller, Leipzig.)

Fig. 86. Geschältes Rotbuchenfurnier.
(Dank dem Entgegenkommen der Firma F. Moritz Müller, Leipzig.)

Im Möbelbau, besonders für lackierte Möbel, wird Buche in sehr großem Umfang verarbeitet, zumal hier nur verhältnismäßig kleine Flächen in Frage kommen. Buchenfurniere werden auch für die Faßfabrikation in Europa ziemlich häufig verwendet, auch für die Herstellung von Verpackungsfässern für Lebensmittel, Margarine usw. nach dem besonderen Verfahren, das in Band I,

Seite 307 und 308 beschrieben worden ist, wird Buchensperrholz bevorzugt, da richtig gedämpfte Buche keine Bestandteile enthält, welche den Geschmack oder den Geruch des zu verpackenden Materials irgendwie beeinträchtigt. Die Holzausnutzung ist bei Buche im allgemeinen eine gute, da, wie bereits ausgeführt, größtenteils auch kleinere Zuschnittmaße gefertigt werden. Es ist auch möglich, daß Buche in aussichtsreiche Konkurrenz mit Birke für die Flugzeugindustrie treten kann, da seine Festigkeit die der Birke immerhin so wesentlich übersteigt, daß das schwerere Gewicht hierdurch einen Ausgleich findet.

Kiefer und Fichte.

Die Weichhölzer oder Nadelhölzer waren und sind noch jetzt die hauptsächlichsten Holzarten für Bauten und auch für Innenkonstruktionen der Häuser. Mit Ausnahme der Douglasfichte Amerikas spielen die übrigen Nadelhölzer für die Furnier- und Sperrholzindustrie Amerikas nur eine untergeordnete Rolle, im Gegensatz zu Europa, wo z. B. in Schweden wie auch in Deutschland die Bedeutung der Fichte und Kiefer für die Sperrholzfertigung eher zu- als abnimmt.

Douglasfichte. Die Douglasfichte ist eine der Hauptholzlieferanten Amerikas. Sie wird nur noch von der Yellowpine übertroffen. Ihr Vorkommen erstreckt sich über das große Gebiet, das im Norden von Kanada, im Süden von Mexiko, im Westen vom Stillen Ozean und im Osten von dem östlichen Vorgebirge der Rocky Mountains eingeschlossen ist.

In der sogenannten „Coast"-Form findet sich die Douglasfichte oder auch Oregon pine genannt, hauptsächlich im Westen des Staates Washington und des Staates Oregon. Hier findet man die Douglasfichte in den enormen Abmessungen mit einem Durchmesser von 60 bis 90″ (1,52 bis 2,30 m) und in einer oft vorkommenden Höhe bis zu 200 bis 250″ (5 bis 6,30 m). Das Holz, das von diesen riesigen Stämmen der pazifischen Küste stammt, zeigt ein sehr gleichmäßiges Gefüge, hat ein sehr charakteristisches Maserbild und hohe Festigkeit. Douglasfichte zeigt bei gleichem Gewicht die höchste Festigkeit, die man bei handelsüblichen Weichhölzern großer Abmessungen überhaupt erreichen kann. Botanisch genommen ist der Douglasbaum keine Kiefer, da er aber die Eigenschaften der Kiefer besitzt, ist er an das Ausland von Anbeginn an als Kiefer verkauft worden. Er ist auch keine Fichte, trotzdem er von Anfang Douglasfichte genannt wurde, weil er als zäh, stark und elastisch in dieser Beziehung der Fichte ähnelt. Er ist keine Tanne, aber mit Rücksicht auf seinen niedrigen Harzgehalt ähnelt er dem Tannenbaum.

Der Douglasbaum ist eine Art für sich selbst, und in dieser Art ist er der einzige bedeutende Baum. Es ist keine Kiefer, keine Fichte und auch keine Tanne, er vereinigt aber in sich die guten Qualitäten dieser drei wichtigen Baumarten.

Das Holz dieser Baumart ist gegen Fäulnis sehr widerstandsfähig. Es ähnelt in dieser Beziehung sehr der Eiche. Stämme, die ein halbes Jahrhundert lang unter den Abfällen des Waldes begraben waren, haben ein vollkommen gesundes und unverfärbtes Schnittholz ergeben. Daß das Holz sich verfärbt, ist bis jetzt noch nicht beobachtet worden. Selbst wenn frisch geschnittene Douglasfichte durch die Tropen transportiert werden muß, setzt sich der unvermeidliche Mehltau nur an der Oberfläche fest. Ist die Oberfläche gereinigt, so zeigt sich das Holz genau so sauber und einwandfrei wie am Tage seiner Verschiffung.

Douglasfurnier wird in großen Mengen zur Fabrikation von dreifach abgesperrten Türen benutzt. Die bekannten Standardtüren bestehen aus Rahmen

Fig. 87. Geschältes Furnier der Douglas-Fichte in seiner typischen Maserung. (Dank dem Entgegenkommen der Wheler-Osgood Co.)

und Innengerippe, welche auf beiden Seiten mit Douglasfichtenfurnieren durch Aufleimung mit Kaseinleim bekleidet sind. Vielfach wird zur Erzielung besonderer Muster das Furnier durch Halbrundschälung erzielt (siehe Band I, Seite 67). Außer für Türen findet das Sperrholz, welches aus Douglasfichte hergestellt wird, für Innenausstattungen weitgehend Verwendung. Auch für Koffer und Behälter wird es verwendet. Figur 87 zeigt das typische Maserbild eines Douglasfurniers. Das Sperrholz von Douglasfurnier wird auch nach Europa exportiert, ebenso Schnittmaterial, das wegen seiner gleichmäßigen Struktur und der Möglichkeit, zusammengesetzte Mittellagen mit stehenden Ringen daraus zu erhalten, auch viel in der deutschen Möbelindustrie verwendet wird. Versuche, derartig aufgebaute Mittellagen aus Douglasfichte, vielfach im Deutschen Handel auch Oregon pine genannt, in der Sperrholzfabrikation als Mittellagen für starke Platten zu verwenden, sind leider am Preise gescheitert.

Europäische Kiefer und Fichte. In Europa verfügt man über derartig große Stämme wie die des Douglasbaumes nicht, und dennoch wird die Kiefer wie auch die Fichte in großem Ausmaße für die Erzeugung von Furnieren und Sperrplatten verwendet. Soweit nicht in den Einzelfällen Gaboon für den Aufbau der Mittellagen Anwendung findet, beherrscht die Kiefer und die Fichte dieses Gebiet vollkommen.

Es hat sich gezeigt, daß im Endeffekt die Mittellagen für starke Platten

Fig. 88. Kieferfurnier geschält.
(Dank dem Entgegenkommen von J. Brüning & Sohn A.-G., Potsdam-Rehfelde.)

um so preiswerter werden, von je hochwertigerem Schnittmaterial ausgegangen wird, weil der höhere Preis einer scharfkantigen, parallel besäumten, astreinen Ware oft genug mehr als ausgeglichen wird durch die höhere Ausnutzung, die sich bei der Verarbeitung dieser Ware zu Qualitätsmittellagen ergibt.

Die Fichte ist das am häufigsten in Deutschland vorkommende Holz, jedoch hat die deutsche Fichte, mit Ausnahme derjenigen, die im Bayerischen Gebirge wächst, bisher noch nicht die Verbreitung in der Sperrplattenindustrie gefunden, die ihr vielleicht zukommt, wohl deswegen, weil noch nicht genügend Forschungsarbeit darauf verwendet worden ist, die beste Verarbeitungsmethode für die einheimische Fichte ausfindig zu machen. Dasselbe trifft für die Kiefer zu. Größtenteils werden in Deutschland für Innenmaterial Fichten verwendet, die aus der Bukowina oder vom Balkan stammen.

Die Kiefer ist in den Hauptsperrholzzentren Mitteleuropas in geeigneter Qualität schwer erhältlich. Wo sie, wie z. B. im Osten Deutschlands in guten Qualitäten und größeren Mengen zu finden ist, wird sie gerne verarbeitet, da sie härter ist als die Fichte, wenn auch der größere Harzgehalt, der sich besonders an den Aststellen stark konzentriert, sich mitunter bei der Verarbeitung unangenehm bemerkbar macht.

Fig. 89. Zusammengesetztes Kiefernfurnier, gemessert.
(Dank dem Entgegenkommen der Industrie für Holzverwertung A.G., Altenessen.)

In Schweden werden die dort einheimischen Nadelhölzer zu Furnieren verarbeitet. Die Qualität ist sehr verschieden, je nachdem die Bäume aus den südlichen Niederlanden oder dem bergigen Nordlande stammen.

In Deutschland wird die Kiefer jedoch nicht nur als Mittellagenholz für starke Platten, sondern auch für Außenfurniere verwendet, da sowohl die ostpreußische wie auch die polnische Kiefer sehr schöne Maserbilder ergeben, und zwar nicht nur die geschälte, sondern auch die gemesserte Kiefer. Figur 88 und 89 zeigen typische Kiefernmaserbilder. Kiefernfurniere werden als Außenfurniere nicht nur zur Herstellung größerer Platten für Innenausstattungen benutzt, bei denen sie durch entsprechende Färbung und Abarbeitung außerordentlich anziehende und schöne Wirkungen erzielen lassen, nicht nur für Schaufenster-, Innenausstattungen und ähnliches, sondern auch in sehr großem Maßstabe für Küchenmöbel. In diesen Fällen werden die Möbel nur lasiert, so daß die schöne Kiefernmaserung der Hauptaußenschmuck des Möbels bildet. Soweit die Furniere für Außenfurniere nicht verwendbar sind, können sie auch als Einlagen und Absperrfurniere verwendet werden. Gemesserte und geschälte Kiefernfurniere werden ebenso wie vorher beschrieben zum Aufbau von Stäbchenplattenmittellagen für starke Platten verwendet.

Zeder.

Der Ausdruck Zeder wird nicht nur für die traditionelle Zeder des Libanon benutzt, sondern auch für die Zeder, die zur Herstellung von Schindeln, von Bleistiften usw. dienen, wie auch für die aromatische Virginia-Zeder, der die Eigenschaft des Schutzes gegen Motten nachgesagt wird, und der spanischen Zeder, die außerordentlich viel für Zigarrenkisten benutzt wird.

Die aromatische Zeder wird als Sägefurnier zum Auskleiden von Zigarrenkisten benutzt, während die Außenseite oft aus Walnuß oder Mahagonifurnier besteht oder aus irgendeinem anderen Holz, wenn es sich um Zigarrenbehälter handelt, die den Möbeln, auf denen sie stehen, angepaßt werden sollen. Die aromatischen Zedernstämme sind zu schwach, um anders als durch Sägen in Furniere zerlegt zu werden. Sie müssen auch deswegen gesägt werden, weil Schälen oder Messern das Holz auflockern würde und die Äste ausfallen würden. Die massive Zedernkiste ließ sich schwer abarbeiten, die Äste, die Hauptsitze des Aromas, fielen leicht heraus, außerdem bestand immer die Gefahr des Reißens und Werfens. Die spanische Zeder, die als „nahe" Verwandte des Mahagonis betrachtet wird und die meistens in denselben Gegenden wächst, ist ein sehr großer Baum, der sich sehr gut messern läßt. Die Furniere werden fast ausschließlich für Zigarrenkisten benutzt, und zwar sowohl als Einzelfurniere, wie auch in der Form von abgesperrtem Holz. Hin und wieder findet sie auch für Schubladenböden oder als Spiegelrückwand Verwendung, es ist jedoch unrichtig, diese spanische Zeder etwa als Mahagoni zu klassifizieren.

Zypresse.

Zypresse ist eine derjenigen Holzarten, deren einheitliche Bezeichnung und Verwendung man durch die Jahrhunderte verfolgen kann. Man nimmt an, daß auch das Goferholz, aus dem Noah befohlen worden war, seine Arche zu bauen, die Zypresse gewesen ist, dasselbe Holz, aus dem die überkommenen Mumienschreine hergestellt worden sind, aus dem auch die Römer ausnahmslos die Kruzifixe hergestellt haben, an denen sie ihre zum Tode Verurteilten kreuzigten. Noch heute besteht die Tradition, die Päpste der römischen Kirche in Zypressensärgen beizusetzen. Die Dauerhaftigkeit dieses Holzes ist allgemein anerkannt. Es kommt jedoch nur selten für Furniere in Frage, es zeigt nur wenig charakteristische Maserbilder.

Rotholz.

Diese Bezeichnung für das amerikanische *Redwood* ist nicht ganz einwandfrei. Es besteht aber kein anderer deutscher Ausdruck hierfür. In Europa werden als Rotholz die Hölzer im Gegensatz zu den Weißhölzern bezeichnet. Oft wird die

Kiefer als Rotholz bezeichnet, im Gegensatz zur Tanne und Fichte, die Weißholz genannt werden. Im vorliegenden Falle handelt es sich um die mächtigen Bäume Kaliforniens, welche durch ihren eigenartig gewundenen Wuchs außerordentlich schöne Maserfiguren in Furnieren ergeben. Sie werden mit Vorzug für Auflage- und Einlegearbeiten verwendet, kommen aber für andere Furnierzwecke kaum in Frage.

Andere Edel- und Maserhölzer.

Die Liste von Holzarten, die bisher besprochen worden sind, könnte noch sehr weit fortgesetzt werden, um so mehr, als viele Furnierhölzer in der Skala der Mode und des Geschmacks verschiedentlichst herauf- und heruntergegangen und manche von ihnen völlig vom Markt verschwunden sind.

Es sollen jetzt noch in alphabetischer Folge ganz kurz einige weitere Edelfurnierarten besprochen werden, die sowohl in vergangenen Zeiten, als auch gegenwärtig noch zur Verschönerung von Oberflächen benutzt werden.[1])

Akazie. Es handelt sich um einen Baum, der in England und in den britischen Kolonien größtenteils Akazie, häufig aber auch *Locust*-Baum genannt wird, häufig wird er auch als *Robinie* bezeichnet. Er zeigt ein schmales Splintholz und mannigfach gefärbtes Herzholz von Gelbbraun bis zu Dunkelrot und Grün. Das Holz ist schwer und zäh und wurde früher viel für Einlagen benutzt.

Amboina. Die Maserfurniere dieses aromatischen Holzes sind leicht brüchig, sie zeigen eine Färbung, die zwischen Rötlichbraun bis Orange geht. Das Holz ist hart, zeigt wunderbare bunte Maserbilder, läßt sich gut polieren und ist sehr dauerhaft, es stammt aus Ostindien und wird sowohl zum Überfurnieren von Möbeln wie auch für Einlagen benutzt.

Birnbaum. Die Furniere bräunlicher bis braunroter Farbe stammen aus afrikanischen oder kaukasischen Bäumen und werden so geschält, daß eine Art Spiegel entsteht.

Buchsbaum. Es handelt sich hier um ein engporiges, hartes Holz. In Amerika wird es nur in Florida gefunden, während die westindischen Sorten hauptsächlich nach England exportiert werden. Für Furniere wird es nur dann benutzt, wenn man für Einlegearbeiten seine eigenartigen gelben Farbenschattierungen benutzen will. Die Geschichte berichtet, daß man früher in Italien Buchsbaum mit eisernen Bandagen versehen hätte, um den Baum zu zwingen, zwischen den Bandagen Zweige auszusenden und so den Wuchs zu verkrüppeln, um die eigen-

---

[1]) Die Autoren der amerikanischen Ausgabe haben in ihrer Darstellung dieses Kapitels sich an das Buch von G. S. Boulger, betitelt »Wood« im Verlage von Edwin Arnolt, London 1902 stark angelehnt. In der vorliegenden deutschen Ausgabe sind noch die notwendigen Ergänzungen vorgenommen.

artigen schönen Maserungen künstlich hervorzurufen. Auch die Japaner sollen derartige künstliche Verkrüppelung von Bäumen vornehmen.

Ebenholz. Das geschichtliche Ebenholz, von dem schon Herodot erzählt, ist das Holz, welches aus Indien und Ceylon stammt. Der Splint hat eine dunkelbraune bis schwarzbraune Färbung, während das Holz tiefschwarz ist. Es handelt sich um ein sehr schweres hartes Holz mit feinem Gefüge, das eine sehr gute Hochglanzpolitur annimmt. Die Furniere werden nicht nur für Einlagen, sondern auch für ganze Flächen von Sperrholz benutzt. Am bekanntesten ist die Verwendung des Massivholzes für Klaviertasten.

Die beiden bekannten amerikanischen Arten des Texasebenholzes, das zur Locustfamilie gehört, werden als schattenspendende Bäume sehr geschätzt. Sie zeigen die Maserung der eingeführten Ebenholzsorten. Auch das sogenannte amerikanische „*Persimmon*" oder auch „Virginisches Ebenholz" genannt ist ein sehr hartes Holz.

Das westindische Ebenholz wird größtenteils zum Anfertigen von Flöten oder anderen Blasinstrumenten benutzt. Außerdem gibt es noch eine ganze Anzahl anderer Ebenholzarten, von dem roten Ebenholz, das auf Mauritius wächst, das Purpurebenholz Indiens bis zum weißen Ebenholz der Philippinen, die jedoch für Furnierzwecke wenig Bedeutung haben.

Eibe. Auch dieser Baum war schon den Alten bekannt. Sein Holz zeigt eine rotbraune Farbe, die dem Mahagoni ähnelt, ist hart, hat ein dichtes Gefüge und zeigt gewisse Elastizität, es läßt sich leicht polieren, wird von Insekten nicht angegriffen und ist härter als die meisten anderen europäischen Hölzer. In der zweiten Hälfte des 18. Jahrhunderts wurde Eibenholz sehr viel für Einlegearbeiten benutzt, hauptsächlich für Teekästchen und für andere kleine Behälter.

Die japanische Eibe ist ein hartes Holz, das sowohl für Möbel, wie auch für Bleistifte benutzt wird.

Goldregen. Die Furniere des Goldregens, das *Laburnum* der alten Römer, wurden auch als sogenanntes *korsisches Ebenholz* bezeichnet, ist aber kein echtes Ebenholz. Der Splint ist gelblich, das Herzholz dunkelbraun mit einem lichten grünen Ton. Das Furnier ist nicht sehr fest.

Ölbaum. Es handelt sich um den Olivenbaum der Mittelmeerländer, der hauptsächlich seiner Frucht wegen gezogen wird. Schon in der Bibel ist er häufig erwähnt. Das Holz ist sehr dicht und von feinem Gefüge, auch seine helle gelbbraune Färbung zeigt unregelmäßige wellige Linien und bunte Muster, besonders in der Nähe der Wurzel, ist auch dem Holz des Buchsbaums sehr ähnlich. Das Holz läßt sich sehr gut polieren, man findet Furniere dieses Holzes in früheren Zeiten oft für Einlage- und Marketeriearbeiten benutzt.

Palisander. Die Palisanderfurniere stammen von einem brasilianischen Baum, der auch vielfach „*Jacaranda*" oder auch *blaues Ebenholz* genannt wird. Der Amerikaner bezeichnet diese Furniere auch mit „*Rosenholz*"-Furniere, außer

Fig. 90. Brasilianisches Rosenholz, aus vier Furnieren zusammengesetzt. Es wird auch sehr viel einfaches streifiges Rosenholzfurnier gebraucht, dessen Maserung der an den Ecken dieses Bildes gezeigten entspricht. (Dank dem Entgegenkommen der New Albany Veneering Co.)

denjenigen, die nachher noch unter der Bezeichnung Rosenholz besprochen werden sollen. Es handelt sich um ein hartes und dichtes Holz, dessen Naturfarbe zwischen Violett und Dunkelbraun variiert. Es wird sowohl als Außenfurnier für dekorative Zwecke, wie auch für Einlagearbeiten benutzt.

Platane. Seit uralten Zeiten wird dieses Holz für Furniereinlagearbeiten gebraucht. Heute findet man die Furniere auch unter dem Namen „Sykamore“.

Fig. 91. Furniere aus Satinwood, welche die feine federartige Zeichnung zeigen. Die gezeigte Art der Zusammensetzung ist seit Jahrhunderten beliebt und in stetem Gebrauch.

(Dank dem Entgegenkommen der New Albany Veneering Co.)

Pistazie. Pistazie ist der alte syrische *Terebinthbaum,* der schon zur Zeit der alten Römer für Einlagearbeiten gerne benutzt worden ist, wie dieses schon Plinius in seiner Naturgeschichte berichtet.

Purpurholz oder auch Amarantholz genannt, stammt aus Trinidad. Frisch geschlagen zeigt es eine wunderbare purpurrote Farbe, die jedoch im Alter nachdunkelt. Es ist ein sehr dauerhaftes Holz, seine Benutzung für Furnierzwecke ist infolge der Unbeständigkeit des Farbtones jedoch beschränkt.

Rosenholz. Es handelt sich um eine Art Palisander. Den Namen Rosenholz hat es der Ähnlichkeit seines Duftes mit dem Duft der Rose zu verdanken, der von dem aromatischen Harz- und Ölgehalt herrührt, hat aber sonst mit der Rose nichts zu tun. Der Baum kommt aus Brasilien. Selten zeigen die Stämme eine größere Stärke als etwa 14“ (35 cm) Durchmesser. Das Holz hat eine dunkelkastanienbraune oder auch rötlichbraune Färbung, ist stark gestreift mit harzigen Knoten (siehe Figur 74 und 90). Es ist ein poröses, schweres Holz, das sich gut polieren läßt, ist jedoch bei der Verarbeitung etwas empfindlich.

Safranholz. Das Holz stammt aus Südafrika, ist hart, engporig und zäh. Es zeigt sehr schöne Maserbilder und wird als Zierfurnier für Möbel benutzt.

Fig. 92. Zebra-Holz in Diagonalmuster.
(Dank dem Entgegenkommen der Luce Furniture Co.)

Sandelholz. Dieses aromatische Holz stammt aus dem südlichen Indien. Mit zunehmendem Alter nimmt die Stärke des Aromas zu. Das Holz ist sehr hart hat gelbbraune Färbung, dichtes Gefüge, ist jedoch bruchempfindlich. Es wird viel für Schnitzarbeiten, für Spazierstöcke und Fächer benutzt, die Furniere ausschließlich für Einlegearbeiten.

Satinholz. Australien, Indien und Westindien liefern die Stämme für dieses beliebte Furnierholz, das eine schöne helle Orangefarbe hat mit außerordentlich reizvoller, federartiger Maserung. Es ist schwer, hart, engporig und gibt eine sehr gute Politur. Wie Mahagoni neigt es auch dazu im Alter nachzudunkeln. Die prachtvolle federartige Maserung macht es zu einem sehr gesuchten Zierfurnier, sowohl für Bürsten, wie auch für Möbel, siehe Figur 91. Einen Begriff von dem Wert dieses Holzes gibt eine kleine Notiz aus dem Buch „The Treebook“ von Julia Ellen Rogers:[1])

> „Eine Waggonladung von Satin-Wood im Werte von etwa 315000 Mark, die an eine englische Möbelfabrik geliefert wurde, wurde zu Furnieren von etwa 1,6 mm Stärke geschnitten. Der Preis des Quadratmeters dieses Furniers stellt sich auf zirka 215 Mark.“

Stechpalme. Dieser Baum, den die Engländer und Amerikaner *„Holly“* nennen, wächst auf der ganzen Welt. In Amerika sind vier Sorten hiervon

[1]) Verlag Doubleday, Page & Co. NewYork 1914.

bekannt. Kränze aus Stechpalmenzweigen wurden als Freundschaftszeichen schon in der vorchristlichen Zeit benutzt. In Amerika kommt die beste Sorte in Texas vor, jedoch auch die europäischen und amerikanischen Sorten sind einander ähnlich. Farbe und Maserung erinnern an Elfenbein. Es ist ein hartes Holz, das für Einlagefurniere benutzt wird. Häufig werden die Furniere auch als „*Ilex*“ oder als „*Holm-Oak*“ in den Handel gebracht.

Teakholz. Dieses Holz stammt aus Hinterindien und Java. Es hat ein

Fig. 93. Vier Furniere aus Zebra-Holz, zu einem sogenannten Diamond-Muster zusammengesetzt.
(Dank dem Entgegenkommen von New Albany Veneering Co.)

ähnliches Aroma wie Rosenholz und wird sehr viel für Truhen benutzt, da das Aroma Insekten fern hält. In der Bearbeitung ähnelt es der Eiche. Für Furniere wird es wenig benutzt.

Thuja, auch *Lebensbaum* oder *weiße Zeder* genannt, kommt sowohl in Nordamerika wie auch in Europa vor. Es ist trotz seiner Leichtigkeit und Weichheit doch ein dauerhaftes Holz. Seine Furniere, Thujamaser genannt, werden in Europa als Zierfurniere zum Möbelbau ziemlich häufig verwendet. Die Sperrholzdeckel dieses Buches zeigen das Maserbild in üblicher Abarbeitung.

Tulpenbaum. Ein klassisches Beispiel für die Unhaltbarkeit der heutigen Zustände bei der Bezeichnung von Furnierhölzern zeigt das Tulpenfurnier. Der Amerikaner versteht unter Tulpenholz das, was botanisch auch als Rosenholz bezeichnet wird, mit seinen wunderbaren gestreiften Furnieren, die für Einlegearbeiten viel Verwendung finden. Betont wird ausdrücklich, daß dieses „*Tulip-Wood*“ also Tulpenholz, nicht verwechselt werden dürfe mit dem *Tulip-tree,* dem Tulpenbaum, den er als Pappel anspricht und der im Handel als *Whitewood* bekannt ist. Gleichzeitig sagt der Amerikaner, daß dieses Holz der Pappel sehr ähnlich ist und oft mit ihm verwechselt wird. Nach der botanischen Klassifikation erscheint eine Verwechslung nicht gut möglich. (Siehe Zusammenfassung der Bezeichnungen S. 168.)

Zebranoholz. Es handelt sich um ein rotbraunes Holz, das in Britisch-Guayana wächst und dort den einheimischen Namen „*Hyawaballi*“ führt. Es zeigt wunderbare klare, ausgesprochene Streifenmuster in starken Farbenkontrasten, siehe Figur 92 und 93, läßt sich gut verarbeiten und nimmt eine sehr gute Politur an.

Zitronenholz oder auch westindisches oder ostindisches Seidenholz genannt, ist in seinem Aussehen dem Satinwood außerordentlich ähnlich. Es wird auch vielfach so bezeichnet.

Zürgelbaum. Der englische *Lotosbaum* oder *Nettletree* genannt, ähnelt ebenfalls dem Satinwood, es wird hauptsächlich in Südeuropa verarbeitet.

Zusammenfassung der Bezeichnungen.

Aus den vorausgehenden Abschnitten dieses Kapitels geht hervor, daß Furniere selbst von Holzarten, die in der alten Welt heimisch sind und seit Jahrzehnten ihre wissenschaftlichen botanischen Namen tragen, im Handel in den verschiedenen Ländern und vor allen Dingen auch in der Neuen Welt verschiedene Handelsbezeichnungen aufweisen. Da die meisten Edelfurniere und Zierfurniere von tropischen Bäumen stammen und längst im Handel waren, bevor der Botaniker Gelegenheit gehabt hat, die botanische Klassifikation der Baumarten festzustellen, von denen diese Furniere stammen, ist es nicht verwunderlich, daß nicht nur für Furniere der gleichen Art in verschiedenen Ländern verschiedene Bezeichnungen sich eingeführt haben, sondern daß auch Furniere verschiedener Holzarten unter demselben Namen in verschiedenen Ländern handelsüblich geworden sind. Man findet in den Fachzeitschriften, die sich mit Furnieren und Sperrholz befassen, gerade im letzten Jahre Arbeiten, in denen versucht wird, den botanischen Ursprung von Handelsfurnieren einwandfrei festzustellen. Es ist dies ein äußerst schwieriges Unterfangen, weil in den seltesten Fällen die Holzexploiteure, die die tropischen Wälder nach Furnierhölzern durchforschen, selbst Botaniker sind oder von Botanikern begleitet sind. Es besteht daher bis jetzt noch kein Nachschlagewerk, in dem man restlos Aufschluß auch nur über die wichtigsten und gebräuchlichsten Furniere tropischer Herkunft einwandfrei mit Bezug auf ihre botanische Klassifikation finden könnte.

An Hand der Zusammenstellung, die im amerikanischen Originalwerk zu finden ist, ist versucht worden, im Nachfolgenden eine kleine Tabelle zusammenzustellen, in der die handelsüblichen deutschen und englischen Bezeichnungen gegenübergestellt sind, und in der auch die Namen der botanischen Klassifikation in lateinischer Sprache angeführt worden sind. Es darf nicht wundernehmen, wenn diese Zusammenstellung nicht einmal annähernd Anspruch auf Vollständigkeit machen kann, was die für Sperrholz- und Furnier- in Frage kommenden Hölzer anbelangt, sowie keinen Anspruch darauf, daß nicht in dem einen oder anderen Sonderfalle noch Zweifel über die Richtigkeit des botanischen Namens auftauchen können.

Dem Kustos des Botanischen Gartens zu Berlin-Dahlem, Herrn Professor Dr. Milbraed, der die Liebenswürdigkeit hatte, die Zusammenstellung einer Durchsicht zu unterziehen, möchte ich an dieser Stelle meinen besten Dank hierfür abstatten.

Bezeichnung der Furnierhölzer in

Deutsch	Englisch und Amerikanisch	Botanisch-Lateinisch
Abachi	**Abachi**	**Triplochiton** scleroxylon
Ahorn, Berg-	**Sykamore maple**	**Acer** pseudoplatanus
—,,— Feld-	**Maple**, common	—,,— campestre
—,,— Spitz-	—,,— Norway	—,,— platanoides
—,,— Zucker-	—,,— hard, rock, sugar	—,,— barbatum oder sacharum
	—,,— soft, red	—,,— rubrum
Akazie, tropisch	**Acacia**, Algiers	**Acacia** melanoxylon
—,,— Robinie	—,,— English oder Locust tree	**Robinia** pseudoacacia
Alerce		**Fitzroya** patagonica
Amarant siehe Purpurholz		
Amberbaum siehe Satin-Nußbaum		
Amboina	**Amboyna** wood	**Pterocarpus** indicus
Avodire		**Turracanthus** africanus
Ayous siehe Satinholz		
Bass wood siehe Linde		
Bergahorn siehe Ahorn		
Bergulme siehe Ulme		
Bergrüster siehe Rüster		
Birke, Amerikanische	**Birch**, yellow	**Betula** lutea
—,,— —,,—	—,,— red	—,,— nigra
—,,— —,,—	—,,— American white	—,,— alba
—,,— Kanadische	—,,— Canadian	—,,— lenta
—,,— Europäische		—,,— verrucosa
—,,— —,,—		—,,— pubescens
Birnbaum, Afrikanisch		**Mimusops** djave
—,,— Kaukasisch		**Pyrus** communis
Blumenesche siehe Esche		
Bubinga	**Bubinga**	**Brachystegia** specae formis (?), **Didelota** africana (?)
Buche, Amerikanische	**Beech**, American	**Fagus** americana
—,,— Kaukasisch rot	—,,— caucasian	—,,— orientalis
—,,— Kaukasisch weiß	—,,— —,,—	**Ostrya** carpinifolia
—,,— Rot	—,,— common	**Fagus** silvatica
—,,— Weiß oder Hain	**Hornbeam**, common	**Carpinus** betulus
Buchsbaum	**Boxwood**	**Buxus** sempervirens
Ceder siehe Zeder		
Cottonwood siehe Pappel		
Courbaril	**Courbaril**	**Hymenaca** courbaril
Cypresse siehe Zypresse		
Douglas-Fichte oder Oregon pine	**Pine**, Oregon-	**Pseudotsuga** Douglasii oder
—,,—	—,,— Douglas spruce	—,,— mucronata (?)
—,,—	—,,— Red fire	—,,— —,,—
Ebenholz, Blaues siehe Palisander		
—,,— Makassar	**Ebony**	Stammpflanze nicht sicher bekannt
—,,— Ostindisches	—,,—of Ceylon and East Indies	**Diospyros** ebenum
—,,— Texas-	—,,— of Texas	—,,— texana
—,,— Virginisches (Amerikanisches)	**Persimmon** American	—,,— virginiana
Eibe	**Yew**	**Taxus** baccata

Bezeichnung der Furnierhölzer in Deutsch	Englisch und Amerikanisch	Botanisch-Lateinisch
Eiche, Rot	**Oak** red	**Quercus** rubra
—„— Stiel, Sommer	**Oak** English	**Quercus** pedunculata
—„— Spessart	—„— German	—„— sissiliflora
—„— Trauben, Stein	—„— „	—„— „
—„— Weiß	—„— white	—„— alba
Erle	**Alder**	**Alnus** glutinosa
Esche	**Ash**	**Fraxinus** excelsior
—„— Blumen- oder Manna-		—„— ornus
—„— Mandschurisch		—„— mandschuria
—„— Rot-	—„— red	—„— pennsylvanica
—„— Schwarz-	—„— black	—„— nigra
—„— Weiß-	—„— white	—„— americana
Eukalyptus siehe Gum		
Fichte	**Spruce,** common	**Picea** excelsa
—„— Douglas siehe Douglas-Fichte		
Flatterrüster siehe Rüster		
Gaboon siehe Okumé		
Goldregen	**Laburnum** oder false ebony	**Cytisus** laburnum
Gum siehe Satin-Nußbaum		
Holunder	**Elder**	**Sambucus** nigra
Jacaranda siehe Palisander		
Iroko siehe Kambala		
Kambala auch Iroko und Odum		**Chlorophora** excelsa
Kiefer, Amerikanische"	**Pine,** western white	**Pinus** monticola
—„— —„—	—„— northern white oder soft	—„— strobus
—„— —„—	—„— short-leaf	—„— echinata
„ Deutsche, Polnische	—„— northern oder Scotch	—„— silvestris
Kirsche	**Cherry,** black oder rum	**Prunus** serotina
Lebensbaum siehe Thuya		
Linde, Amerikanische	**Bass wood** oder Linden	**Tilia** americana
—„— Sommer-	**Linden**	—„— grandifolia
—„— Winter-	—„—	—„— parvifolia
Lorbeer	**Laurel**	**Laurus** nobilis
Mahagoni, Amerikanisches	**Mahagony**	**Swietenia** mahagoni
—„— Honduras-	—„— Honduras	—„— makrophylla
—„— Makassar siehe Ebenholz		
—„— Sapeli-	—„— Sapeli	**Entandrophragma** candollei oder Cylindricum utile
—„— Tabasco	—„— Tabasco	**Swietenia** makrophylla oder —„— mahagoni
Makoré	**Macore**	**Dumosia** Haekelii
Nußbaum siehe Walnuß		
Odum siehe Kambala		
Ölbaum	**Olive**	**Olea** europea
Okumé, Gaboon	**Ocumé, Gaboon**	**Aucoumea** Klaineana
Oregon pine siehe Douglas Fichte		
Padouk		**Pterocarpus** indicus oder macrocarpus
Palisander, Brasilianischer, auch Jacaranda, blaues Ebenholz	**Rosewood**	**Jacaranda brasiliana**
—„— Ostindischer	—„—	**Dalbergia** spec. (?)
—„— Rio	—„—	—„— nigra

Bezeichnung der Furnierhölzer in		
Deutsch	Englisch und Amerikanisch	Botanisch-Lateinisch
Pappel, Kanadische	**Poplar,** carolina	**Populus** canadensis
—„— Kanadische Schwarz-	**Cottonwood**	—„— sargentii
—„— Schwarz-	**Poplar,** black	—„— nigra
—„— Silber	—„— white	—„— alba
Platane, amerikanische	**Sycamore, Plane**	**Platanus** occidentalis oder orientalis
—„—	**Plane,** western oder occidental	—„— occidentalis
—„— Kaukasische	—„— eastern oder oriental	—„— orientalis
Pistazie	**Therebinth** Syrian	**Pistacia** therebinthus
Purpurholz oder Amarantholz	**Purple-heart** of Trinidad	**Peltogyne** paniculata **Copaifera** bracteata
Robinie siehe Akazie		
Rosenholz siehe auch Palisander	**Rosewood** oder **Blackwood**	**Dalbergia latifolia**
—„— Brasilianisches	**Tulip-wood** Brazil	**Physocalymma** floribunda
Rotholz, Kalifornisches	**Redwood,** California	**Sequoia** sempervirens
Rüster siehe Ulme		
Safranholz	**Saffronwood** oder **Umbonoana**	**Elaeodendron** croceum
Sandelholz	**Sandalwood**	**Santalum** album
Sapeli siehe Mahagoni		
Satinholz, Seidenholz	**Satinwood**	**Chloroxylon** swietenia
Satinwood siehe Zitronenholz		
Satinholz, Westafrikanisches oder **Ayous**	**Ayous**	**Triplochiton** scleroxylon
Satin-Nußbaum oder Amberbaum oder Gumtree (Eukalyptus)	**Gum** sweet —„— sour, black, Tupelo	**Liquidambar** styraciflua **Nyssa** sylvatica
Stechpalme	**Holly**	**Ilex** aquifolium
Sykamore siehe Platane und Ahorn		
Tanne	**Fir,** common, silver	**Abies** alba
Teakholz	**Teak**	**Tectona** grandis
Thuya auch Lebensbaum	**Thuya**	**Thuya** occidentalis
Tulpenbaum	**Whitewood** oder **Tulip**-tree	**Liriodendron** tulipifera
Ulme oder **Rüster,** Amerikanische	**Elm,** white oder American	**Ulmus** americana
—„— Berg-	—„— Scotch oder mountain	—„— montana
—„— Feld-	—„— common oder field	—„— campestris
Flatterrüster		—„— effusa
Vogelaugen-Ahorn	**Bird's-eye maple**	**Acer** campestre —„— sacharum
Walnuß, Afrikanische	**Walnut,** African	**Lovoa** Klaineana
—„— Europäische	—„— European	**Juglans** regia
—„— Kaukasische	—„— circassian oder caucasian	**Pterocarya** fraxinifolia
—„— Schwarze	—„— black	**Juglans** nigra
—„— Weiße (Butternuß)	—„— white oder butternut	—„— cinerea
Whitewood siehe Tulpenbaum		
Zebraholz	**Zebra** wood	**Centrolobium** robustum
Zebrano	**Zebra wood**	**Connarus** guianensis
Zeder, Amerikanische	**Ceder,** American oder northern red	**Juniperus** virginiana
—„— Libanon-	—„— of Lebanon	**Cedrus** libani
—„— Spanisch-	—„— Spanish	**Cedrela** odorata

Bezeichnung der Furnierhölzer in Deutsch	Englisch und Amerikanisch	Botanisch-Lateinisch
Zitronenholz, Westindisches Seidenholz siehe auch Satinwood	**Yellow wood**	**Fagara** flava
—„— Ostindisches Seidenholz	**Satinwood**	**Chloroxylon** swietenia
Zürgelbaum	**Lotos wood** oder Nettle tree	**Celtis** australis
Zypresse	**Cypress**	**Cupressus** sempervirens

Teil B.
Verwendung von Sperrholz für andere Zwecke als Möbel. Technische Verwendungsgebiete. Prüfung. Betriebskontrolle in der Fertigung, Beurteilung Prüfungszahlen, Handelsbräuche.

Kapitel XIII.

Verwendungsgebiete für Sperrholz.

Die Verwendungsgebiete von Furnieren für andere Zwecke als zum Aufbau von Sperrholz und von Edelfurnieren für die Oberflächenveredelung sind bereits in Kapitel XI des ersten Bandes behandelt worden. Furniere als Bestandteile von Sperrholz und als Mittel für seine Oberflächenveredelung haben ebenfalls im ersten Bande eingehende Würdigung erfahren.

Der Vollständigkeit wegen sollen hier lediglich noch einige kleine Ergänzungen eingeschaltet werden, welche in den Rahmen der Darstellung des ersten Bandes nicht passen bzw. die erst durch weitere Fortschritte nach Abschluß des ersten Bandes der Praxis zugängig geworden sind.

Zunächst muß noch erwähnt werden die Verwendung von Furnieren in Verleimung mit anderen Stoffen als Holz, z. B. Papier, Pappe, Kork, Geweben verschiedenster Art, gepreßtem Holz, Kunststoffen usw. für Oberflächenbekleidung, z. B. von Wänden, Decken, Böden usw. Diese Verwendungsart von Furnieren ist seit Jahren bekannt und mit mehr oder weniger Erfolg geübt worden, so tritt z. B. die Furniertapete, das Furnierparkett in gewissen Zeitabschnitten und unter den verschiedensten Namen immer wieder auf. Es ist interessant, daß fast jeder, der es neu herausbringt, glaubt, etwas Schützbares, Neues gefunden zu haben.

Die große Mode der weitgehenden Verwendung schön gemaserter Furniere für die Oberflächenveredelung in recht lebhaften Mustern hat vor kurzem zu einer neuen Schälmethode geführt, die das sogenannte Radialfurnier erzeugt. Die Furniere werden in ähnlicher Weise vom Stamm geschnitten wie die Späne der Holzumhüllung eines Bleistiftes z. B. beim Spitzen desselben entfallen. Es entstehen sozusagen die Abwicklungsflächen eines Kegelmantels, und zwar in fortlaufender spiraliger Form. Es ergibt das interessante und eigenartige Maserbilder, die sich in geschmackvoller Weise verwenden lassen. Das hervorstechende Merkmal solcher Furniere ist, daß nur eine Fuge in jedem geschlossenen Musterkreis vorhanden ist, trotzdem er scheinbar aus 6, 8, 12 oder mehreren Einzelfurnieren zusammengesetzt ist. Im Mittelpunkt des Bildes freilich befindet sich eine runde Öffnung, die dann durch ein entsprechendes Furnierstück ausgefüllt wird.

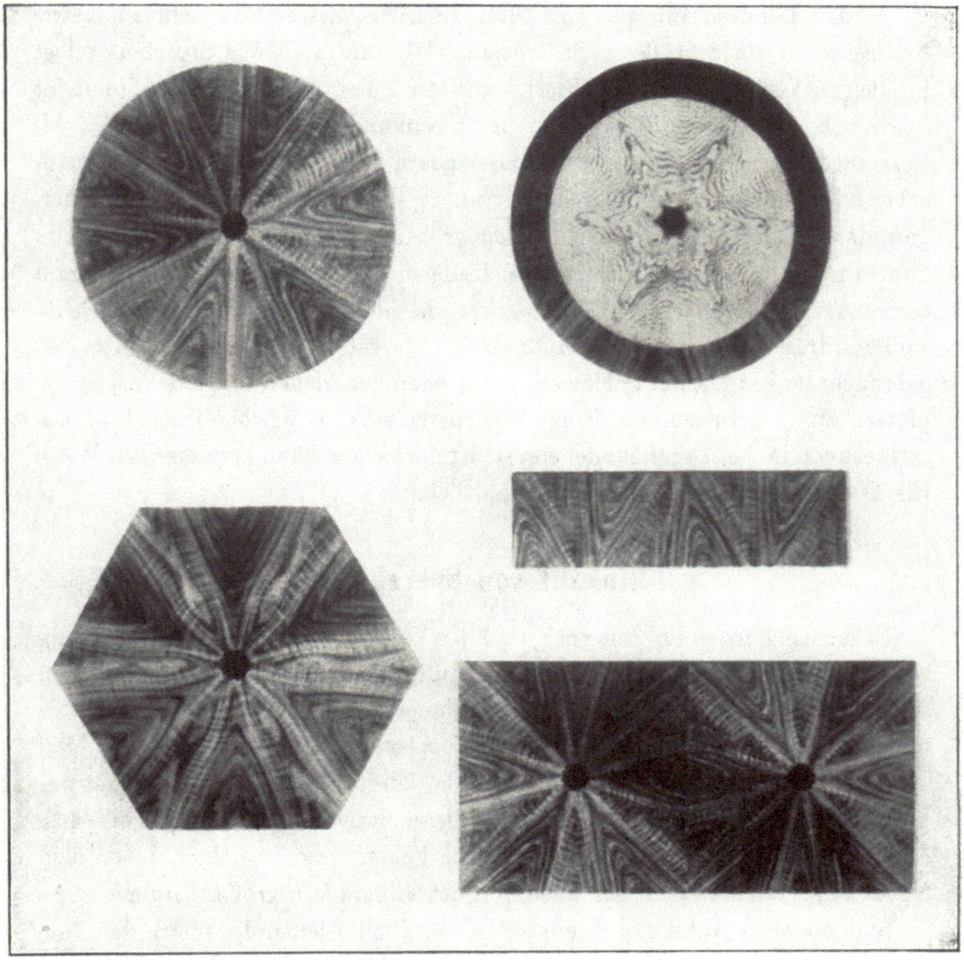

Fig. 94a. Radialfurniere, Kaukasische Walnuß geschält als Kegelmantelfläche vom kegelförmig zugespitzten Stamm in endlosen Spiralen. Die runden und sechseckigen Furniere haben nur eine Radialfuge. Die kleine Borte entfällt beim Anschneiden und Zuschneiden der Furniere.

(Dank dem Entgegenkommen von Franz Ovenhausen, Steinheim, Westf.)

Soll statt eines runden Furniermusters, das sich beim Schälen ergibt, ein viereckiges, sechseckiges oder achteckiges geschnitten werden, so tritt natürlich Abfall ein, aber sowohl diese Abfallstücke wie auch diejenigen beim Anschälen werden bei schön gemusterten Edelhölzern gut für Umleimer usw. Verwendung finden können.

Die fabrikationsmäßige Herstellung von Sperrholz und dessen Lieferung als Halbfabrikat an weiterverarbeitende Industrien hat es mit sich gebracht, daß, wo man auch immer in geschlossenen Räumen, sei es im Hause, auf der Eisenbahn, auf dem Dampfer, im modernen Flugschiff oder Flugzeug sich aufhält, man sich stets von praktisch angewendetem Sperrholz umgeben sieht, so daß es schwer wäre, erschöpfend alle Anwendungsgebiete von Sperrholz zu besprechen.

In den Ländern Europas wie auch Amerikas, die eine Sperrholzindustrie besitzen oder einen größeren Sperrholzhandel, verdrängt das Sperrholz selbst im kleinen Verbrauch das Holzbrett, wo dieses früher dominiert hat. Man findet heute z. B. besonders in England in den Eisenkurzwarenläden nicht nur Stuhlsitze aus Sperrholz als Handelsartikel, sondern auch Sperrplatten, meist russischer oder anderer osteuropäischer Herkunft, die im Naßverleimverfahren hergestellt worden sind, in gewissen Normalgrößen, welche der Besitzer des Kleinhauses für selbstgefertigte Inneneinrichtungen und seine Bastelarbeiten gern verwendet. Auch diejenigen Handwerker, die nicht Tischler und Zimmerleute sind und früher Schnittholz als ergänzenden Werkstoff für ihre eigenen Arbeiten gebrauchten, so z. B. der Schlosser, der Mechaniker, ziehen es heute vor, Sperrplatten zu verarbeiten. So dringt die Sperrplatte als gewöhnlicher Handelsartikel auch in den Detailhandel ein, sie ist dort schon häufig in derselben Weise wie Eisenblech, Messingblech usw. erhältlich.

Einkauf von Sperrholz.

Bedauerlich ist es zur Zeit noch, daß der Verbraucher von Sperrholz häufig gar nicht weiß, was er mit dem Sperrholz kauft, und daß er häufig genug Platten, die mit nicht feuchtigkeitsbeständigen Leimen verleimt sind, für Zwecke verwendet, bei denen sie der Feuchtigkeit ausgesetzt sind. Wenn dann die Verleimung sich löst, dann ist natürlich nicht der Unverstand des Käufers oder des Verkäufers, sondern die Platte schuld. In dieser Beziehung muß noch sehr große Pionierarbeit geleistet werden, denn solche Fehler werden nicht nur von dem Kleinkäufer gemacht, sondern auch von den Einkäufern großer Firmen.

In irgendeiner Abteilung einer großen Fabrik sitzt jemand, der von den Vorzügen des Sperrholzes gehört und gelesen hat und will nun für diesen oder jenen Zweck Sperrholz erproben. Die Anforderung über Sperrholz einer bestimmten Stärke, meist sogar aus einer bestimmten Holzart, geht an die Einkaufsabteilung. Diese sucht im Lieferantenverzeichnis die betreffenden Lieferanten heraus, in Deutschland sind das meist Händler, da die meisten Fabrikanten nur durch Händler liefern, es werden schriftliche Angebote eingefordert. Bei dem geringfügigen zu solchen Probezwecken angeforderten Quantum erscheint dem Händler der persönliche Besuch nicht lohnenswert. Die billigste Offerte wird berücksichtigt. Die Sperrplatte kommt in den Betrieb und wird probiert. In 99 Fällen von 100 kann man mit Sicherheit mit einem Fehlschlag bei solchen Proben rechnen, weil der Lieferant gar nicht im Bilde darüber war, für welchen Zweck die Platte gebraucht wird. Dieses untechnische Verfahren der Erprobung von Sperrholz für neue Verwendungsgebiete trägt die Schuld daran, daß für viele Zwecke jahrelang am Sperrholz vorbeigegangen worden ist, daß Anregungen, es hier oder dort zu verwenden, mit der Antwort abgetan worden sind, daß Versuche in dieser Beziehung negativ ausgefallen wären. Nicht das Sperrholz trägt die Schuld in solchen Fällen, sondern die geringe Vertrautheit mit den Eigenschaften des Sperrholzes.

Im ersten Bande dieses Werkes ist versucht worden, zu zeigen, was Sperrholz ist, wie es aufgebaut wird, und welche verschiedenen Möglichkeiten es gibt, dem Sperrholz durch die Wahl der einzelnen Komponenten, aus denen es aufgebaut ist, durch die Wahl des Holzes, der Leime und Verarbeitungsmethoden verschiedene Eigenschaften zu geben. Das ist die Aufgabe dieses Buches, in dieser Beziehung aufklärend zu wirken. Diese Aufklärung soll sich jedoch nicht nur auf die Verwendungszwecke erstrecken, die nach den Darstellungen der ersten elf Kapitel dieses Bandes durch Jahrhunderte lang geübt worden sind, sondern auch auf die Zwecke, für welche Ansprüche an Wirtschaftlichkeit gestellt werden, wie sie die Verwendung von Sperrholz in der Technik verlangen muß. Wie sehr das mangelnde Verständnis für Sperrholz und der Versuch mit unzulänglichen Mitteln in der Lage ist, die Verwendung von Sperrholz dort, wo es ausgezeichnet am Platze ist, zu behindern, zeigt folgendes klassische Beispiel. Schon vor etwa acht oder zehn Jahren schlug ein Kenner des Sperrholzes die Verwendung von Sperrplatten für Waggondecken vor. Deutsche Eisenbahnbehörden griffen diese Sache auf, da sie die Vorteile des Sperrholzaufbaues einsahen. Der Lieferant jedoch übersah in seiner Begeisterung für Sperrholz, daß eine mit tierischem Leim (Lederleim) hergestellte Sperrplatte, den Einwirkungen nicht widerstehen würde, welche Sperrholz in diesem Falle als Material für die Decke von Eisenbahnwagen auszuhalten hat. Der Erfolg war, daß die Verleimung sich löste und kurzerhand die Verwendung von Sperrholz im Waggonbau generell verboten wurde. Es hat unendliche Mühe gekostet, dieses Verbot wieder aufzuheben und mit zweckmäßig hergestellten Sperrplatten an der richtigen Stelle wieder im Waggonbau einzutreten. Dieses Beispiel zeigt jedoch auch, daß die Kunst des Sperrholzaufbaues und der Oberflächenveredelung in unserem Zeitalter der Technik begleitet sein muß von den technischen Erwägungen, die ihre Grundlagen in der Festigkeitslehre und in der Kenntnis der Beständigkeit der Werkstoffe gegen die Einflüsse, denen die fertigen Sperrplatten ausgesetzt werden, haben müssen.

Es zeigt ferner, wie grundfalsch die Einstellung mancher Fabrikanten und auch „sogenannter Forschungsstellen für Sperrholz" ist, einer weitgehenden Aufklärung der technischen Verbraucher über die Auswirkung der verschiedenen Fabrikationsmethoden auf die technischen Eigenschaften des Endproduktes entgegenzuarbeiten aus der kleinlichen Besorgnis solcher Stellen, es könnte vielleicht eine ihnen unerwünschte Vermehrung von Fertigungsstätten für Sperrholz entstehen. Der beste Schutz gegen neue Konkurrenz ist wirtschaftliches und betriebswissenschaftliches Arbeiten im eigenen Betriebe, nicht der Mantel des Geheimnisses, der für den Wissenschaftler keiner ist. Die Geheimnistuerei schafft nur Mißtrauen beim Verbraucher.

Im ersten Bande ist gezeigt, daß durch die Verarbeitung des Holzes für Sperrholz die Endfestigkeiten der sogenannten Sperrholzkonstruktionen außerordentlich gesteigert werden können. Bezogen auf das gleiche Gewicht, kann diese Holzfestigkeit auf einen Wert gebracht werden, der höher steht als derjenige von Stahl. Was die Beständigkeit von Sperrholzkonstruktionen anbelangt, wenn dieselben bei ihrer Abarbeit auf die Beanspruchungen Rücksicht nehmen, welchen die betreffenden Gegenstände im Gebrauch ausgesetzt sind, so bieten die vorangegangenen Kapitel so zahlreiche und schlagende Beweise, daß hierüber noch kaum etwas zu erwähnen wäre. Es darf aber nicht übersehen werden, daß die heutige Zeit an Sperrholz nicht nur den Anspruch stellt der Beständigkeit und, im Verein mit dem schön gezeichneten Furnier, den Anspruch an hohe künstlerische Wirkung, sondern auch den Anspruch an Wirtschaftlichkeit.

Die Zeiten sind vorüber, in denen Holz in solchen Mengen in der Welt vorhanden war, daß es noch den größten Teil des Feuerungsmaterials für die Holzbetriebe lieferte, in denen man auf den Ausnutzungsfaktor vom bezogenen Werkstoff zum fertigen Möbel oder Gebrauchsgegenstand keine Rücksicht zu nehmen brauchte. Die Zeiten sind aber auch vorüber, in denen Künstler wie Oeben, der Schüler von Boule und Riesener, neun Jahre an der Fertigstellung des Prachtstückes „Le Bureau du Roi" für Ludwig XV. arbeiten konnten, und in denen man für ein solches Möbelstück außerordentlich hohe Summen ausgeben konnte. Wo nicht Form und Stil eine Beschränkung des Materials erzwangen, wurde in früheren Zeiten vielfach mit Holzstärken gerechnet und gearbeitet, welche heute wirtschaftlich hergestellte Möbel nicht mehr ergeben würden. Mit Rücksicht auf die Festigkeit des Sperrholzes sind solche Stärken auch sinnlos.

Der alte Hang zum Massiven, die geringe Kenntnis der Überlegenheit der Festigkeit von Sperrholz gegenüber Massivholz hat in alten Möbeln jahrhundertelang dazu verleitet, Holzstärken zu verwenden, die der Beständigkeit und Haltbarkeit eher abträglich als zuträglich waren, denn wie im ersten Bande eingehend besprochen, sind die Gefahren, die das Arbeiten des Holzes mit sich bringt, im allgemeinen um so größer, je größer die verwendeten massiven Querschnitte sind. Erst, wenn man sich so ausdrücken darf, die englischen klassischen Möbelbauer wie Chippendale, die beiden Brüder Adam, Hepplewhite, Sheraton nutzten die Festigkeit der Sperrplatte auch in der Beziehung aus, daß sie in ihrer Erkenntnis derselben die leichten, delikaten Konstruktionen schufen, die nicht minder beständig sind als ältere Ausführungen mit ihren schweren Querschnitten, ein vollgültiger Beweis dafür, daß die Ausnutzung der Festigkeit der Sperrplatte keine Minderung der Beständigkeit mit sich bringt.

Bei Anwendung von Massivholz ist der Tischler und auch der technische Konstrukteur gewohnt, mit Rücksicht auf die Festigkeit, auf den Faserverlauf des Holzes bei seiner Anordnung im Möbel oder im Konstruktionsteil zu achten. Baut man Sperrholz aus Furnieren auf, so besteht die Möglichkeit, die Stärke der einzelnen Lagen so zu bemessen, daß man in den beiden Hauptrichtungen praktisch die gleichen Festigkeitszahlen finden kann. Bei stärkeren Platten, den sogenannten Tischlerplatten, zeigt sich jedoch naturgemäß besonders bei Biegungsbeanspruchungen, denen diese Platten meist ausgesetzt sind, verschiedene Festigkeit, je nachdem die Platten in der Richtung der Faser der Außenfurniere oder quer zu derselben auf Biegung beansprucht werden. Hier muß man ebenso wie beim Vollholz bei Verwendung auf die Art des Zuschnittes achten. Erfordert die Bearbeitung z. B. bei Verwendung im Möbel den Verlauf der Faserrichtung des Edelfurniers z. B. in der Längsrichtung und soll das Edelfurnier quer zur Richtung des Absperrfurniers aufgebracht werden, so kann es schon vorkommen, daß, wenn nur auf das äußere Bild Rücksicht genommen wird, hierdurch ein mit Rücksicht auf die Festigkeit falscher Zuschnitt verursacht würde. In solchen Fällen verwendet der mit dem Wesen des Sperrholzes vertraute Bearbeiter noch ein leichtes Zwischenfurnier, das er zwischen dem Absperr- und dem Edelfurnier aufbringt, um den Faserverlauf, wie ihn die Festigkeit bedingt, mit dem Faserverlauf, wie ihn die Schönheit der Abarbeitung erfordert, in Einklang zu bringen. Natürlich kann man auch ohne dieses Hilfsmittel auskommen, wenn die Sperrplatte entsprechend stärker gewählt wird, was aber nur dann wirtschaftlich wäre, wenn der Mehrpreis der stärkeren Sperrplatte den Mehrpreis nicht übersteigt, den die Anordnung eines Zwischenfurniers erfordert. Ein kleines klassisches Beispiel soll hierfür gegeben werden. Für fahrbare Etagengestelle, wie sie in modernen Kaufhäusern zu finden sind, in denen auf einer kleinen fahrbaren Plattform Holzfächer übereinander angeordnet sind, welche die Waren aufnehmen, um sie der Kundschaft an beliebigem Ort vorführen zu lassen, statt den Kunden zu zwingen, von einem Einkaufsplatz an den anderen zu wandern, waren starke Sperrplatten (Tischlerplatten) verwendet worden. Die erste Musterlieferung fiel zur großen Zufriedenheit des Kunden aus, es wurden eine Anzahl Gestelle nachbestellt, und es stellte sich dann heraus, daß bei einer Anzahl von Gestellen die Platten der einzelnen Etagen sich trotz gleicher Belastung verschieden stark durchbogen, wodurch das Gesamtbild beeinträchtigt wurde. Eine Untersuchung der Ursachen ergab, daß die Platten, die sich so stark durchgebogen hatten, falsch zugeschnitten waren.

Es sollen hier einige Zahlen gegeben werden, die die Erscheinung illustrieren. Dieser kleine Versuch wird vielleicht manchen dazu anregen, Übelstände zu vermeiden, die sich bei nicht zweckmäßiger Anwendung von Sperrplatten zeigen, um so mehr, als eine flüchtige Betrachtung der beiden Anordnungen unwillkürlich zunächst den falschen Zuschnitt als den richtigen erscheinen läßt, weil anscheinend dort die größeren Querschnitte für die Aufnahme der Biegungsbeanspruchungen zur Verfügung stehen. Es ist dabei jedoch übersehen worden, wie die Biegungsbeanspruchungen sich auf die einzelnen Schichten des Sperrholzquerschnittes verteilen. Es ist dabei das Prinzip verkannt worden, das es ermöglicht, besonders bei stärkeren Platten starke Mittellagen durch verhältnismäßig schwache Außenlagen absperren zu können, also das, was in Band I in Kapitel VI auf Seite 47 ausgeführt worden ist.

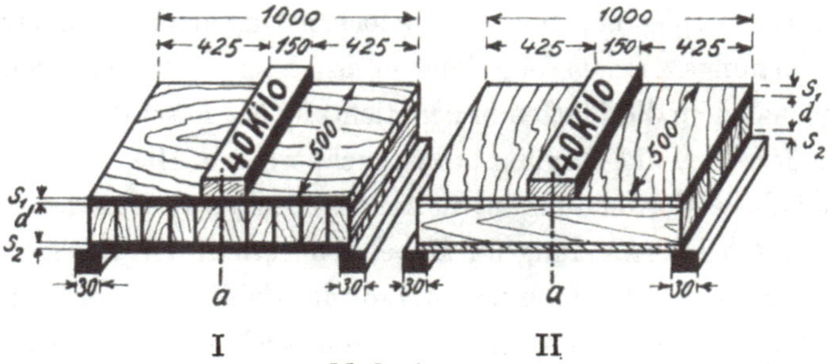

Maße in mm

Fig. 94 b.

Versuchs-anordnung	Gesamt-stärke der Platte mm	Stärke der Lagen mm			Verhältnis $\frac{s_1 + s_2}{d}$	Durchbiegung gemessen bei a in mm
		s_1	d	s_2		
I	10	2	6	2	1: 1,5	12,4
II	10	2	6	2		60,—
I	16	3	10	3	1: 1,67	5,5
II	16	3	10	3		10,—
I	20	3	14	3	1: 2,33	2,5
II	20	3	14	3		5,5
I	26	3	20	3	1: 3,33	1,—
II	26	3	20	3		1,—

Außenfurnier geschälte Erle
Stäbchendickte gemesserte Kiefer } Ibus-Platte.

Figur 94 b zeigt im Schema zwei Tischlerplatten gleicher Oberflächenabmessung, die einmal so zugeschnitten sind, daß die Fasern der Außenlage quer zur Auflage liegen, das andere Mal so, daß sie in derselben Richtung wie die Auflage verlaufen. Zunächst erscheint auf den ersten Blick die Anordnung II die richtige zu sein, da die schweren Querschnitte der Mittellagen sozusagen als Brückenträger dienen, welche die angedeutete Belastung von 40 kg tragen, während die dünnen Deckfurniere von nebensächlicher Bedeutung zu sein scheinen.[1]) Schon rohe Werkstattmessungen ergaben die Werte, welche die unter den beiden Skizzen stehende Tabelle zeigen. Aus der Tabelle geht hervor, daß der Zuschnitt nach Anordnung I der richtige ist und daß, wenn man z. B. eine Durchbiegung der Platten von 5,5 mm in der Mitte als zulässig erachtet, beim richtigen Zuschnitt eine Platte in der Gesamtstärke von 16 mm hinreichend ist, während beim

[1]) Aus der Arbeit „Die Entwicklung der Sperrholzfabrikation und was muß der Sperrholz verarbeitende Ingenieur davon wissen", von L. M. Cohn-Wegner. Vortrag gehalten vor der Automobil- und Flugtechnischen Gesellschaft, Berlin, am 28. Nov. 1929.

falschen Zuschnitt eine solche von 20 mm verwendet werden muß. Die Tabelle zeigt ferner, daß erst bei einer Gesamtstärke von 26 mm es für die Biegung gleichgültig ist, wie man in diesem besonderen Falle zuschneidet.

Diese Erwägungen gewinnen um so mehr an Bedeutung, in je größerem Formate die Sperrplatten Anwendung finden. Die Größe, besonders von starken Platten, die, wie später gezeigt, für Innenausstattungen eine immer größere Rolle zu spielen beginnen, ist im letzten Jahr bis zu den Abmessungen von 1,85 × 5 m (72″ × 197″) und 2,60 × 3,60 m (102″ × 142″) gestiegen, und fast alle diese Platten werden der Hauptsache nach auf Biegung beansprucht.

Die Technik der Verleimung und der Herstellung von Sperrplatten im allgemeinen ist bereits soweit fortgeschritten, daß trotz der Verschiedenheiten, die dem Werkstoff Holz als gewachsenem organischen Stoff innewohnen, doch in gewissen Grenzen schon Festigkeitszahlen für Zugfestigkeit, Druckfestigkeit, Biegefestigkeit, Scherfestigkeit der Sperrplatten und auch für die Scherfestigkeit der Leimbindung gegeben werden können. Es gibt eine ganze Anzahl von Verwendungszwecken, für die bereits heute bestimmte Werte vorgeschrieben werden. Hierüber wird weiteres noch in Kapitel XIV bei Prüfung und Beurteilung von Sperrholz gesagt werden.

Man sieht also, daß auch der Einkauf von Sperrholz Sachkenntnis erfordert. Der Einkäufer, der sie selbst nicht besitzt, muß sich von einem Spezialisten oder vom Fabrikanten der Sperrhölzer beraten lassen, was er für den Zweck, für den das Sperrholz angefordert wird, am zweckmäßigsten kauft bzw. für den betreffenden Versuch anschafft. Genau wie bei Eisen- und Metallblechen es solche in verschiedenen Zuständen, verschiedenen Festigkeiten, chemischen Beschaffenheiten usw. gibt, die für die einzelnen Verwendungszwecke besonders geeignet hergestellt worden sind, sind auch bei Sperrplatten, wie eben gezeigt, verschiedene Qualitäten erhältlich. Man kaufe für den betreffenden Zweck die geeignete Qualität, und man wird nie ein schiefes Urteil fällen und nie enttäuscht sein.

Sperrholz in der Innenarchitektur, in Haus und Gefährt.

Daß man es heute bereits versteht, nicht nur den Vorzug der größeren Formbeständigkeit gegenüber dem Massivholz, die Möglichkeit der Schaffung höherer künstlerischer Effekte gegenüber solchem durch Sperrholz und Furniere auszunutzen, sondern auch diese beiden hervorstechenden Eigenschaften des Sperrholzes zu vereinen mit der Erfüllung des Anspruches auf Wirtschaftlichkeit und Preiswertigkeit der aus Sperrholz gefertigten Gegenstände, dafür sollen die nachstehenden Anwendungsbeispiele Belege geben.

Es hieße Eulen nach Athen tragen, wollte man hier nochmals Beispiele für die Verwendung von Sperrholz und Furnieren im Möbelbau anführen, nach den

Fig. 95. Schwesternhaus Frankfurt a. M.-Riederwald, Schwesternzimmer.

(Dank dem Entgegenkommen von Herrn Architekt BDA Martin Weber, Frankfurt a. M.)

Fig. 96. Eingang des Schwesternhauses Frankfurt a. M.-Riederwald.

(Dank dem Entgegenkommen von Herrn Architekt BDA Martin Weber, Frankfurt a. M.)

vielen Beweisen, die in den ersten elf Kapiteln dieses Buches für deren Herrschaft auf diesem Verwendungsgebiete erbracht worden sind.

In Kapitel XI ist auch bereits die Verwendung von Sperrholz durch den Architekten für den Innenausbau von Häusern erwähnt worden. Es sollen hier noch einige Beispiele dafür gegeben werden, daß dieser Innenausbau sich nicht nur für Wohn- und Luxusräume lohnt, sondern auch für Räume, welche Erwerbszwecken dienen und auch solchen, bei denen es nicht nur auf die Wirkung des Geschaffenen, sondern auch auf den Gestehungspreis, sowie auf die Erfüllung besonderer Bedingungen ankommt. So zeigen Figur 95 und 96, wie der moderne Architekt auch einfache Räume, für deren Ausstattung nur sehr geringe Mittel zur Verfügung stehen, durch die Verwendung von Sperrholz wohnlich und praktisch gestaltet und Figur 97, wie die Sperrplatten auch selbst in untergeordneten Räumen, an die aber sanitäre Anforderungen gestellt werden, zweckmäßig verwendet werden.

Fig. 97. Schwesternhaus Frankfurt a. M.-Riederwald. Toilette.

(Dank dem Entgegenkommen von Herrn Architekt BDA Martin Weber, Frankfurt a. M.)

Fig. 98. Blick in ein Büro, dessen Möbel, Schränke und Wandbekleidungen, Türen und Fensterrahmen vollkommen aus Kiefernsperrholz hergestellt worden sind.

(Dank dem Entgegenkommen der Industrie für Holzverwertung A. G., Altenessen.)

Fig. 99. Kleider- und Waschschrank aus Kiefernsperrholz gebaut, die Waschschränke sind innen in weißem Schleiflack abgearbeitet.

(Dank dem Entgegenkommen der Industrie für Holzverwertung A. G., Altenessen.)

Fig. 100. Ecke des Chefzimmers mit Schränken, Wandbekleidungen und Türen aus Kiefernsperrholz.
(Dank dem Entgegenkommen der Industrie für Holzverwertung A.G., Altenessen.)

Fig. 101. Eine andere Ecke desselben Büros, wie in Fig. 100 gezeigt.
(Dank dem Entgegenkommen der Industrie für Holzverwertung A.G., Altenessen.)

Auch mit nur dreifach abgesperrten Sperrplatten ohne Edelfurnier kann man z. B. durch Ausnutzung der typischen Maserung der ostpreußischen Kiefer zweckmäßig und schön Büroräume gestalten. Davon legen die Figuren 98 bis 100 Zeugnis ab. Auch das Chefzimmer nebst Schreibtisch ist aus Kiefernsperrplatten hergestellt. Figur 101 und Figur 102 zeigen, wie ein Raum, der mit Kiefernsperrplatten paneliert ist, durch Anwendung von Sperrplattenleisten für die Dekkendekoration und die Beleuchtungskörper einheitlich und schön abgestimmt werden kann.

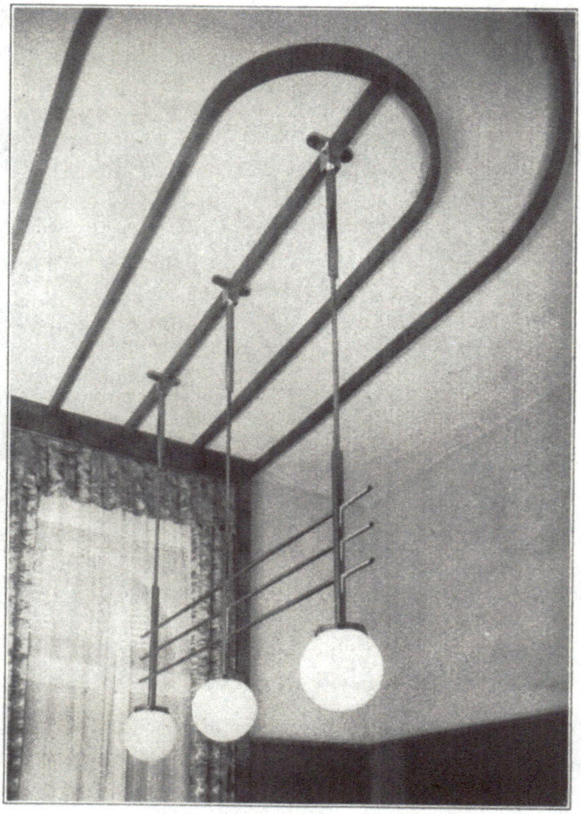

Fig. 102. Decke eines Büroraumes, der mit Kiefernsperrholz ausgekleidet ist. Auch die Fensterleisten und die Deckenleisten für die Beleuchtungsträger sind Kiefernsperrholz.

(Dank dem Entgegenkommen der Industrie für Holzverwertung A.G., Altenessen.)

Die Mode der großen, glatten Flächen für die Ausbildung der Decke hat zahlreiche Architekten dazu veranlaßt, ähnliche schmale Sperrholzleisten mit den verschiedenartigsten Edelfurnieren verziert, zur Belebung dieser großen Flächen, besonders da, wo langgestreckte Beleuchtungskörper wie in Restaurants und Cafés verwendet werden, anzuordnen. Wer die älteren Hotels des Kontinents kennt, weiß, daß in den Empfangsräumen bis vor dem Kriege natürlicher und künstlicher Marmor sowohl für die Säulenbekleidung wie auch für Wandbekleidung als modern angesehen wurde. Die Kälte dieser Flächen wurde dann durch Vergoldungen und oft genug auch durch recht geschmacklose Stuckformen zu mildern gesucht. Neuerdings hat das Sperrholz auch dort seinen siegreichen Einzug gehalten. Es gibt kaum eines der in den letzten Jahren erbauten großen Hotels oder Cafés in Deutschland, das nicht von der warmen, wohnlichen Wirkung des Sperrholzes Gebrauch macht. Ein typisches und geschmackvolles Beispiel zeigt Figur 103. Moderne Verkaufsräume und Schaufenster sind fast durchweg mit Sperrholz, bedeckt von geschmackvollen Furnieren, ausgebaut.

Die Sperrholzindustrie hat durch Schaffung von großflächigen Platten die Verwendung von Sperrholz nicht nur für intime, kleine Räume ermöglicht, sondern auch für die größten Säle und Hallen dem Innenarchitekten ein auch konstruktiv sehr angenehmes und wirtschaftlich verwendbares Material an die Hand gegeben. Aber nicht nur die warmen Wirkungen der Sperrholzverkleidungen, nicht nur die wunderbaren dekorativen Effekte, welche die natürliche

Fig. 103. Eine Ecke aus der Empfangshalle des Hotels Excelsior in Bremerhaven.
(Dank dem Entgegenkommen der Firma W. Ruhenstroth, Gütersloh.)

Maserung der Edelfurniere mit sich bringen, haben die Verwendung von Sperrplatten für große Räume, besonders für Versammlungs- und Konzerträume, gefördert, sondern vor allen Dingen die Erkenntnis, daß die Auskleidung solcher Räume mit Sperrholz eine außerordentlich *günstige Wirkung* auf die *Akustik* hat.

Es hat sich in der Praxis gezeigt, daß selbst bei solchen Räumen, bei denen akustische Mängel durch keine der anderen früher üblichen Mittel, Stoffbespannung, Aufhängung von Schallfängern usw. behoben werden konnten, diese in einfachster Weise durch die Auskleidung solcher Räume mit Sperrholz behoben worden sind.

Wie man das Praktische mit dem Schönen bei solchen Innenauskleidungen vereinigen kann, zeigen die Figuren 104 bis 107. Figur 104 zeigt einen Raum im Konzerthaus des Bades Pyrmont. Hier sind große Platten in abwechselnder

Faserrichtung gegeneinander gestoßen, also in ähnlicher Weise zusammengesetzt, wie Edelfurniere für kleinere Flächen, während in Figur 105 die Kiefernsperrplatten in derselben Faserrichtung, jedoch in verschiedener Abtönung Verwendung gefunden haben. Bemerkenswert an diesen beiden Abbildungen ist,

Fig. 104. Konzerthaus Bad Pyrmont.
(Dank dem Entgegenkommen der Firma Sonnenberg in Peine und der Firma W. Ruhenstroth in Gütersloh.)

daß Figur 105 überhaupt keine Leisten zeigt, sondern die Sperrplatten stumpf aneinander gestoßen sind, wie an der Decke von Figur 104. Es handelt sich hier bei diesen beiden Ausführungen um starke Sperrplatten. Figur 106 zeigt die Verwendung von dünnen Gaboonsperrplatten in gebogener Form, mit schmalen Leisten, welche die Stoßstellen verdecken. In Figur 107 wird durch diese Leisten noch eine besondere dekorative Wirkung erzielt.

Die Bemühungen der am Sperrholz interessierten Kreise haben inzwischen dazu geführt, daß auch die Eisenbahnverwaltungen von ihrem früheren ablehnenden Standpunkt gegenüber dem Sperrholz völlig abgekommen sind und neuerdings, besonders in Deutschland und England, in außerordentlich hohem Maße das Sperrholz für die Innenausstattungen ihrer Wagen benutzen. In erster Linie betrifft dieses die Speisewagen der Mitropa, die sich von der früher beliebten Rahmenarbeit, die man in den „Internationalen“ Wagen noch häufig findet, frei gemacht hat und in ausgiebigstem Maße von der dekorativen Groß-

Fig. 105. Stadthalle in Magdeburg mit Kiefernsperrplatten ausgekleidet.
(Dank dem Entgegenkommen von Herrn Stadtbaurat Joh. Göderitz und der Firma Industrie für Holzverwertung A.G., Altenessen.)

flächenwirkung schön gemaserter Furniere Gebrauch macht. Die modernen Speisewagen der Mitropa, deren Wände und Decken z. B. mit Vogelaugenahornfurnieren in goldgelben Tönen ausgestattet worden sind, lassen es völlig vergessen, daß man sich in einem Eisenbahnwagen befindet, so warm und anheimelnd wirkt das Edelfurnier der Sperrholzplatten, welche das Stahlgerüst des Eisenbahnwagens auskleiden. Man findet auch Geschmack daran, nicht alle Wagen gleichmäßig mit denselben Furnieren auszustatten, sondern macht ausgiebig von den Wirkungen Gebrauch, die die Verwendung der verschiedenartigsten Furniere für die Innenausstattung dieser Wagen bieten.

Die Anforderungen der Hygiene lassen auch in den Schlafwagen der Mitropa die Stoffbespannungen allmählich verschwinden, die eine Zeitlang die frühere

Fig. 106. Café Feradin in Rochefort Sur Mer.
(Dank dem Entgegenkommen von Cie Nantaise des Bois déroulés et contreplaqués „Océan", Paris.)

Fig. 107. Das Apollo-Theater in Rochefort Sur Mer.
(Dank dem Entgegenkommen von Cie Nantaise des Bois déroulés et contreplaqués „Océan", Paris.)

Fig. 108. Rauchsalon I. Klasse des Schnelldampfers „Europa". Die Sperrholzwand ist mit Makassar-Außenfurnieren, die Decke in Sperrholz mit Schleiflack abgearbeitet.

(Dank dem Entgegenkommen von Herrn Prof. P. L. Troost, München, und dem Norddeutschen Lloyd, Bremen.)

Fig. 109. Gesellschaftshalle der I. Klasse des Schnelldampfers „Europa", in Kuba-Mahagony ausgeführt. Die Wände sind Palisander, die Decken weißer Schleiflack auf Sperrplatten mit Vergoldungen und Mosaikeinlagen. Das im Vordergrund stehende Büfett zeigt als Außenfurnier Palisander mit Bubinga-Einlagen.

(Dank dem Entgegenkommen von Herrn Prof. P. L. Troost, München, und dem Norddeutschen Lloyd, Bremen.)

Holzrahmenarbeit ersetzt haben. Die Gänge der Schlafwagenabteile sind mit geschmackvoll überfurnierten Sperrplatten ausgerüstet. Die anfänglichen Schwierigkeiten, welche die starken akustischen Wirkungen mit sich brachten, hat man durch entsprechende Zwischenlagen überwinden gelernt. Bekannt sind auch die Pullmanwagen der englischen Eisenbahn, die ihre großen

Fig. 110. Kaminecke aus dem Rauchsalon I. Klasse des Schnelldampfers „Europa“. Die Sperrplatten sind mit Makassar-Edelfurnieren abgesetzt.

(Dank dem Entgegenkommen von Herrn Prof. Otto Diel, München, und dem Norddeutschen Lloyd, Bremen.)

Innenflächen aus Sperrholz aufbauen und noch durch Intarsienarbeiten oder Emblemen ihres Schutzzeichens zu verzieren pflegen. Diese Ausführungen sind so bekannt, daß es nicht notwendig erscheint, sie hier noch bildlich wiederzugeben.

Der moderne Schiffbau wäre heute ohne die Sperrplatte überhaupt nicht mehr denkbar. Die Anforderungen des Schiffbaus sind es auch gewesen, welche die deutschen Sperrholzfabriken veranlaßt haben, Sperrholzpressen mit den riesigen Abmessungen aufzustellen, die wiederholt hier bereits erwähnt worden sind. Mit den zunehmenden Maßen der Schiffsräume nahmen auch die Anforderungen an die Größe der Sperrholzplatten zu. Die wenigsten Passagiere auf unseren großen Ozeanriesen wie auch auf den modernen kleineren Dampfern sind sich dessen bewußt, daß fast die ganze Innenaufteilung des Schiffsraumes in Kabinen aus Sperrplatten besteht. An diese Platten werden sehr hohe Anforderungen gestellt. Es ist bekannt, daß in einer ganzen Menge Schiffe die Gänge in weißem Schleiflack

Fig. 111. Kabinenbett auf der „Europa" aus einer Multiplexplatte von 25 mm Stärke, Birke, neunfach hergestellt, die mit 1 mm Mahagonifurnieren überfurniert ist.
(Dank dem Entgegenkommen von Herrn Prof. P. L. Troost, München, der Act.Ges. Fritz Caspary, Berlin-Marienfelde, und dem Norddeutschen Lloyd, Bremen.)

abgearbeitet sind, und es zeugt von der hohen Qualität der im Schiffbau verwendeten starken Sperrplatten, daß man eine so große Fläche in der Präzision schaffen kann, daß sie in weißem Schleiflack abgearbeitet tadellose Flächen ergibt. Aber nicht nur die Kabinen, die Gangwände usw. werden aus Sperrplatten gearbeitet, sondern auch die Aufenthalts- und Empfangsräume, besonders die Luxusräume großer Dampfer zeigen eine außerordentlich umfangreiche Verwendung von Sperrholz. Figuren 108 bis 110 zeigen einige Verwendungen von Sperrplatten auf den großen Dampfern des Norddeutschen Lloyd.

Die Verwendung von Sperrholz beschränkt sich jedoch nicht nur auf Raumeinteilung und Raumverschönerung bei unseren großen Ozeanriesen, vielmehr sind auch für die Inneneinrichtungen der Kabinen, die Schränke und die Bettgestelle Sperrholzplatten verwendet. Figur 111 zeigt ein Bettgestell, das aus 25 mm starken Sperrholzplatten 9fach verleimt besteht, mit 1 mm starken Mahagonifurnieren an der Oberfläche.

Sperrholztüren.

Nachdem die Innenarchitekten zu der Erkenntnis gekommen sind, daß auch die Ausstattung der Innenräume den Ansprüchen der Hygiene zu genügen hat

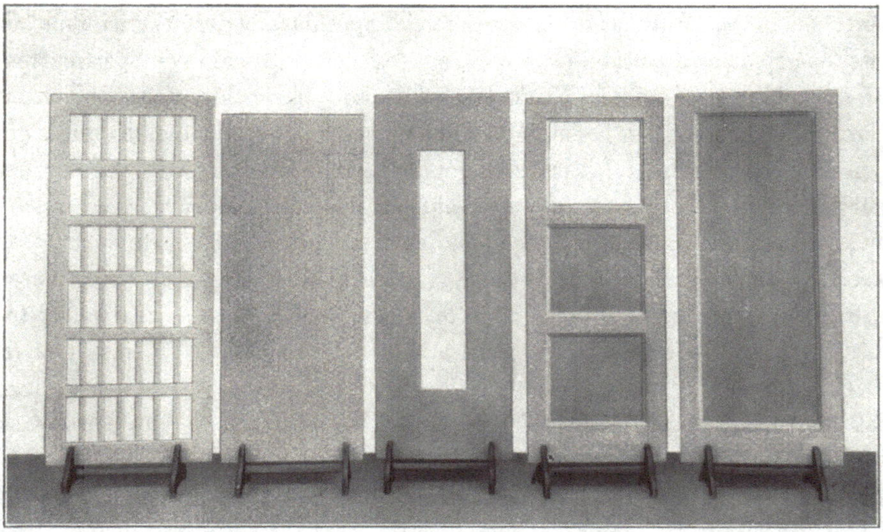

Fig. 112. Sperrholztüren. Das erste Bild links zeigt den inneren Rahmenaufbau einer glatten Rhenus-Sperrholztür, auf den beiderseitig Rhenus-Sperrplatten aufgeleimt werden. Das zweite Bild zeigt eine glatte Tür. Das dritte Bild zeigt eine glatte Tür mit rechteckiger Aussparung, in die Glas eingesetzt wird. Die fünfte Darstellung zeigt eine Sperrholztür, die aus einer stärkeren Furnierplatte von der Größe der gesamten Tür besteht, die auf die beiderseitigen Rahmenhölzer aufgeleimt sind, für Verbraucher, die durchaus das alte Bild der Tür sehen wollen, und die vierte Darstellung zeigt eine nach dem gleichen Prinzip hergestellte Tür, bei der jedoch aus dem obersten Rahmen die innere Sperrplatte entfernt ist, um durch eine Glasscheibe ersetzt zu werden. Die Türen sind in Ständern für die Aufnahme aufgestellt worden.

(Dank dem Entgegenkommen der Rheinischen Faß- und Sperrholzfabrik A.G., Andernach a. Rh.)

und daß das Verlangen, alle Winkel und Ecken, die Staubfänger sind, zu vermeiden, das gute Recht des modernen Menschen ist, hat sich auch der Geschmack dieser Notwendigkeit gefügt, und nicht zuletzt die Tatsache, daß man nicht nur mit den teuren Edelfurnieren, sondern auch mit weniger teuren Hölzern durch geschmackvolle Anordnung der Maserbilder hohe dekorative Effekte erzielen kann, hat dazu geführt, daß auch die modernen Türen eine grundsätzliche Änderung in ihrer Ausgestaltung wie auch in ihrer Herstellung erfahren haben. Die erste Idee, eine starke Sperrplatte aus einem Stück als Tür zu verwenden, die in der Praxis sich durchaus bewährt hat, konnte sich jedoch nicht durchsetzen, weil mit Rücksicht auf die Schlösser und die Anschläge eine Mindeststärke von etwa 40 mm notwendig war und massive Türen von dieser Stärke außerordentlich schwer und auch teuer waren.

Die Patentliteratur der letzten drei Jahre zeigt nun, daß gerade auf dem Gebiet der Sperrholztüren außerordentlich viel in den letzten Jahren geleistet worden ist. Von einem einfachen schmalen Holzrahmen mit Querleisten unterteilt, der auf beiden Seiten dann mit Sperrplatten von 4—6 mm verkleidet war, auf dem also die Sperrplatten nur die Bekleidung abgaben, bis zu dem statisch berechneten losen Rahmengestell des Innengerippes, das erst durch Verleimung mit zwei Sperrplatten die Stabilität erhielt, sind eine große Anzahl von Sperrplattentürenausführungen auf dem Markt erschienen, die eine leichte, stehende Tür mit glatten Flächen erzielen ließen. Die anfänglichen Schwierigkeiten, die durch ein sich Einziehen der Sperrplatten sich herausstellten, sind durch die Anwendung der seit Jahrzehnten bekannten inneren Belüftung der Tür behoben worden. Zweckmäßige Verstärkung an den Stellen, an denen Schlösser und Angeln angebracht werden, haben die Mißstände vermeiden gelehrt, die anfangs bei diesen Türen auftraten. Heute kann man bereits von einer besonderen Sperrplattentür-Industrie reden, die es soweit gebracht hat, daß sie nicht nur Türen in glatten Flächen, sondern auch Türen mit Glasfenstern verschiedener Form liefert, ohne daß dadurch die Stabilität der Tür beeinträchtigt wird. Wo sich der Geschmack von dem Rahmen und Füllung der Tür nicht frei machen kann, liebt man es nicht, zu den alten Ausführungen zurückzugehen, sondern erhält dasselbe Außenbild durch Aufleimung entsprechender Teile auf die glatten Türen, oder aber man verwendet eine durchgehende Sperrplatte, auf die auf beiden Seiten das Rahmengebilde aufgeleimt wird, das das verlangte Außenbild ergibt. In Figur 112 sind einige moderne Sperrholztüren gezeigt, eine derselben mit teilweise weggeschnittener Decksperrplatte, so daß das Innengerippe sichtbar wird.

Sperrholzpanele als Schutz gegen Feuchtigkeit.

Diese Rippenzwischenlage für Sperrholzplatten ist jedoch nicht nur für Türen in Anwendung, sondern auch für Wandpanele. Man verwendet statt starker Platten ein Rippengebilde, ähnlich dem, welches im Zwischenraum zwischen den beiden Außensperrplatten der Tür diesen als Auflage dient, ebenfalls als Auflage für dünne Sperrplatte von 4—6 mm zu Wandbekleidungen. Durch das Rippengebilde, welches gewöhnlich noch einen zweckentsprechenden Luftdurchgang in der ganzen Höhe und Breite gestattet, wird die dünne Panelplatte in gewissem Abstand von der Wand gehalten. Da dieser Zwischenraum ventiliert ist, kann Mauerfeuchtigkeit seine unangenehme Wirkung bei derartiger Sperrplattenverkleidung nicht ausüben. Es ist bekannt, daß alte Städte an großen Flüssen, so z. B. am Rhein, mit alljährlich wiederkehrenden Überschwemmungen zu rechnen haben, die einen Teil der Gebäude, vorzugsweise natürlich die Keller, aber oft genug auch die Parterreräume unter Wasser setzen und die Feuchtigkeit aus den Mauern nie verschwinden lassen. Gerade in solchen Häusern hat sich die Sperrholzpanelverkleidung mit dünnen Sperrplatten bei zweckentsprechenden Rippenzwischenlagen außerordentlich bewährt und so die Möglichkeit ge-

Fig. 113. Speisesaal im Hotel Krone zu Lorch a. Rh. Die Wandverkleidung ist auf Holzrahmenanordnung, System Diel, mit 5 mm-Gaboon-Sperrplatten, die Mahagoni ähnlich gehalten sind, ausgeführt. Trotzdem bei Hochwasser das Wasser bis an die Scheuerleisten steigt, haben sich die Panelverkleidungen sehr gut gehalten.
(Dank dem Entgegenkommen von Herrn Josef Diel, Lorch a. Rh.)

schaffen, auch diese Räume, deren Wände sonst durch kein anderes Mittel in einem ansehnlichen, geschweige denn schönen Zustand zu halten sind, künstlerisch schön zu gestalten. Figuren 113 und 114 zeigen Wandverkleidungen und Deckenverkleidungen, die nach diesem System mit Gaboonsperrplatten von 5 mm Stärke ausgeführt sind. Die Platten, die außerdem einen Schutzanstrich haben, sind in Fabrikationsbreite nebeneinander gestoßen, die Stoßfugen durch Leisten verdeckt. Diese Verkleidungen haben sich in einem Hotel und einer Sektkellerei, das alljährlich wiederholt vom Hochwasser des Rheins heimgesucht worden ist, selbst in den Erdgeschoßräumen schon über drei Jahre vorzüglich gehalten.

Wie bei Besprechung der verschiedenen für Sperrholz zur Verfügung stehenden Leimen in Band I, Kapitel XVI ausgeführt, besteht die Möglichkeit, Sperrplatten herzustellen, die bezüglich der Leimbindung gegen Feuchtigkeit wie auch gegen Schimmel und Bakterien vollkommen unempfindlich sind. Da man inzwischen auch gelernt hat, die Holzoberflächen von Sperrholz durch Lacke und auch Bekleidung mit anderen Stoffen gegen die Einwirkung von Feuchtigkeit zu schützen, dürften die Versuche, die z. B. im Gange sind, auch Außentüren aus Sperrholz herzustellen, sehr bald zum Erfolg führen.

Feuerabweisende Sperrplatten.

Das Bemühen, wenigstens feuerabweisenden Oberflächenschutz zu erhalten, hat auch zu einigen Sonderkonstruktionen geführt, über die später noch eingehender gesprochen werden soll, nämlich zu den sogenannten Metallholzverleimungen und Verleimungen mit asbestzementähnlichen Körpern. Bei dieser Gelegenheit sei bemerkt, daß Sperrholz an sich nur sehr schwer brennbar ist, wovon sich jeder überzeugen kann, wenn er versucht, selbst an der Stichflamme eine Sperrplatte in Brand zu setzen. Bei der Erörterung der Brennbarkeit von Sperrholz ist von denjenigen Kreisen, die in dem Sperrholz eine Konkurrenz von Stahl und Eisen sehen oder ihr Interesse daran haben, teure Imprägniermittel zu verkaufen, eingewendet worden, daß man erst dann von einer schweren Brennbarkeit des Sperrholzes reden könne, wenn Versuchsergebnisse vorlägen, bei denen Temperaturen von 1000° C (1832° F) stundenlang in Anwendung gekommen wären. Natürlich sind derartige Anforderungen ebenso unge-

Fig. 114. Sektkellerei Scharlachberg in Bingen. Die Wandverkleidung ist nach demselben Prinzip ausgeführt wie in Fig. 113. Die Sperrplatten sind jedoch mit einem Eichenaußenfurnier versehen.

(Dank dem Entgegenkommen von Herrn Josef Diel, Lorch a. Rh.)

rechtfertigt wie unsinnig, denn bei stundenlanger Einwirkung von 1000° C halten auch die Träger und Eisenkonstruktionen nicht mehr stand. Bei Bränden, die in Sperrholzfabriken aufgetreten sind, hat man gefunden,

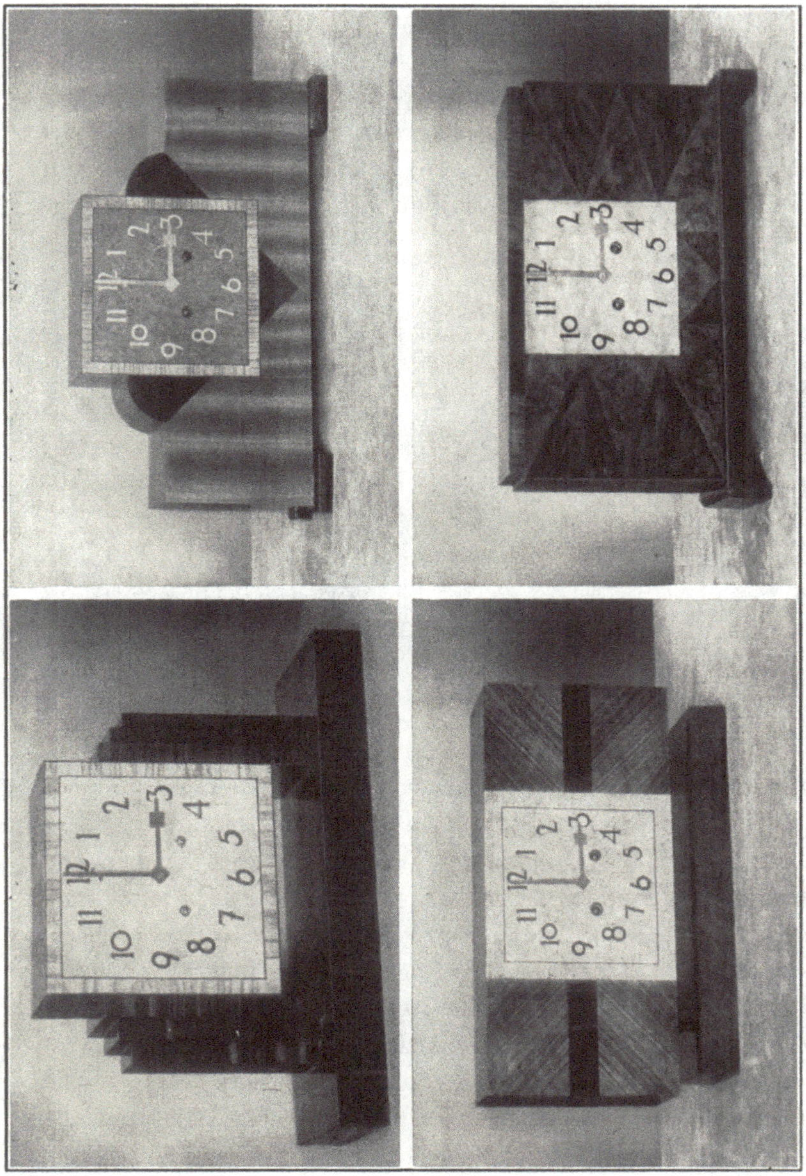

Fig. 115. Uhren im Sperrholzgehäuse mit Edelfurnieren verziert. Links oben Makassar poliert, Zifferblatt schwedische Kiefer mit schwarzen Intarsienzahlen, Rand Rosenholz mit schwarzer Zeder. Links unten kaukasisch Nußbaum mit Makassarstreifen, Zifferblatt Vogelaugenahorn mit Intarsien, Zahlen aus schwarzer Ader. Rechts oben Mahagoni hell mit Ebenholzeinlage und Füßen. Zifferblatt Thuyamaser und Intarsien-Zahlen, Rand Zebrano mit schwarzer Ader. Rechts unten kaukasisch Nußbaum und Nußbaummaser-Zifferblatt aus schwedischer Kiefer, Intarsienzahlen und schwarzer Ader.

(Dank dem Entgegenkommen von A. Mustroph, Berlin.)

daß wohl die eisernen Dachkonstruktionen durch die Einwirkung des Feuers ausgeglüht und zusammengestürzt waren, während die in dem Raum befindlichen Stapel von Sperrplatten, die ohne Zwischenlagen gestapelt waren, nur an den äußeren Kanten angekohlt waren. Die Platten hatten mehr durch das Wasser der Feuerwehr als durch das Feuer gelitten. In dieser Beziehung hat auch die Sperrplatte entschieden einen Vorteil gegenüber dem Massivholz.

Sperrholz im modernen Kunstgewerbe.

Bevor weiter der Weg uns in die mehr rein technischen Verwendungsgebiete des Sperrholzes führt, während uns bis jetzt mehr die Verwendung im Möbel und in Aufenthaltsräumen beschäftigt hat — eine strenge Trennungslinie läßt sich da nicht finden, da die Technik überall hineingreift —, sollen noch einige

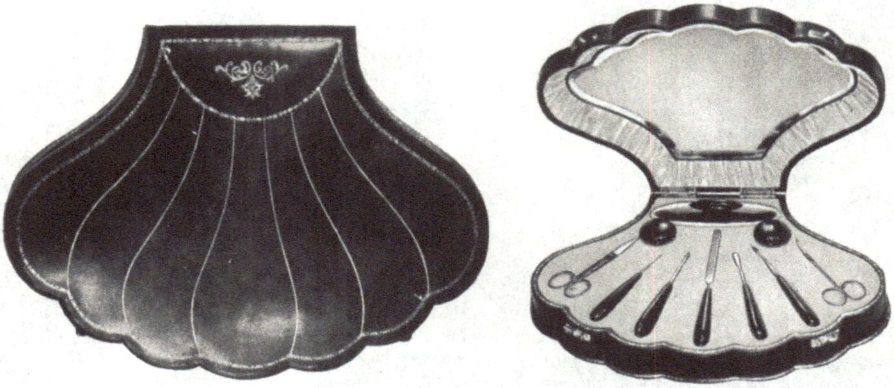

Fig. 116. Manikürkasten. Links geöffnet, rechts geschlossen. Nußbaum mit Intarsieneinlagen.
(Dank dem Entgegenkommen von Hechinger & Wasservogel, Wien.)

Verwendungszwecke hier besprochen werden, die auf der Grenze zwischen diesen beiden Anwendungsgebieten liegend angesehen werden können.

Auch im Kunstgewerbe, das, wie in der Geschichte des Sperrholzes in den ersten Kapiteln erwähnt worden ist, im Altertum wie auch in der Blütezeit der älteren europäischen Möbelkunst die Vorzüge von Sperrholz und Furnier ausgenutzt hat, beginnt jetzt wieder eine neue Periode der Verwendung von schön gemasertem Holz für kunstgewerbliche Zwecke, und zwar nicht nur für Möbel und Innenarchitektur, sondern auch für andere Artikel, so z. B. zeigt Figur 115 eine Anzahl Schreibtischuhren, deren einziger Schmuck sorgsam ausgewählte, schön gemaserte Edelfurniere sind. Selbst die Zifferblätter sind aus Edelfurnieren. Natürlich ist das ganze Uhrgehäuse aus Sperrholz aufgebaut. Es ist bemerkenswert, daß der Geschmack sich zugunsten der schönen Holzmaserbilder wandelt und die früher für solche Zwecke unentbehrlich scheinenden verzierenden Metallteile nicht vermißt.

Das Wiener Kunstgewerbe, das in vielen Artikeln, besonders für den Bedarf der Dame maßgebend ist, benutzt ebenfalls Sperrholz und Furnier für seine kunstgewerblichen Arbeiten. In Figur 116, 117 und 118 sind Manikürkästen in geöffnetem und geschlossenem Zustande abgebildet, deren Behälter sperrholzartig aufgebaut sind. Der äußere Schmuck sind Furniere teils ohne, teils mit

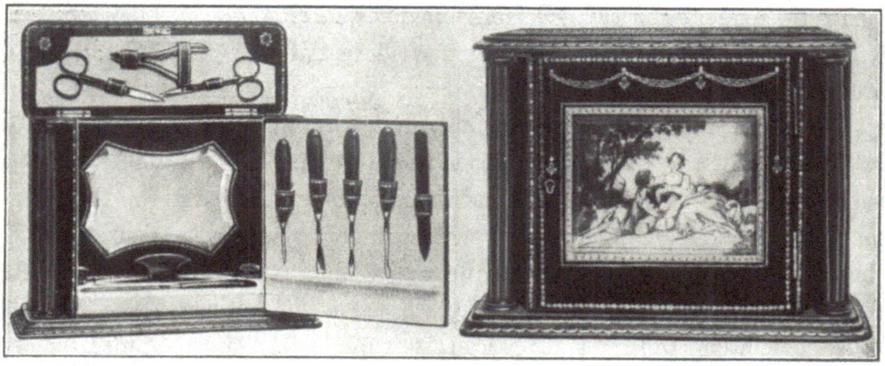

Fig. 117. Manikürkasten. Links geöffnet, rechts geschlossen. Schwarzes Ebenholzfurnier mit Intarsieneinlagen. In der Mitte eine eingelegte Porzellanmalerei.
(Dank dem Entgegenkommen von Hechinger & Wasservogel, Wien.)

Fig. 118. Manikürkasten. Links geöffnet, rechts geschlossen. Kaukasische Walnußmaser mit Intarsien. Das eingelegte Mittelstück ist Porzellanmalerei.
(Dank dem Entgegenkommen von Hechinger & Wasservogel, Wien.)

geschmackvollen Einlegearbeiten. In zwei der Kästen sind in den Deckel Porzellanmalereien eingelassen. Es würde zu weit führen, hier alle die verschiedenen Gegenstände aufzuführen, die im Kunstgewerbe sich des Sperrholzes und Furniers bedienen, es seien nur noch erwähnt Beleuchtungskörper, Juwelenkästen, Besteckkästen, Behälter für Spielutensilien usw.

Sperrholz in der Reklame, in Theater und Kino.

Vor kurzem hat auch die Reklameindustrie begonnen, sich der Vorteile des Sperrholzes zu bedienen. Bekanntlich pflegen eine Anzahl von Firmen, besonders solche, die Massenbedarfsartikel fabrizieren, wie Bierbrauereien, Likörfabriken, Fabriken für Photoapparate usw. ihren Wiederverkäufern geschmackvoll ausgeführte Reklameschilder zur Verfügung zu stellen. Diese Schilder wurden zuerst aus Pappe und Papier, später der größeren Dauerhaftigkeit wegen aus Emaille hergestellt oder auch aus Eisenblech, das nach einem besonderem Verfahren bedruckt wurde. Die Papp- und Papierschilder konnten nur in Innenräumen Verwendung finden und zeigten auch dort nur geringe Haltbarkeit. Emailleschilder sind schwer und teuer, außerdem tritt bei diesen Schildern sehr häufig beim Anbringen von unsachgemäßer Hand schon ein Abplatzen von Emaille an den Ecken ein, worunter der ganze Eindruck leidet. Außenschilder zeigten nach kurzer Zeit, besonders in der Nähe der Meeresküste, trotz aller Schutzanstriche Rostflecke, und auch der Versuch, Aluminium für diese Zwecke heranzuziehen, hat einmal des Preises wegen, sodann auch wegen der Korrosionsgefahr zu keinem dauernden Erfolg geführt. Dagegen hat die Verwendung von Birken- und Gaboonsperrplatten in der letzten Zeit für Reklamezwecke einen ganz bedeutenden Aufschwung genommen. Auf diesen Birkenplatten wird nach dem bereits auf Seite 109 und 110 erwähnten Panela-Verfahren eine Reproduktion eines sorgsam hergestellten Intarsienbildes in beliebig vielen Farben aufgebracht. Diese Schilder wirken außerordentlich plastisch. Es ist kein Versuch der Vortäuschung von Intarsienarbeit, denn auch die Allgemeinheit kennt den enormen Wert von Intarsienarbeit, man erhält aber doch die plastisch schönen Wirkungen und die vollendet schönen Maserbilder so täuschend ähnlich, daß diese Schilder ihren Zweck einer wirksamen Reklame für den betreffenden Gegenstand erfüllen. Figur 119 zeigt drei derartige Reklameschilder. Das unterste ist für eine englische Krawattenfabrik bestimmt, die diese Platten in den Schaufenstern aufstellt und sie als Stütze für die Ware benutzt.

Daß die Kulissen und Bühnenaufbauten in modernen Theatern durchweg aus Sperrplatten von 3—12 mm Stärke bestehen, ist den wenigsten bekannt, desgleichen, daß all die Paläste, die Hütten, die Dörfer und Städte, die hunderterlei Hilfsmittel der Regie der Filmaufnahmen zum größten Teil aus Sperrholzaufbauten bestehen, ahnt der entzückte Bewunderer aller dieser Herrlichkeiten nicht.

Es gibt auch kaum einen zweiten Werkstoff, der so willfährig, so leicht, billig, schnell und doch so zuverlässig all diese vergängliche Pracht-, Elend- oder Zweckbauten herstellen läßt wie Sperrholz.

Fig. 119. Birkensperrplatten als Reklame-Aufhängetafeln und Stand-Tafeln nach dem Panela-Verfahren mit Intarsienbildern nach sorgsam hergestelltem Original versehen.

(Dank dem Entgegenkommen von Panela A.G., Swinemünde.)

Der Reisebehälter aus Sperrholz.

Jedem, der mit offenen Augen reist, sind die verschiedenartigsten Ausführungen von Sperrholzkoffern bekannt. Vom großen Schrankkoffer an bis neuerdings auch zum kleinen Coupékoffer ist Sperrholz das tragende Element. Die Koffer sind leicht, die Inneneinteilungen lassen sich sehr gut in Sperrholz durchführen. Die großen Beanspruchungen, denen gerade Koffer wegen ihrer brutalen Behandlung durch die Gepäckträger ausgesetzt sind, und denen Sperrholzkoffer am besten widerstehen, zeugen wohl für die Geeignetheit des Sperrholzes als Behältermaterial.

Sperrholz für Verpackungszwecke.

Das Kapitel der Behälter kann nicht geschlossen werden, ohne auf einen Verwendungszweck zurückzukommen, der eigentlich in Europa den Anstoß zur fabrikationsmäßigen Herstellung von Sperrholz gegeben hat. In Rußland stand die Wiege der Sperrholzfabrikation. Dort hat man zuerst durch Verleimung ungetrockneter Birkenfurniere die ersten Sperrplatten fabrikatorisch hergestellt, und zwar um leichte und dauerhafte Verpackungskisten zu erhalten. Diese Kisten sind im Laufe der Jahre in Millionen von Stück teils in London, teils in den Kolonien aus von Rußland stammenden Birken-Sperrholzplatten meist in der Standardabmessung 19 × 19 × 24″ (485 × 485 × 610 mm) hergestellt worden.

Man hat sich hauptsächlich der Birke bedient, weil angeblich die Birke das einzige Holz ist, das den Transport von Tee ermöglicht, ohne daß der Geschmack des Tees beeinträchtigt wird, und heute noch wird fast ausschließlich Birkensperrholz zum Transport von Tee aus dem fernen Osten nach England benutzt. Inzwischen hat sich herausgestellt, daß die Beeinträchtigung des Geschmackes nicht so zu verstehen ist, daß Birke den Geschmack und Geruch des Tees nicht beeinflußt, im Gegenteil, es ist sicher anzunehmen, daß eine Beeinflussung eintritt, aber daß das Aroma der Birke dem Tee zuträglich ist. Es hat sich nämlich gezeigt, daß Birkenholz z. B. für die Verpackung von Butter und Margarine nicht verwendbar ist, weil das Aroma der Birke diese Nahrungsmittel unangenehm beeinflußt. Für die Verpackung dieser Nahrungsmittel wird, wie sofort näher besprochen werden soll, als einziges Holz, das kein merkliches Aroma besitzt, die Rotbuche verwendet. Die erwähnten Kolonialkisten aus Birkenholz werden nicht nur zur Beförderung von Tee, sondern auch zur Beförderung von Kautschuk und einer ganzen Anzahl anderer Kolonialprodukte benutzt. Es ist bereits erwähnt worden, daß gerade die kleinen Zuschnittmaße für solche Kisten die heute von den Nachfolgestaaten Rußlands geliefert werden, es der europäischen Sperrholzindustrie überhaupt möglich machen, die dünnen Birkenstämme noch wirtschaftlich zu Sperrplatten zu verarbeiten, denn die Mengen, in denen die verschiedensten Zuschnittmaße für diese Kisten gebraucht werden, sind außerordentlich groß. Es ist interessant, festzustellen, daß eine englische Teekistenfabrik auf dem Boden der Teekisten innen einen großen Stempel anbringt, in dem sie erklärt, daß sie bereit ist, nach Entleerung der Kisten dieselben zu einem entsprechenden Preise zurückzukaufen. Ein Zeichen also dafür,

Fig. 120. Eine Sperrholz-Verpackungskiste für einen Porzellanschrank, fertig zum Schließen. Es sind keinerlei Bandagen oder Querbefestigungen notwendig.
(Dank dem Entgegenkommen von „Atlas Plywood Corporation“.)

daß diese Kisten nicht nur einen einmaligen, sondern auch einen mehrmaligen Transport, z. B. von Indien nach England und umgekehrt aushalten. Jedenfalls ist dies ein sehr gutes Zeugnis der Geeignetheit der Sperrplatten für Verpackungszwecke. In Amerika werden Sperrholzkisten gerne auch zum Versand von Möbeln und Möbelteilen benutzt. Figur 120 zeigt eine Sperrholz-Verpakkungskiste für einen Porzellanschrank. Figur 121 zeigt eine Verpackungskiste aus Sperrholz mit Holzrahmen in versandfertigem Zustand.

Schon in Band I ist auf Seite 307 bei der Besprechung von biegsamem Sperrholz auf die Verwendung nicht nur von Furnieren, sondern von Sperrplatten auf die Faßfabrikation hingewiesen worden. Es werden Sperrplatten in der gewöhnlichen Weise aus Buche hergestellt und in der Form von konisch gehaltenen Behältern für Margarine-, Butterversand usw. oder auch in der Form von zylindrischen Fässern auf Spezialmaschinen gebogen und verleimt. Figur 122 zeigt eine Anzahl von derartigen Fässern, wie sie in der Fabrikation entfallen. Diese Fässer sind gewöhnlich leichter und dauerhafter als Fässer aus Massivholz, sind billiger und bieten vor allen Dingen beim Versand außerordentliche Vorteile. Soweit dieselben für Lebensmittel in konsistenter Form, wie Schmalz, Butter, Honig, Mus, Marmelade usf. gebraucht werden, werden sie aus Buchenfurnieren hergestellt. Auch die chemische Industrie hat ein sehr großes Interesse an derartigen Verpackungsfässern für ihre chemischen Produkte. Für sie werden teils Fässer aus Buchensperrholz hergestellt, teils solche aus Gaboonsperrholz.

Fig. 121. Eine Verpackungskiste, zugenagelt, versandfertig. Selbst ein Diagonaldruck von 4000 lbs (1800 kg) bewirkt eine Formänderung von weniger als 2″ (50,8 mm). Sperrholzkisten nach Art der oben stehenden mit Sperrholzplatten von $^3/_{16}$″ (4,8 mm) Stärke haben ungefähr nur das halbe Gewicht wie eine gleiche Kiste aus 1″ starken Brettern, die demselben Zweck dienen.

(Dank d. Entgegenkommen v. „Atlas Plywood Corporation".)

Allgemein bekannt in Europa ist ein Massenartikel aus Sperrholz allergeringster Stärke, nämlich die Zigarettenschachteln, welche aus Birke, Gaboon, Abachi oder anderen Holzarten in dreifacher Verleimung durch Drücken hergestellt werden. Das Halbfabrikat ist Sperrholz von nur etwa 0,3 mm ($^1/_{84}$″ Stärke), unter dem Namen „Forssman-Holzblech" bekannt. Dieses Holzblech ist sehr duktil und gestattet nicht nur Schachteln mit den verhältnismäßig geringen Tiefen von Zigarettenschachteln herzustellen, sondern auch größere Behälter, wie sie für Konfitüren, Kosmetika usw. sehr geeignet sind. Der Versuch, die für die Herstellung des Holzbleches bestehenden Schutzrechte zu umgehen, hat auch zur Herstellung eines ähnlichen Werkstoffes geführt, bei denen statt Mittelfurnier Pappe, Papier oder Gewebe usw. benutzt werden. Die Schachteln, die im Handel sind, sind meist aus zwei Teilen hergestellt, dem Behälter und dem Deckel, die je in einem Stück gedrückt sind. Sie zeigen häufig noch in Tiefprägungen Darstellungen der Schutzmarke, Firmen- und Qualitätsbezeich-

Fig. 122. Sperrholzfässer teils aus Buche, teils aus Gaboon hergestellt. Die Fässer werden auf Spezialmaschinen automatisch zusammengeleimt und mit Böden versehen aus Zuschnitten, die aus flachen Sperrplatten erzeugt werden. Art der Herstellung s. Band I, Seite 307.

(Dank dem Entgegenkommen der Rheinischen Faß- und Sperrholzfabrik A.G., Andernach a. Rh.)

nungen. Gerade an diesen Prägungen kann man die gute Verarbeitung dieses Holzbleches erkennen.

Die Möglichkeiten, welche Sperrholz für Verpackungsmaterial bietet, sind noch lange nicht ausgeschöpft, und zwar wohl deswegen, weil in den Industrieländern Europas bei allen Versuchen, die besondere Geeignetheit des Sperrholzes für Verpackungszwecke aller Art, so auch von Werkzeugen und Maschinen durchzuführen, der Fehler gemacht worden ist, der vorher für den Einkauf von Sperrplatten für große Firmen gekennzeichnet wurde (siehe Seite 172). Sperrholz wird heute auch für untergeordnete Zwecke in der Möbelindustrie, wie in den späteren Kapiteln für Handelsbräuche näher erörtert werden wird, immer noch in Qualitäten geliefert, die zu teuer für Verpackungszwecke sind, bei denen es weder auf die Maserung, noch auf tadellose Oberflächenbeschaffenheit, noch auf Fugendichtigkeit usw. ankommt. Es scheint jedoch, als wenn in dieser Beziehung bereits eine Änderung eingetreten ist, daß in den osteuropäischen Fabriken wieder für Birken und Erlen die Notwendigkeit klar geworden ist, die Holzausnutzung noch viel weiter zu steigern wie bisher. Damit wird sehr viel Material, das heute noch aus Bequemlichkeitsgründen oder aus technischem Unverstand in Form von Furnieren unter den Kessel wandert für die Fabrikation derartiger Verpackungssperrplatten frei werden. Der Standpunkt, daß der Preis des Werkstoffes nicht so sehr ausschlaggebend sei für den Gesamtpreis der Platten, daß vielmehr Löhne und Leimkosten die gleichen seien, gleichgültig, ob man eine Verpackungssperrplatte oder eine Möbelsperrplatte herstellt, ist unrichtig, denn für die Fabrikation der Verpackungssperrplatte kann man vielmehr automatisch arbeitende Maschinen verwenden und braucht außerdem nicht im entferntesten die Kosten für Sortierung, Fügung, Fugenleimung usw. aufzubringen, die die Fabrikation einer Qualitätsplatte nach der heutigen Klassifikation erfordert, bei der das äußere Aussehen immer noch den Hauptausschlag gibt.

Die technische Sperrplatte.

Mit der technischen Sperrplatte, mit der wir uns jetzt etwas näher befassen wollen, wird auch die billige Verpackungsplatte auf dem Markt erscheinen. Trotz aller Preisschwankungen für Schnittmaterial, die naturgemäß immer der Konjunktur folgen, zwingen die ständig abnehmenden Bestände und der ständig wachsende Bedarf an Verpackungsmaterial dazu, den Weg der wirtschaftlichsten Ausnutzung des Holzes auch für diese Zwecke zu gehen. Freilich wird es dann notwendig sein, daß auch die Technik beginnt, die Verpackungskisten nicht, wie es jetzt meist geschieht, nach Gutdünken des Meisters mit Säge, Nagel und Hammer zusammenzuschlagen, sondern man wird die Verpackung richtig konstruieren müssen. Auch für die schwersten Maschinen den tragenden Rahmen und das verspannende und schützende Sperrholz. Was Sperrholz in dieser Beziehung leisten kann, das zeigt die Flugzeugindustrie, der wir uns nunmehr als erste, rein technische Verwendungsindustrie für Sperrholz zuwenden wollen.

Die Flugzeugindustrie ist die erste Industrie, welche für die Lieferung von Sperrholz, Lieferungsbedingungen aufgestellt hat, für die nicht nur in erster Linie die äußere Oberflächenbeschaffenheit maßgebend ist, sondern die auch bezüglich des physikalischen und chemischen Verhaltens ganz bestimmte Anforderungen gestellt hat. Es ist das unbestrittene Verdienst der Flugzeugindustrie, in dieser Beziehung bahnbrechend für Sperrholz gewesen zu sein, und durch die vielen Versuche, welche in allen Staaten, die am Flugzeugwesen Inter-

Fig. 123. Trägerknotenpunkt eines Schütte-Lanz-Luftschiffes. Die einzelnen Profile, Träger und Platten sind durchweg aus Sperrholz hergestellt. Die Ausbildung des Knotenpunktes ist deutlich zu erkennen. Im Hintergrund sind weitere Tragkonstruktionen des Luftschiffes sichtbar.

(Entnommen dem Vortrag „Sperrholz für Handwerk und Industrie" von L. M. Cohn-Wegner aus der Zeitschrift des „Vereins zur Beförderung des Gewerbefleißes", Jahrgang 1925, Heft 8.)

esse haben, ist wohl zum ersten Male zahlenmäßig gezeigt worden, welche hohe Festigkeitseigenschaft Sperrholz besitzt.

In dem Kapitel XIV, das sich mit Prüfmethoden und Abnahmebestimmungen befaßt, sind nähere Angaben darüber gemacht worden. Niemals wäre es im Kriege möglich gewesen, die großen Mengen von Flugzeugen herzustellen, wenn nicht das Sperrholz als der geeignete Werkstoff für die Tragflächenbedeckung, Knotenbleche usw. zur Verfügung gestanden hätte, und auch heute noch verwendet die weitaus größte Anzahl von Verkehrsflugzeugen Sperrplatten für ihre Konstruktionen in ausgedehntem Maße. Das Ganzmetall-Flugzeug hat gewiß für besondere Zwecke ein gewisses Gebiet erobert, jedoch auch für die größten Flugzeuge rivalisiert die Sperrplatte mit Rücksicht auf ihre größere Festigkeit beim gleichen Gewicht erfolgreich auch mit dem veredelten Leichtmetall. Die Bilder

Fig. 124. Das gesamte Sperrholz-Luftschiffgerüst eines Schütte-Lanz-Schiffes in der Montagehalle.

(Entnommen dem Vortrag „Sperrholz für Handwerk und Industrie" von L. M. Cohn-Wegner aus der Zeitschrift des „Vereins zur Beförderung des Gewerbefleißes", Jahrgang 1925, Heft 8.)

der aus Sperrholz gebauten Flugzeugen sind in vielen hunderten Ausführungen in den letzten Jahren durch die illustrierten Blätter der ganzen Welt gegangen, so daß es sich erübrigt, hier derartige Abbildungen zu zeigen. Es mag nur noch erwähnt werden, daß nicht nur zum Flügelbau, zur Rumpfbekleidung, für die Steuerflächen, sondern in vielen Flugzeugen auch zur Herstellung der statischen Innenkonstruktionen Sperrplatten mit Erfolg verwendet werden.

Wenig bekannt jedoch ist, daß bereits in den Jahren 1912—1913 Sperrholz ausgiebig auch für den Luftschiffbau verwendet worden ist. Das Gerippe und die

Tragkonstruktionen des Schütte-Lanz-Luftschiffes waren vollkommen aus Sperrholz hergestellt. Nicht nur in Form von Platten, sondern auch zur Herstellung von Profilen, Gitterkonstruktionen kompliziertester Art wurde Sperrholz mit großem Erfolg verwendet. Damals schon wurde die Gleichmäßigkeit der Verleimung, die Festigkeit zahlenmäßig nachgeprüft und bei der Neuheit des Materials jedoch auch ganze Konstruktionsteile durch Belastungen, so wie sie im Schiff auftreten können, auf die Zweckmäßigkeit der Profilgestaltung und der Sperrholzstärke untersucht. Durch geeignete kleine Einrichtungen war es oft möglich, wenn z. B. die Durchbiegung an einzelnen Stellen eine zu große war, Verstärkungsfurniere beizuleimen, ohne, wie z. B. bei Metallen, durch Einbringung von Nieten oder Schraubenlöchern oder Schweißnähten Materialschwächungen an dem gerade geprüften Material vornehmen zu müssen. Figur 123 zeigt einen Teil des Luftschiffgerüstes, und zwar einen Trägerknotenpunkt. Die Träger sind sämtlich aus Sperrholz hergestellt, desgleichen die Knotenbleche. Sämtliche Verbindungen sind durch Verleimungen bewirkt. Figur 124 zeigt das ganze Sperrholzgerüst eines Schütte-Lanz-Luftschiffes in der Montagehalle.[1])

Die Massenfabrikation, die im Automobilbau als Folge der Rationalisierung eingesetzt hat, brachte auch für den Karosseriebau den Aufbau aus gepreßten Blechen mit sich und hat eine Zeitlang das Sperrholz, welches mit großem Erfolge für den Karosseriebau Anwendung gefunden hatte, zum größten Teile wieder verdrängt. Bei gewöhnlichen Wagen, bei denen es mehr auf die Billigkeit als auf das Aussehen ankommt, ist es auch dabei geblieben, meist nur noch die Platte, auf der die Meßinstrumente und Uhren am Führersitz angebracht sind, ist noch aus Sperrholz. Es zeigt sich aber, daß die dekorativen Möglichkeiten, die schön gemaserte Furniere in vornehmer, haltbarer und nicht aufdringlicher Weise mit sich bringen, für den Innenausbau von besseren Karosserien, für die etwas mehr angelegt wird, sich schon wieder mehr durchsetzt. Seit kurzem beginnt man jedoch, auch wieder wasserfest verleimten Sperrhölzern für die Deckenkonstruktionen von besseren Autos Interesse entgegenzubringen, nachdem es gelungen ist, zunächst in flacher Form mit wasserfestem Leimfilm verleimte Platten wieder zu dämpfen bzw. zu wässern und dann in ähnlicher Weise in die Form von Decken zu biegen, wie das heute mit Blech geschieht. Gerade für die billigen Wagentypen ist es sehr verwunderlich, daß man von den Möglichkeiten, welche die gebogenen Sperrplatten in Form von Sitzen, die unter Umständen als Sitz mit Lehne ausgeführt werden können, bieten, nicht Gebrauch macht, denn der aus Metall gepreßte Sitzrahmen, der erst mit Drahtfederung, Federpolsterung und Überzügen versehen werden muß, ist sicher teurer, unschöner und unhygienischer wie ein sauberer Sperrholzsitz mit und ohne Polsterauflagen.

---

[1]) Eingehende, weitere Angaben über die interessante Verwendung von Sperrholz im Luftschiff sind in der Arbeit von Dipl.-Ing. Gentzke in der Zeitschrift für Flugtechnik und Motorluftschiffahrt 1924, Band 15, S. 77 zu finden.

Im Herbst 1929 wurden in einem Vortrag vor der „Automobil- und Flugtechnischen Gesellschaft“ zu Berlin derartige Sitze und Lehnen gezeigt und lösten die Verwunderung der Automobilfabrikanten darüber aus, daß es so etwas gäbe. Ein Zeichen dafür, daß die Autoindustrie noch viel zu wenig die Möglichkeiten kennt, welche die Sperrholzindustrie ihr bieten kann, trotzdem diesem Vortrage sehr bedeutende Konstrukteure der Automobilindustrie beiwohnten.[1])

Bei der ausgedehnten Verwendung, welche Sperrholz für Stuhlsitze, Bänke usw. gefunden hat, kann man wohl ohne Übertreibung sagen, daß es keinen Sitz in einem Theater oder modernen Kino gibt, der nicht eine Sperrplatte entweder allein oder als Unterlage für Polsterung benutzt. Es ist außerordentlich verwunderlich, daß die Automobilindustrie sich dieses sehr leichten, billigen und vor allen Dingen sehr dauerhaften und festen Sitzes noch nicht in größerem Umfange bedient hat.

Daß die dekorativen Wirkungen, welche Sperrholz und Furnier erzielen lassen, zum Innenausbau von Speisewagen und Schlafwagen benutzt werden, ist bereits erwähnt worden. Der Wunsch nach größtmöglichster Sicherheit der auf der Eisenbahn beförderten Passagiere hat die Abkehr von dem Wagen gebracht, der aus massivem Holz konstruiert, jahrelang dominiert hat. Der „Stahlwagen“ ist an seine Stelle getreten, aber gerade dieser Wagen kann ohne die Anwendung von Sperrholz wirtschaftlich seinen Zweck nicht erfüllen, denn der Stahlwagen bietet ohne inneren Holzausbau weder im Sommer Schutz gegen die Wärme, noch im Winter Schutz gegen die Kälte, er wäre höchst unhygienisch im reinen Metallbau. Derselbe Wunsch nach größtmöglichster Sicherheit der zu befördernden Passagiere bringt aber auch zwangsläufig die Notwendigkeit der Verwendung von nur abgesperrtem Holz für den Innenausbau mit sich, denn nur das abgesperrte Holz bietet Sicherheit gegen die Splitterbildung und Splitterwirkung, die bei Unfällen so häufig zu schwersten Verwundungen Anlaß geben. Ferner bietet das Sperrholz für den Inennausbau von Wagen auch eine bedeutend geringere Gefahr bei auftretenden Bränden als der Ausbau mit massivem Holz, wie das bereits oben schon ausgeführt worden ist.

Wenn bisher das Sperrholz noch nicht in genügendem Maße für diesen Zweck verarbeitet worden ist, so ist dies einmal darauf zurückzuführen, daß die Wagenkonstrukteure zu konservativ am Alten kleben, sodann auch deswegen, weil an sich der technische Konstrukteur von einem Material, besonders wenn es in so geringen Stärken zur Verwendung kommen soll, wie bei Sperrplatten, unwillkürlich eine Basis für die Verwendung in der Konstruktion verlangt, und zwar die technische Basis, die ihm gegeben wird durch die Festigkeitszahlen, welche er gewohnt ist, bei anderen Werkstoffen zur Verfügung zu haben. Die

[1]) „Die Entwicklung der Sperrholzindustrie und was muß der Sperrholz verarbeitende Ingenieur davon wissen“, von L. M. Cohn-Wegner, Wirtschaftliche Technik 1930, Heft 2/3 und 4.

Festigkeitszahlen wiesen früher eine große Streuung auf. Das ist auch erklärlich, weil die bisherigen außertechnischen Verwendungszwecke von Sperrholz und Furnieren, vor allen Dingen der Möbelbau, solche Anforderungen nicht stellte. Schon das äußere Aussehen, das man von einem Möbel verlangte, brachte es mit sich, daß die Festigkeitseigenschaften der abgesperrten Hölzer nicht im entferntesten ausgenutzt werden konnten. Es lag also jahrelang kein dringendes Bedürfnis vor, dieses Wissen zu entwickeln. Außerdem brachte erst die fabrikationsmäßige Herstellung von Sperrplatten überhaupt die Möglichkeit, größere Mengen in gleichmäßigen Qualitäten herzustellen. Die Erkenntnis, daß eine weitgehende Unterteilung des Grundmaterials größte Gleichmäßigkeit in den physikalischen Eigenschaften mit sich bringt, sowie die richtige Ausnutzung dieser Erkenntnis durch die moderne Sperrholzindustrie, schuf Sperrplattensorten, bei denen nunmehr nur mit einer Streuung der Festigkeitswerte gerechnet zu werden braucht, die unter Berücksichtigung der Verschiedenheit des gewachsenen Grundstoffes als durchaus technisch zulässig betrachtet werden kann. Für die Flugzeugindustrie sind, wie bereits erwähnt, zahlenmäßige Festigkeitswerte vorgeschrieben, die auch ohne Mühe erreicht werden. Diese Vorschriften gelten jedoch nur für schwache Platten, wie sie die Flugzeugindustrie braucht, Sperrplatten, die nur aus Furnieren aufgebaut sind.

Auch die stärkeren Platten, die aus Mittellagen von Schnittmaterial aufgebaut sind, lassen bei geeignetem Aufbau verhältnismäßig gleichmäßige Festigkeitseigenschaften erzielen. Einheitliche Untersuchungsmethoden hierfür sind freilich noch in der Bearbeitung, es ist aber anzunehmen, daß auch diese sehr bald gleiche Anerkennung finden werden, wie sie die Bedingungen für die schwachen Platten in der Flugzeugindustrie allgemein gefunden haben. Freilich wird der Konstrukteur eines Eisenbahnwagens auch konstruktive Konzessionen an den Werkstoff Sperrholz machen müssen, um sich seiner Vorteile ganz zu bedienen, so z. B. in Hinblick auf die Tragkonstruktionen der Gepäcknetze in den einzelnen Abteilungen. Bei der Notwendigkeit, die Holzausnutzung auch im Waggonbau auf das wirtschaftlichste Maß zu bringen, wird man sich der weitesten Verwendung von Sperrplatten auf die Dauer nicht verschließen können.

Der Wagenbau für tierische Triebkräfte spielt heute keine große Rolle mehr in Industriestaaten, in anderen Staaten aber hat das Sperrholz noch nicht genügend Fuß gefaßt und ist auch noch nicht in genügenden Qualitäten erhältlich, um in diesem langsam aussterbenden Vehikel noch Anwendung zu finden.

Anders verhält es sich mit dem Bau von Automobillastwagen, besonders motorisch angetriebene Möbelwagen. Für diese bieten die starken Sperrplatten einen geradezu idealen Werkstoff zur Verbilligung und Erleichterung des Baues und somit des Totgewichts und zur Erhöhung der Festigkeitseigenschaften. Auch hiervon wird noch viel zu wenig Gebrauch gemacht. Einwendungen wie z. B., daß bei Stoßverletzungen der Wände die Instandsetzung von verletzten Sperrplatten zu kostspielig wäre, zeugen von der geringen Kenntnis der Möglichkeiten, die die Verwendung von Sperrplatten bietet. Zunächst bieten die Sperrplatten, auch wenn sie nur in einem Bruchteil der Stärke verwendet werden wie die heute verwendeten Holzlatten des Möbelwagens, einen viel höheren Widerstand gegen Biegungs- und Stoßbeanspruchungen. Bei Zusammenstößen, bei denen die Lattenwand längst zu Bruch gegangen sein würde, würden sich größere Verletzungen bei der Sperrplatte nicht zeigen. Ferner ist die Reparatur einer Sperrplattenwand, die durchstoßen ist nicht schwieriger wie die Reparatur einer Lattenwand. Zunächst wird bei letzterer die Splitterwirkung eine viel größere sein, die zerstörte Fläche ebenfalls größer, wie bei der Sperrplatte, und außerdem bedarf es keiner großen Kunstfertigkeit bei einer Sperrplatte, die durchstoßen ist, ein entsprechendes Stück einzuleimen bzw. durch Verschraubung oder Unternagelung einzubringen. Es ist bekannt, daß man sehr im Gegensatz zum Massivholz auch auf der äußersten Kante noch einen Nagel eintreiben oder eine Schraube anbringen kann, ohne daß ein Absplittern erfolgt. Sperrplatten sind hoch nagelfest.

Auch wenn die Möbelwagenwände aus Stahl oder Metall hergestellt werden, ist die Innenauskleidung mit Sperrplatten unbedingt das Wirtschaftlichste und Hygienischste. Eine Polsterung in der üblichen Weise, die unter Zuhilfenahme von Holzlatten an den Metallwänden angebracht wird, ist durchaus nicht billig und vor allen Dingen äußerst unhygienisch wegen des Ungeziefers, das sich durchaus nicht selten in diesen Wagen festsetzt, besonders wenn sie die östlichen Grenzen überschreiten. Eine Innenauskleidung mit Sperrplatten, bei denen, wo notwendig, noch kurze gepolsterte Leisten aufgesetzt sind, ist eine Konstruktion, die nicht teurer und sicher hochwertiger ist als die meisten heute noch zu findenden Ausführungen. Gerade die großflächigen Platten, die die deutsche Sperrholzindustrie schon seit Jahren auf den Markt bringt, bieten für diese Verwendung neue wirtschaftliche Möglichkeiten.

Die Radioindustrie und die Industrie der Schallplattenapparate haben große Mengen von Sperrplatten absorbiert. Auch viele Schalltrichterkonstruktionen bedienen sich der guten akustischen Eigenschaften von Furnier und Sperrholz. Neuerdings beginnen gepreßte Kunststoffe auf diesem Gebiete eine starke Konkurrenz für Sperrholz zu werden, und es kann nicht abgeleugnet werden, daß für große Serienfertigung hierin auch eine sehr ernste Konkurrenz zu fühlen ist. Sehr bemerkenswert ist es aber, daß die Fabrikanten von derartigen Kunststoffkästen immer wieder den Versuch machen, im Äußeren dieser Kunststoffkästen die Holzmaserung zu imitieren, freilich mit sehr geringem Erfolg. Für den geschmackvollen Radiokasten und den geschmackvollen Musikplattenapparat, der sich der Inneneinrichtung anpassen soll, wird auch von der Oberfläche Geschmack und Schönheit verlangt, und da bleibt das echte Edelfurnier, das auf Sperrholz ausgebracht ist, das Vorherrschende.

Überall in der Technik, wo die spezifisch höchste Festigkeit bezogen auf das Eigengewicht des Werkstoffes in Frage kommt, ist Sperrholz bis heute unübertroffen. Es gibt Verwendungszwecke, die von Sperrholz noch in größerem Maße Gebrauch machen würden, wenn der Schutz der Oberfläche gegen äußere Einwirkungen größer gestaltet werden könnte als durch die Holzoberfläche der Außenfurniere, sowohl gegen mechanische Verletzungen wie auch trotz der verhältnismäßig schweren Brennbarkeit von Sperrholz gegen die äußeren Einwirkungen des Feuers. Diese Bestrebungen haben zur Verwendung von Sperrholz in Verbindung mit anderen Werkstoffen geführt, in denen Metall oder auch Asbestzement zum Oberflächenschutz auf dieses aufgeleimt worden ist. Andererseits hat man für Konstruktionen, in denen man auf die metallische Außenhaut aus anderen Gründen nicht verzichten kann, die Sperrplatten als Unterlage für die Metallhaut benutzt, um dieser eine größere Festigkeit und Stabilität zu geben. Man hat Sperrplatten als Unterlagen für asbestzementähnliche Werkstoffe benutzt, dort, wo diese zweckmäßig Verwendung finden, um auch den Asbestzementplatten, die an sich keine große Bruchfestigkeit und vor allen Dingen keine große Elastizität zeigen, auch keine Nagelfestigkeit, diese fehlenden Eigenschaften durch den Unterbau mit Sperrplatten zu verleihen. So findet man heute Sperrplatten, denen auf der einen oder auf beiden Seiten dünneAsbestzementplatten aufgeleimt sind, in Verwendung für Wandbekleidungen, z. B. in Museen, bei denen es darauf ankommt, die Möglichkeit zu haben, die Bilder häufig umhängen zu können. Bei unbekleideten Mauern bedeutet dieses jedesmal Stemmarbeiten, die unangenehm sind und die Räume verschmutzen. Holzbekleidungen allein sind nicht zulässig wegen der Feuersgefahr, gegen die gerade Kunstwerke, die in Museen aufbewahrt werden, besonders geschützt sein müssen. Noch weniger kommen Stoffbekleidungen in Frage. Hier zeigen sich die Sperrplatten als Unterlage für dünne Asbestzementplatten, die eine hohe feuerhemmende Wirkung haben, als sehr geeignet. Sie geben in Verbindung mit Asbestzement diesem die entsprechende Festigkeit, es können Nägel und Haken in diese eingeschlagen werden, ohne daß ein Ausspringen der Asbestzementplatte erfolgt oder Trennung von der Sperrplatte zu befürchten ist. Die Platten können in beliebigen Tönen gehalten werden, so daß auch dekorative Wirkung der Wandfläche erzielt werden kann. In dem neu eröffneten großen Pergamom-Museum auf den Museumsinseln in Berlin ist in solcher Weise Sperrholz in sehr vielen Sälen zur Verwendung gekommen.

Die Bestrebungen, Sperrholz mit Metalloberflächen zu versehen oder metallische Bleche mit Sperrholz zu verstärken und elastischer und fester zu gestalten, liegen weit zurück, jedoch erst in den letzten Jahren hat dieser Verwendungszweck einen größeren Umfang erfahren. Es darf nicht übersehen werden, daß gewisse technische Schwierigkeiten für die Herstellung eines solchen Werkstoffes in Verbindung mit Sperrholz zu überwinden sind. Metall zeigt im allgemeinen einen verhältnismäßig sehr hohen Wärmeausdehnungskoeffizienten, während Holz in der Richtung seiner Fasern einen sehr geringen Ausdehnungskoeffizienten zeigt. Da bei Sperrholz bestenfalls der Ausdehnungskoeffizient demjenigen in der Holzlängsfaser gleichkommen kann, ergibt sich, daß insofern die Kombination Metall-Holz bzw. Holz-Metall starken Temperaturschwankungen ausgesetzt wird, sehr hohe Ansprüche an die Bindefestigkeit der Verleimung zwischen Metall und Holz gestellt werden. Diese Bindefestigkeiten sind an sich nicht so hoch wie die Bindefestigkeit zwischen Holz und Holz. Die Praxis hat gezeigt, daß mitunter die Auswirkungen der Walzspannung in Blechen bereits genügen, um die Leimbindung zwischen solchen Blechen und Holz außerordentlich zu erschweren, und wenn sie einen gewissen Grad überschreiten, eine zuverlässige Leimbindung unmöglich zu machen. Aus diesem Grunde findet man, daß gewöhnlich nur weich geglühte Metallbleche verhältnismäßig dünner Stärke für die Kombination Holz-Metall gebraucht werden oder aber Bleche, aus denen die Spannungen durch Recken über die Elastizitätsgrenze oder durch Vergütung entfernt sind.

Spekulative Köpfe haben eine Zeitlang versucht, den Schleier des Geheimnisses über die für die Verbindung von Holz mit Metall zweckmäßige Leimbindemittel oder Zementen zu breiten, um hieraus für sich möglichst viel Nutzen zu ziehen. Da es sich jedoch hier um rein spekulative Köpfe ohne technisches Wissen gehandelt hat, haben sie das verdiente Fiasko erlitten, haben aber leider auch durch ihre Machenschaften und deren Folgen, die einer ganzen Anzahl von Firmen schweren Schaden gebracht haben, der weiteren Verwendung dieser Metall-Holz-Verbindung störend im Wege gestanden. Sowohl in Amerika wie auch in Europa wurden für die Verbindung von Holz und Metall eine Zeitlang als sogenanntes Geheimmittel die altbekannten verschiedenen Sorten des Sorelzementes verwendet, das sind meist Magnesium-Chlorid- und Magnesium-Oxyd-Gemische mit verschiedenen Zugaben. Neuerdings hat man auch gelernt, Kasein-Leim für Metall-Holz-Verleimungen nutzbar zu machen, besonders aber der Tego-Leimfilm hat sich hierfür als sehr zweckmäßig gezeigt. Die Metall-Holz-Kombination befindet sich unter den verschiedenen Schutzmarken ihrer Fabrikanten im Handel, als Plymax, Panzerholz usw. Es hat sich gezeigt, daß schwache Sperrplatten mit dünnen Metallüberzügen, z. B. Eisen, Aluminium, Kupfer, Messing oder auch Monelmetall, eine ausgezeichnete Biegefähigkeit haben, sogar sich um ziemlich kleine Radien biegen lassen, so daß man z. B. den Boden und zwei Langseiten des Koffers aus einer Blechplatte durch Biegen herstellen kann oder auch Boden und Seitenwände. Dieses Material wird für Transportkisten, denen man außen einen größeren Schutz geben will, als er durch gewöhnliche Sperrholzkisten erreicht wird, verwendet, ferner für den Karosseriebau, bei dem man auf diesem Wege die äußere Metallhaut mit der inneren Holzverkleidung zunächst herstellt und nachher in die Wagenform bringt. Es ist bereits erwähnt worden, daß man für Türen sowohl Belege mit Asbestzement, wie auch mit Metall benutzt, ferner z. B. auch für Eisschränke usw.

Eine kleine Illustration über die Geeignetheit der Kombination Holz-Metall gibt Figur 125, in der die Durchbiegung einer 7 mm-Panzerholzplatte, (—) die pro qm 7,5 kg wiegt, und eines Stahlbleches (– – –) von 3 mm, das pro qm 23 kg wiegt, gezeigt ist. Man sieht, daß bei einer freitragenden Länge von etwa 50 cm das Stahlblech schon bei etwa 16,5 kg eine Durchbiegung von 80 mm erleidet, während diese Durchbiegung bei Metallholz von nur einem Drittel des Gewichtes

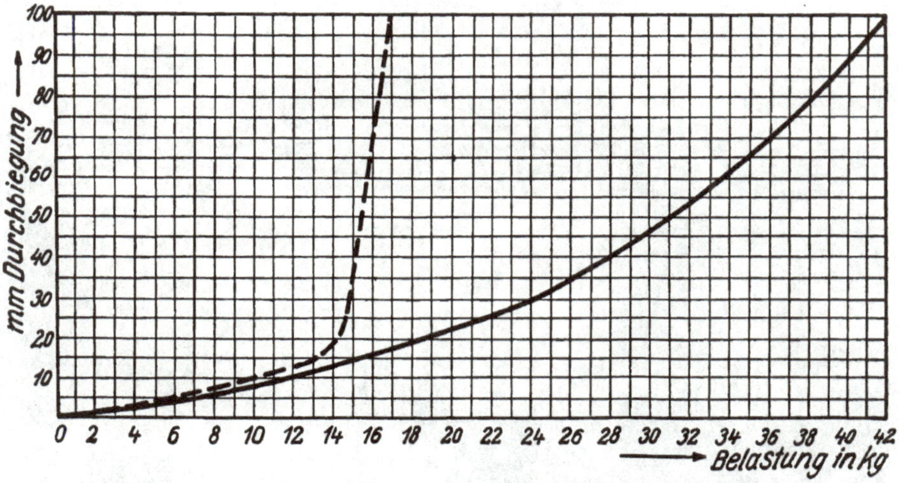

Fig. 125. Biegungsversuche mit Panzerholz (ausgezogene Linie) und Stahlblechen gestrichelt). Das Panzerholz hat eine Gesamtstärke von 7 mm, ein Gewicht pro Quadratmeter von etwa 7½ kg (Blechstärke etwa 0,5 mm). Das Stahlblech hat eine Stärke von 3 mm und wiegt etwa 23 kg/qm, also etwa dreimal soviel wie das Panzerholz. Freie Spanne des Prüfstückes 50 cm. Es zeigt sich, daß von etwa 14 kg Belastung aufwärts das Blech bereits vollkommen zu versagen beginnt, während das Panzerholz nur eine allmählich zunehmende Durchbiegung zu zeigen beginnt. Während eine Durchbiegung von 80 mm beim Blech schon bei etwa 16,5 kg erreicht ist, tritt diese Durchbiegung beim Panzerholz erst bei 38 kg ein. (Entnommen dem Artikel „Panzerholz“ von Fritz Wulff, Lübeck, „Maschinenbau“ 1930, Heft 7.)

des Stahlbleches erst bei 38 kg erreicht wird. Leider ist in der Arbeit, der diese Figur entnommen worden ist, die Stärke des Stahlbleches nicht angegeben. Das Gewicht von 7,5 kg/qm ergibt jedoch, daß das Stahlblech bzw. Eisenblech des Panzerholzes nicht stärker als 0,5 mm gewesen ist. Man hat auch Schweißverfahren durchgearbeitet, die es gestatten, das Eisenblech derartigen Metallholzes autogen oder elektrisch zu schweißen, man hat Niet- und Schraubenverbindungen geschaffen, so daß die konstruktive Verwendung im Zusammenbau keinerlei Schwierigkeiten bietet. Es braucht hier kaum erwähnt zu werden, daß eine solche Kombination mit Massivholz keinen Erfolg haben würde. Es muß betont werden, daß in allen diesen Kombinationen stets das Sperrholz der Faktor ist, der der Kombination die Festigkeit und die Stehfähigkeit gibt.

Inwiefern der Oberflächenschutz von Sperrholz dieses in größerem Maßstabe auch für Bauten von Häusern selbst geeignet macht, wird wohl der Hauptsache nach eine Preisfrage bleiben, soweit Häuser kleineren Umfanges, Landhäuser usw. in Frage kommen. In den meisten europäischen Ländern wird die Sperrholzplatte als Außenbaumaterial in der nächsten Zeit keine größere Rolle spielen, weder als Sperrplatte allein, noch im Zusammenbau von Metall, Zementasbestbelegen oder Ähnlichem.

Anders liegen die Verhältnisse in Schweden. In Schweden sind bekanntlich

Fig. 126. Schwedisches Wohnhaus mit Sperrholzbedachung und Sperrholzwänden, im Bau befindlich. Es ist Sperrholz aus schwedischer Kiefer benutzt.
(Dank dem Entgegenkommen von Ljusne Woxna A.G., Ljusne.)

die große Mehrzahl der Häuser aus Holz gebaut, und zwar früher aus Massivholz in doppelwandiger Ausführung. Der Wärmeschutz, der eine große Rolle in diesen Ländern spielt, wurde entweder durch Luftisolation oder durch Ausfüllung der Hohlräume der Doppelwand mit Torf oder ähnlichen Isoliermitteln erzielt. Seit 1926 hat man in Schweden begonnen, statt Massivholz Sperrplatten für den Hausbau zu verwenden und nach den bisher vorliegenden Erfahrungen mit sehr gutem Erfolge. Der Außenschutz geschieht in derselben Weise wie bisher beim Massivholz, selbst das Dach ist mit Sperrplatten belegt, die entsprechend gestrichen bzw. abgedeckt werden, genau so wie früher das Massivholz. An einem fertigen Gebäude würde man sehr wenig im Bilde sehen, deswegen ist hier an einem Einzelhaus wie auch an einer Anzahl Serienhäuser die Verwendungsart von Sperrholz für Hausbau, und zwar an halbfertigen Gebäuden gezeigt. Figur 126 und 127 zeigen, daß man auch im tiefen Winter die Bauarbeiten bei Verwendung von Holz, besonders Sperrholz nicht einzustellen braucht, wenn das Mauerwerk des Unterbaues in der frostfreien Jahreszeit fertiggestellt war.

Die Bemühungen, Sperrholz in die Technik weiter einzuführen, liegen bereits weit zurück. Im Juni 1926 hat der deutsche Autor dieses Buches in seinem bereits zitierten Vortrag „Sperrholz für Handwerk und Industrie" auf die Möglichkeit hingewiesen, welche Sperrholz für Modellzwecke bietet. Bedeutende Firmen der Maschinenindustrie nahmen ein Interesse an dieser Anregung, aber die in diesem Kapitel (Seite 172) gekennzeichnete Methode des Sperrholzeinkaufes brachte es

Fig. 127. Serienhäuser, bei denen die Wände und die Dächer aus schwedischem Kiefernsperrholz hergestellt werden, im Bau befindlich.
(Dank dem Entgegenkommen von Ljusne Woxna A.G., Ljusne.)

mit sich, daß der Versuch statt ein Erfolg ein Fehlschlag wurde, wie so häufig, wenn man mit ungeeigneten Mitteln Versuche anstellt. Erst im vorigen Jahre hat sich Sperrholz auf Grund seiner vorzüglichen Stehfähigkeit und auf Grund der großen Lohnersparnis, die seine Verwendung für den Modellbau in Gießereibetrieben mit sich bringt, durchgesetzt. Es ist ganz interessant, einmal darzustellen, wie Zufälle hierbei eine Rolle spielen. Es seien im Wortlaut hier die Ausführungen von Herrn Dr. Withake, Essen, aus seinem Vortrag „Die Verwendung von Sperrholz", den er gelegentlich der „Holzschau Berlin" 1930 gehalten hat, wiedergegeben, die sich mit der Einführung von Sperrholz in den Gießereibetrieben befassen:

„Selbst auf diesem kleinen Spezialgebiet ist eine vielseitige Verwendung möglich, denn Sperrholz eignet sich außer zur Herstellung der Modelle selbst auch für Kernkastenwände, Aufstampfböden und insbesondere Modellplatten.

In dieses letzte Verwendungsgebiet hat sich die Sperrholzplatte durch einen günstigen Zufall eingeführt. Als es endlich gelungen war, den verantwortlichen

Gießereileiter wenigstens zu einem Versuch mit diesem neuen Material zu veranlassen, ergaben sich nach einigen Proben Schwierigkeiten, und zwar schien es, als ob die Sperrholzplatte sich verzogen hätte. Nicht nur eine, sondern auch die zweite und dritte Platte, die in den gußeisernen Rahmen gelegt wurde, wackelte bedenklich; aber die Beobachtung, daß mehrere Platten sich in genau gleicher Weise verzogen haben sollten, war doch zu merkwürdig. Man brachte den Rahmen auf die kleine Richtplatte, doch er erwies sich als glatt und eben, während die Sperrholzabschnitte nach wie vor Mängel zeigten. Nun ging es an die große Richtplatte, und man erlebte das Wunder, daß die Sperrholzplatten in Wirklichkeit absolut flach und eben waren, aber daß sich die kleine Richtplatte verzogen hatte.

Die Stärke des bei Modellplatten benötigten Sperrholzes beträgt gewöhnlich 40—45 mm. Die Verwendung des Sperrholzes als Modellplatte ist insbesondere für alle Arten von Formmaschinen gleich vorteilhaft, sowohl für die Presse und die Rüttelpresse wie auch für den Rüttler und Wenderüttler. Es ist hierbei gleichgültig, welche Abmessungen von der Modellplatte verlangt werden, denn selbst bei Rüttlern, die eine Platte von größtem Ausmaß, etwa 450 × 150 cm aufweisen, ist Sperrholz seit mehr als zwei Jahren in Gebrauch, ohne daß sich irgendwelche Beschädigungen ergeben haben. Wenn auch gerade dieses Verwendungsgebiet erst zu einem geringen Teil erschlossen ist, so gibt es doch heute schon Gießereien, die Tausende von Sperrholzmodellplatten in Gebrauch haben, die 200 Former beschäftigen, aber infolge dieser Umstellung keinen einzigen Modellschlosser mehr benötigen.

Man ist bei der Industrie für Holzverwertung A.G., Altenessen, dazu übergegangen, eine bestimmte Normalstärke zu schaffen, weil hierdurch die Verwendungsfähigkeit noch gesteigert werden kann, denn diese Standardplatten lassen sich für vielerlei Modelle gebrauchen, nachdem sie mit mehreren Bohrungen versehen wurden. Die von mir beobachtete Abgußzahl von derartigen Sperrholzmodellplatten liegt bei 20 000. Die Platten sind aber noch in bestem Zustand, und es besteht kein Grund, daran zu zweifeln, daß sie 25 000—30 000 Abgüsse aushalten.

Die Vorzüge des Sperrholzes gerade bei der Verarbeitung zu Modellplatten liegen auf der Hand. Als erstes: leichtes Gewicht, denn ein jugendlicher Arbeiter bringt zwei, drei Modellplatten heran, während bei Gußeisen und Gips zwei Mann schwer zu tragen haben oder gar das Transportgerät in Funktion treten muß. Bei Rüttelformmaschinen ist das Gewicht der Modellplatte sogar direkt ausschlaggebend, da Eisenplatten das Hubvermögen überlasten, während das leichte Sperrholz gestattet, das Differenzgewicht zwischen Holz und Eisen als zusätzliches Nutzgewicht zu verwerten. Ferner ist Sperrholz elastischer und somit widerstandsfähiger als Gußeisen, es verzieht sich nicht, dehnt sich nicht aus und ist unvergleichlich leichter zu verarbeiten.“ Soweit die Worte des Herrn Dr. Withake.

Es seien einige Abbildungen von Sperrplatten im Gebrauch der Gießereien wiedergegeben, die ebenfalls dem Vortrag von Dr. Withake entnommen sind. Figur 128 a bis d zeigen Photographien von abgußfertigen aufmontierten Modellen auf Sperrholz-Modellplatten, zum Teil sind sie bereits in den Formkästen

Fig. 128 a Eine Anzahl formfertiger Modelle auf Sperrholz - Modellplatten aufgestiftet.

Fig. 128 b Die Sperrholz-Modellplatte mit dem Modell im oberen Modellrahmen in der Formmaschine.

Fig. 128c Ein kleiner Stapel von Modell-Sperrholzplatten, auf die oberste stehende ist bereits das Modell aufgebracht, desgleichen bei der im Kasten befindlichen Platte. Rahmen und Kasten sind in diesem Bilde noch getrennt gezeigt, man sieht deutlich die Auflage für die Sperrholz-Modellplatten.

Fig. 128 d Ein Stapel von Sperrholz-Modellplatten, standardisierter Stärke. Im Vordergrund Modellplatten mit aufgehefteten Modellen. Im Rahmen rechts darüber eine Anzahl formfertiger Modelle auf Modellplatten.

(Dank dem Entgegenkommen von Industrie für Holzverwertung A.G., Altenessen, und Dr. Julius Withake, Altenessen.)

eingebaut. Figur 128 c und d zeigen auch einen Stapel der starken standardisierten Modell-Sperrholzplatte. Figur 129 zeigt einen Schnitt durch Rahmen und Modellplatte, aus dem ersichtlich ist, wie die Modellplatten in dem Rahmen liegen. Meist sind es 5fach abgesperrte Platten mit gehobelten und lamellierten Einlagen.

Aber nicht nur für Modellunterlagen, sondern zur Herstellung der Modelle selbst wird Sperrholz nunmehr gerne benutzt, vor allen Dingen wegen seiner großen Stehfähigkeit. Es ist ja bekannt, welche großen Schwierigkeiten durch das Verziehen von Modellen hervorgerufen werden, ferner weiß jeder, der die mühsame Arbeit kennt, die der Modelltischler mit dem Absperren der einzelnen Modellteile in der Werkstatt mit den ihm zur Verfügung stehenden primitiven Mitteln durchzuführen hat, um wieviel diese Arbeit billiger ausgeführt werden kann, wenn dort, wo die Form des Modelles es ermöglicht, fabrikationsmäßig abgesperrte Platten verwendet werden, auch wenn solche aus großen Lagerdimensionen herausgeschnitten werden müssen. So zeigen z. B. Figur 130 E und F eine Ankerplatte von 500 × 500 mm Abmessung. Gewöhnlich gebraucht der Modelltischler zur Herstellung der Platten d Massivholz von 30 mm Stärke und unterteilt die Platten durch zwei Absperrleisten b. Bei Verwendung einer Sperrplatte fallen diese Leisten b fort, wie Figur F zeigt, da für die Platte c eine starke Sperrplatte verwendet wird. Unter Berücksichtigung der Material- und Arbeitsersparnis stellt sich das mit Hilfe der Sperrplatte hergestellte Modell um etwa 20 % billiger als die Ausführung wie sie bisher üblich war. Außerdem wird auch ein hochwertiges Modell erreicht, da die Sperrholzplatten gerade bleiben.

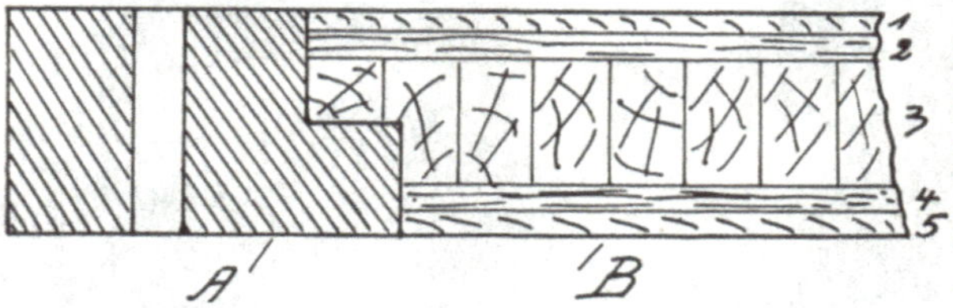

Fig. 129. Im Maschinenrahmen A eingelegte Modellplatte B.
(Dank dem Entgegenkommen der Firma J. Brüning & Sohn A.G., Potsdam, und Herrn Rich. Loewer, Frankfurt a. M.)

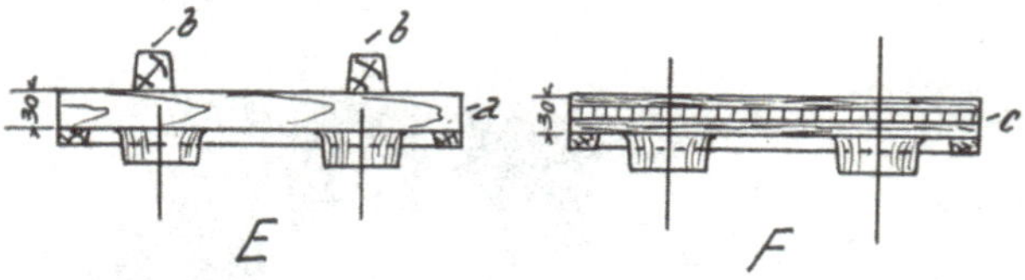

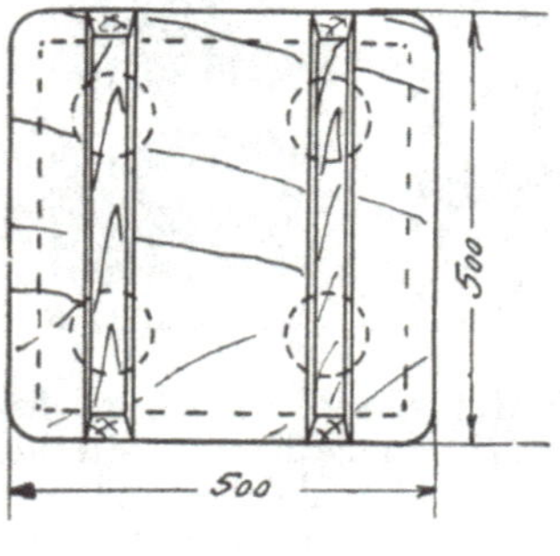

Fig. 130. Verwendung von Sperrholz bei einem Ankerplattenmodell. E bisherige Ausführungsart. F Ausführung unter Verwendung einer Sperrplatte. Kostenersparnis 20%.
(Dank dem Entgegenkommen der Firma J. Brüning & Sohn A.G., Potsdam, u. Herrn Rich. Loewer, Frankfurt a. M.)

In Figur 131 ist die Verwendung von Sperrplatten in einem noch komplizierteren Teil gezeigt. Es handelt sich um ein zweiteiliges Lagerbockmodell. Jeder Tischlereifachmann hat die üble Erfahrung gemacht, daß sich diese Modelle in den angegebenen Pfeilrichtungen verziehen, also entweder hohl werden oder klaffen, da die dünnen Holzstärken von 8 mm nicht stehenbleiben und außerdem die dünnwandigen Flächen beim Losklopfen oder auch beim Ausheben aus der Form leiden. Auch hier empfiehlt es sich, diese Platten aus Sperrholz zu fertigen, wie in Darstellung J gezeigt, um so mehr, als die 8 mm-Sperrplatten sehr billig zu haben sind. Die geringen Mehrkosten gegenüber einem gehobelten

Brett machen sich infolge der größeren Stabilität und der größeren Lebensdauer sehr bald bezahlt.

Es sei zum Abschluß dieses Anwendungsgebietes noch auf ein anderes Beispiel hingewiesen, auf ein Deckelmodell, Figur 132. Die bisherige Ausführung eines solchen Modells zeigt (Darstellung K) eine runde Holzscheibe von 300 mm ⌀ und 35 mm Stärke aus einem oder mehreren Stücken zusammengeleimten Holzes bestehend. Soll sich das Modell nun nicht verziehen, so muß der Modelltischler den oben aufgesetzten Ring mindestens aus drei verschiedenen Schichten zusammenleimen, wie in der Darstellung K gezeigt wird. Wird jedoch Sperrholz für die Herstellung des Modells verwendet, wie in der Darstellung L gezeigt, so wird die Scheibe von 300 mm ⌀ und 35 mm Stärke aus einer Sperrplatte geschnitten, dann genügt es, wenn der obere Ring nicht mehr aus drei Schichten, sondern einfach aus vier Segmenten zusammengesetzt ist. Eine Nachkalkulation zeigt, daß die zweite Ausführung trotz ihrer größeren Stabilität sich ungefähr 58 % billiger stellt wie die bisher übliche Ausführungsart.[1])

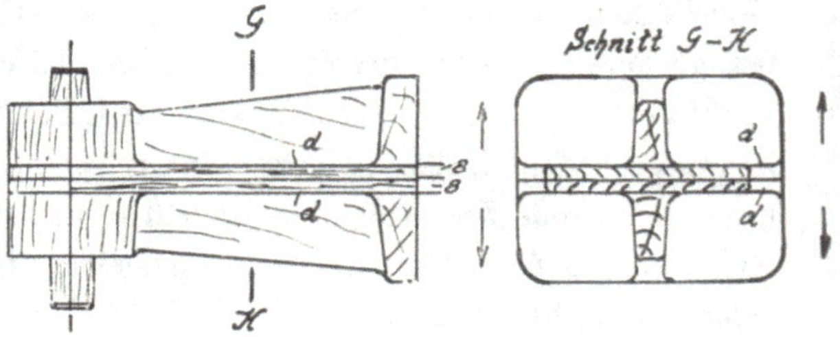

Fig. 131. Verwendung von Sperrplatten für ein zweiteiliges Lagerbockgestell. Die oberen beiden Darstellungen frühere Ausführungen. Darstellung J mit zwei dreifach abgesperrten Sperrplatten.

(Dank dem Entgegenkommen der Firma J. Brüning & Sohn A.G., Potsdam, und Herrn Rich. Loewer, Frankfurt a. M.)

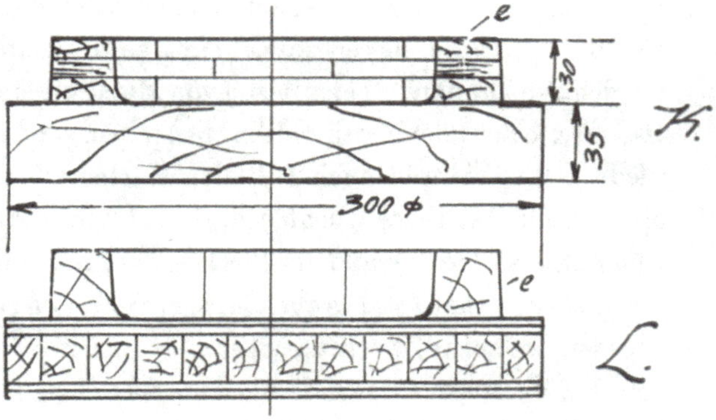

Fig. 132. Verwendung von Sperrholz für ein Deckelmodell. K gewöhnliche Ausführung. L Ausführung unter Verwendung einer Sperrplatte. Kostenersparnis etwa 58 %.

(Dank dem Entgegenkommen der Firma J. Brüning & Sohn A.G., Potsdam, und Herrn Rich. Loewer, Frankfurt a. M.)

In den großen Maschinenfabriken der Welt liegen Kapitalien in Modellen fest, es handelt sich da um Summen, von denen die wenigsten sich einen Begriff

[1]) Die letzten 4 Beispiele sind der Veröffentlichung von Richard Löver, Frankfurt a. Main, „Die Verwendung von Sperrholz im Modellbau,“ “Gießereipraxis 1924 Nr. 4“ entnommen.

machen, und nur selten sieht man, daß Modelle so gelagert werden, daß sie ohne nochmals durch die Modelltischlerei gründlich überholt zu werden, gebrauchsfähig sind. Die meisten Fehler, die die Überholung, und zwar die teuersten Arbeiten hierbei notwendig machen, sind begründet in dem Verziehen der Modelle, der geringen Stehfähigkeit, dem Lösen der Verleimung, denn die Modelle kommen mit feuchtem Formsand in Verbindung, die Lagerräume sind fast nie einwandfrei und der verwendete Tischlerleim ist bekanntlich gegen diese Einflüsse nicht unempfindlich, im Gegenteil. Bei Verwendung von Sperrplatten in weitgehendem Maße, und zwar Sperrplatten, die wasserfest verleimt sind, lassen sich große Ersparnisse im Modellbau und in der Modellhaltung erzielen. Es hat lange gedauert, ehe die Sperrplatten ihren Einzug in dieses Verwendungsgebiet haben halten können, und es wird sicher auch noch einige Zeit dauern, ehe sie die übrigen Gebiete, in denen sie in der Technik am Platze sind, erobert haben werden.

Die gegebenen Beispiele umfassen bei weitem nicht alle Anwendungsgebiete für Sperrholz in der Technik, sie sollen eine Anregung sein dazu, die Verwendbarkeit der Sperrplatten in der Technik zu prüfen, aber nur dann wird die Prüfung und der Gebrauch von Erfolg begleitet sein, wenn der Verbraucher dem Sperrholzfabrikanten genau sagt, was er will, denn Sperrholz ist nicht Sperrholz, d. h. Sperrholz ist kein einheitlicher Begriff, so wenig wie Eisen- oder Messingblech unter dieser Bezeichnung ein Einheitsprodukt darstellt. Die Technik denkt nicht daran, beim Bezug von Metallblechen einfach die Art des Metalls, also Eisenblech oder Messingblech anzugeben, sondern — es sei das hier nochmals wiederholt — sie gibt auch z. B. den Härtegrad an, den sie wünscht. Sie sagt, ob sie geglühtes Blech, Ziehblech, Stanzblech, hartgewalztes Blech zu erhalten wünscht, also den Zustand des Bleches, der für den betreffenden Zweck besonders geeignet ist. Genau so ist es auch im Sperrholz, und genau so muß der Verbraucher angeben, welchem Zweck das Sperrholz dienen soll, oder welche Eingenschaften von ihm verlangt werden, damit der Sperrholzfabrikant oder auch der Händler in der Lage ist, die Vorbedingungen für den erfolgreichen Ausfall der Versuche mit Sperrholz durch Lieferung des geeigneten Materials zu schaffen.

Wenn man auch die Musikinstrumentenindustrie zur Technik zählen will, so findet man in ihr recht treffende Beweise dafür, daß Sperrholz in den verschiedensten Qualitäten selbst an demselben Instrument verwendet werden muß, um zum Erfolg zu führen. Der Resonanzboden, der Seitenhalter, die geschwungenen Flügelrahmen, die Deckel der Flügel sind durchaus nicht aus einheitlich aufgebautem Sperrholz hergestellt, jeder Teil entsprechend der Verwendung, dem er zu dienen hat. Nur so kommt man zum Erfolg.

Kapitel XIV.

Prüfungsmethoden, ihre Aufgaben und einige Ergebnisse.

Notwendigkeit der Prüfung.

Bis zum Beginn des großen Krieges hat man Furnier und Sperrholz sehr geringe technische und wissenschaftliche Beachtung geschenkt. Man betrachtete sie als Handelsware gewöhnlicher Art. Die Fabrikanten von Sperrholz nahmen sich weder die Zeit noch hielten sie es für notwendig, das Geld dafür aufzuwenden, das für die Durchführung von Forschungsarbeiten und Untersuchungen notwendig ist.

Als im Kriege sich die Möglichkeit ergab, Sperrholz für Flugzeuge zu verwenden, vor allen Dingen die schwere Seide und andere Gewebe, die früher im Flugzeugbau verwendet wurden, durch Sperrholz zu ersetzen, wurde die ganze Frage in ein neues Licht gerückt. Nicht nur die amerikanische Regierung, sondern fast sämtliche am Kriege beteiligten Regierungen der Länder, die Flugzeuge herstellten, mußten notgedrungen auch gewisse Prüfungsmethoden für Sperrholz aufstellen. In U. S. A. wurde der Anstoß zur weiten Benutzung von Sperrholz für Flugzeuge durch die Überlegung gegeben, daß auf dasselbe Gewicht bezogene Sperrholz eine höhere Festigkeit ergibt, als selbst Stahl. Dort hatte bereits das Forest Products Laboratory in Madison/Wisconsin, welches unter der gemeinsamen Aufsicht des Landwirtschaftsministeriums der Vereinigten Staaten und der Universität Wisconsin arbeitete, einen Kern für eine solche Untersuchungsstätte geschaffen. Daher wurde die Aufgabe der Sperrholzforschung und Untersuchung diesem Institut übertragen, das wohl unbestritten gründlich und vorbildlich die Untersuchungen durchgeführt hat und zwar nicht nur vom Standpunkt des reinen Wissenschaftlers, sondern in enger Zusammenarbeit mit der betreffenden Industrie auch vom Standpunkt des Praktikers aus. Auch in den anderen Ländern versuchte man ähnlich wie für andere Werkstoffe, die zur Herstellung von Heeresbedarf dienten, für Sperrholz, das im Flugzeugbau Verwendung finden sollte, Vorschriften auszuarbeiten und anzuwenden.

Bedeutendes und Grundlegendes für die Sperrholzherstellung und Beurteilung im allgemeinen haben jedoch diese Bemühungen im Gegensatz zu den Arbeiten der amerikanischen Untersuchungsstätte nicht gefördert, und zwar einmal deswegen, weil in Amerika besonders nach Beendigung des Weltkrieges mehr Mittel zur Verfügung standen, dann auch, weil der Erfahrungsaustausch der amerikanischen Praxis in einer Weise mitgearbeitet hat, wie er in Europa heute noch nicht zu finden ist.

Das Forest Products Laboratory hat in einer sehr großen Anzahl von Bulletins die Untersuchungsergebnisse veröffentlicht, die sich auf alle Einzelprozesse der Sperrholzherstellung erstrecken und sich auch mit Vorgängen befassen, die bei der Oberflächenveredelung von Sperrholz mit Edelfurnieren auftreten. Wenn auch ein Teil dieser Veröffentlichungen bereits überholt ist, so bieten gerade die Veröffentlichungen des Forest Products Laboratory jedem, der sich mit der Entwicklung der Technik der Sperrholzherstellung und dem Einfluß der einzelnen Faktoren und deren Güte näher befassen will, eine außerordentlich instruktive Informationsquelle.

Über den Wert von Sperrholz bestand im verbrauchenden Publikum, und zwar gleichgültig, ob es sich um den Privatmann handelte, der Käufer von Möbeln war, oder um den Techniker, der als Verbraucher von Sperrholz für Konstruktionsmaterial in Frage kam, keine Klarheit. Ein gewisses Mißtrauen, genährt durch das Wort „massiv" im Ausdruck als „solide" beim Vergleich mit Massivholz, und durch die Erfahrung, die der Techniker mit dem „starken Leben" des eingebauten Holzes gemacht hat, hat jahrelang das Sperrholz verhindert, den Platz als Werkstoff einzunehmen, der ihm gebührt.

Aufgabe dieses Werkes war es, das Mißtrauen zu beseitigen, durch Aufklärungen darüber, was Sperrholz ist, wie es aufgebaut ist und wie ihm durch seinen Aufbau die hohen Eigenschaften verliehen werden, die sich in der Überlegenheit gegenüber Massivholz und in der Überlegenheit für mannigfache Verwendungszwecke auch gegenüber Metallen ausdrücken.

In den ersten 11 Kapiteln dieses Bandes ist an vielen Beispielen gezeigt worden, daß die Schlüsse, die aus der Aufbauart des Sperrholzes auf seine Qualitätseigenschaften gezogen worden sind, in der Praxis ihre Bestätigung gefunden haben, wenigstens soweit der Möbelbau in Frage kommt. Die nach dem Sperrholzprinzip richtig aufgebauten Möbel haben die Jahrhunderte überdauert und selbst Jahrtausende, wie die Funde in den ägyptischen Königsgräbern zeigen.

Daß also im Prinzip Sperrholz die hervorragenden Eigenschaften wirklich besitzt, die sich aus seinem Aufbau ergeben, dafür ist der Beweis erbracht. Vorbedingung für die Erzielung der Vorteile ist jedoch nicht nur die prinzipiell richtige konstruktive Aufbauweise, sondern auch die richtige Herstellungsweise. Das Vertrauen zum Sperrholz kann weiterhin durch nichts mehr gefördert werden als dadurch, daß man den Verbrauchern Mittel an die Hand gibt, sich nun auch von der richtig angewendeten Sperrholzherstellungsweise zu überzeugen, und zwar in genau derselben Weise, wie dies für alle anderen Werkstoffe geschieht. Unbegreiflicherweise gibt es immer noch Kreise, die sich gegen diese klare Erkenntnis sträuben und alle möglichen Ausflüchte hauptsächlich in der Verschiedenheit des Ausgangsmaterials suchen. Natürlich muß in den Prüfungsbedingungen für Sperrholz dieser Eigenart des Ausgangsproduktes „Holz“ Rechnung getragen werden.

Wer sich heute noch als Sperrholzfabrikant dagegen sträuben zu müssen glaubt, daß das Sperrholz nicht nur nach seinem äußeren Aussehen beurteilt werden darf, sondern auch auf seine physikalischen Eigenschaften und auch in seinem Verhalten gegenüber biologischen Einflüssen untersucht werden muß, handelt gegen die Interessen des Sperrholzes selbst. Dieser verfehlte Standpunkt ist es gewesen, der leider in Europa die wissenschaftliche Forschung auf dem Gebiete des Sperrholzes erst so spät hat einsetzen lassen. Der deutsche Autor dieses Buches ist seit Jahren immer wieder dafür eingetreten, er hat die Anfeindungen Uneinsichtiger jahrelang dafür geerntet, bis schließlich doch die Erkenntnis sich durchgesetzt hat, daß ohne wissenschaftliche Forschung wirtschaftliche Fertigung von Sperrholz nicht möglich ist und die weitere Ausbreitung der Verwendung von Sperrholz, welche die immer mehr erstarkende Sperrholzindustrie als Lebensmöglichkeit nicht entbehren kann, durch das Fehlen von möglichst einfachen und exakten Prüfungsmethoden außerordentlich behindert wird. Es genügt nicht zu sagen, was Sperrholz ist und was es leisten kann, wenn es richtig ausgeführt ist, es muß auch die Möglichkeit gegeben sein, zu beweisen, daß es richtig ausgeführt ist, bevor es zur Verwendung kommt.

Wissenschaftliche Forschung kann nur erfolgen auf Grund von Untersuchungen auch am ausgeführten Material, also an der fertigen Sperrplatte. Durch Untersuchungen am ausgeführten Material sieht auch der Fabrikant selbst, wo Fehler und Ungleichmäßigkeiten in seinem Betriebe vorkommen, die in seinem eigenen Interesse und im Interesse des Sperrholzabsatzes vermieden werden müssen. Soll Sperrholz neue Gebiete erobern, die ihm nach den Vorteilen, die sein Aufbau bietet, zukommen, so muß die Möglichkeit gegeben sein, durch Untersuchung die größere Geeignetheit der einen oder anderen Herstellungsmethode, ferner das fertige Sperrholz in seiner Geeignetheit für den Zweck zu prüfen, und zwar nicht nur durch Versuche am aus den Sperrplatten bereits fertig ausgeführten Objekt. Das ist in den seltensten Fällen möglich und wäre auch unwirtschaftlich.

Zunächst muß die Möglichkeit gegeben sein, festzustellen, ob die Bedingungen in der gelieferten Sperrplattenqualität vorhanden sind, die prinzipiell vom Werkstoff verlangt werden müssen, also z. B. die geforderte Festigkeit, Elastizität, Festigkeit der Leimbindung, Widerstandsfähigkeit gegen Einflüsse der Umgebung. Das sind Grundfragen, die sich bei jeder Verwendung wiederholen. Man war der Ansicht, daß z. B. für den Möbelbau die Beantwortung solcher Fragen entbehrlich sei. Auch in dieser Beziehung haben die Meinungen sich gewandelt. Es ist auch für den Möbelfabrikanten durchaus nicht gleichgültig, ob eine Sperrplatte eine größere oder geringere Leimbindefestigkeit hat, ob die Leimbindung beständig ist, z. B. für den Export gegen tropische Einflüsse, gegen die Einflüsse beim Transport usw. Auch in der Möbelindustrie hat man bereits erkannt, daß die Ausnutzung der Prüfungsmöglichkeit des zu verarbeitenden Materials zur wirtschaftlichen Fertigung gehört. Wer in seiner Fabrikation gewissenhaft und richtig arbeitet, hat auch die Prüfung nicht zu scheuen und kann seinen Umsatz nur dadurch erhöhen, daß er auf die dauernde Betriebsüberwachung zum mindesten an Stichproben auch in bezug auf physikalische Untersuchung hinweisen kann. Das gilt ganz besonders von den Sperrhölzern, die für technische Zwecke hergestellt werden.

Erst in den allerletzten Jahren sind außer in Amerika auch in Deutschland Veröffentlichungen erschienen, die sich mit derartigen Untersuchungen befassen und auf die im nachfolgenden hingewiesen werden soll. Nachdem der Ingenieur und Chemiker Einzug in die Betriebsstellen von Sperrholzwerken gehalten haben, macht sich ein Wandel zum Besseren bemerkbar, der nicht mehr aufzuhalten ist und der viele Verbraucher von Sperrholz auch mehr und mehr davon abbringen wird, in meist unrationeller Weise ihren kleinen Bedarf selbst herzustellen, vielmehr genau wie dieses bei anderen Werkstoffen auch der Fall ist, sein Sperrholz von den Spezialfabriken zu beziehen.

Man ist in unserem Zeitalter gewohnt, daß die moderne Technik die ihr gestellten Aufgaben viel schneller löst als in früheren Jahrzehnten. Man sieht Einsichtige auch in Deutschland am Werk, die Grundlagen für Untersuchungsmethoden zu schaffen. Der Forschung ist nicht gedient mit der Schaffung von Forschungsstellen ohne geeignete Fachleute und ohne Mittel. Forschungsstellen, die nur dem Namen nach und deswegen da sind, damit man ihr Fehlen nicht bemängelt, haben keinen Wert. Der Forschung am Sperrholz kann nur gedient werden, wenn Theorie und — vor allem — die Werkstattpraxis so zusammenarbeiten, wie man dieses in den Vereinigten Staaten mustergültig vor sich sieht.

Prüfung von Furnieren.

Die Untersuchung von Furnieren hat sich bisher lediglich darauf beschränkt, das Verhalten der einzelnen Arten unter verschiedenen äußeren Bedingungen zu verfolgen, Schrumpfung usw. Man hat auch die verschiedenen Gewichte in den verschiedenen Feuchtigkeitszuständen festgestellt. Das Forest Products Laboratory hat für amerikanische Hölzer sehr ausführliche Zahlen darüber gegeben. In U. S. A. bestehen sehr ausführliche Vorschriften für die äußere Beschaffenheit von Furnieren der verschiedensten Holzarten, die zum Teil im nächsten Kapitel unter Handelsbräuche wiedergegeben sind. Diese Prüfungen, die rein handelstechnischer Natur sind, brauchen hier nicht weiter besprochen zu werden, sie sind bei jeder Art von Ware üblich und anerkannt.

In Europa beginnt man der Komponente Furnier im Sperrholz in der Beziehung mehr Prüfungsarbeit zu widmen, daß man die Einwirkung der verschiedenen Verarbeitungsprozesse studiert, denen das Furnier bei der Fabrikation zum Sperrholz unterworfen wird. Bei der Besprechung der verschiedenen für die Verarbeitung von Furnieren zu Sperrholz verwendeten Leime, siehe Band I, Kapitel XVI, ist gezeigt worden, daß die Verleimung unter den verschiedensten Temperaturen, Druck und Feuchtigkeitsgehalt des Holzes vor sich gehen kann, daß Verleimungen bei gewöhnlicher Raumtemperatur vorgenommen werden können, daß aber auch solche Verleimungen, die die höchsten Werte ergeben, was die Festigkeit und die Beständigkeit gegen Einfluß der Feuchtigkeit und Mikroorganismen anbelangt, die Anwendung hoher Temperaturen notwendig machen.

Es bestehen vielfach recht irrige Auffassungen darüber, welchen Einfluß höhere Temperaturen, 130 bis 140° C (266 bis 284° F), auf die Festigkeitseigenschaften der Furniere haben. Man war der Meinung, daß Temperaturen, die die Verdampfungstemperaturen des Wassers überschreiten, nachteilige Einwirkungen haben würden, wodurch die Entwicklung neuer Leimmethoden, wie auch die Anwendung von sehr beständigen Verleimungen behindert waren. Es sind Untersuchungen auf diesem Gebiete in neuerer Zeit gemacht worden. Es dürfte empfehlenswert sein, ähnliche Untersuchungen, wenn man irgendwelche Bedenken hat, auch auf Furniere anderer Hölzer durchzuführen, über die noch keine Erfahrungen vorliegen.

Nachstehende Tabelle zeigt Ergebnisse, die Prof. Dr. O. Gerngroß im Chemisch-Technischen Institut der Technischen Hochschule Charlottenburg an Birken- und Kiefernfurnieren gefunden hat.[1])

Zerreißfestigkeit in der Faserrichtung der Furniere.
Probestäbe 28 mm breit, 100 mm lang ($1^1/_8'' \times 3^{15}/_{16}''$).

Holzart	Stärke der Furniere in mm	Temperatur °C	Preßdruck kg/qcm	Zeitdauer der Einwirkung Minuten	Zerreißfestigkeit in kg/qcm vor der Erhitzung	nach der Erhitzung
Birke	2	140	0	45	555	553
Birke	1,8	140	10	15	618	610
Kiefer	2	140	0	45	396	485
Kiefer	2	140	10	20	460	480

Man sieht, daß, gleichgültig, ob die Erhitzung unter Druck oder ohne Druck erfolgt ist, irgendeine nachteilige Wirkung auf die Festigkeit der Furniere auch bei Temperaturen von 140° C (284° F) nicht eintritt. Damit dürfte die Diskussion

[1]) Zeitschrift „Sperrholz“ 1930, S. 382.

über die Befürchtungen der Beeinträchtigung der Festigkeit durch Temperaturen in den gegebenen Grenzen erledigt sein, wenn man auch nicht übersehen darf, daß bei der Verleimung zum Sperrholz die Furniere, während sie sich unter Druck und Hitze befinden, wohl im allgemeinen einen etwas höheren Feuchtigkeitsgehalt haben werden, als bei diesen Versuchen, und zwar um so viel mehr, als sie Leimfeuchtigkeit aufgenommen haben. Es ist bekannt, daß auch die sogenannten Trockenleimfilme immer noch, wenn auch nur sehr geringe, Mengen von Feuchtigkeit besitzen, die beim Schmelzen in die Furniere gehen können.

Da sich dieses Buch auch mit Furnieren als Baustoff allein befaßt, wenn auch das Anwendungsgebiet von Furnieren für andere Zwecke als Sperrholz sehr klein ist, so mögen hier noch einige Zahlen angegeben werden, welche zeigen, daß es wichtig ist, auch dem Feuchtigkeitsgehalt der Furniere Aufmerksamkeit zu schenken, weil die Zugfestigkeit auch bei dem gewöhnlichen Holz mit steigendem Feuchtigkeitsgehalt abnimmt. Es mag um so mehr hier darauf hingewiesen werden, als Holzfurniere sehr häufig zu Flechtarbeiten Verwendung finden oder für Zwecke, bei denen eine hohe Biegefähigkeit des Furniers erwünscht ist und ein hoher Feuchtigkeitsgehalt die Furniere biegsamer macht.

In den sehr instruktiven Arbeiten von Dir. Dipl.-Ing. Christians, Mannheim-Rheinau, die er zum Teil allein, zum Teil mit Prof. Dr.-Ing. Gaber, Karlsruhe, durchgeführt hat, sind recht interessante Zahlen zu finden, die sehr deutlich zeigen, wie wichtig es ist, das Verhalten der Furniere unter den verschiedenen Bedingungen zu studieren und dieses Verhalten auch bei der Weiterverarbeitung zu berücksichtigen. Die nachstehenden Zahlen stammen aus der Arbeit „Sperrholz oder Schnittholz" von Dipl.-Ing. Christians[1]) und zeigen die Abhängigkeit der Zugfestigkeit vom Feuchtigkeitsgehalt bei Fichtenholz.

Abhängigkeit der Zugfestigkeit vom Feuchtigkeitsgehalt bei Fichtenholz.

Feuchtigkeitsgehalt %	Zugfestigkeitsgehalt %	Feuchtigkeitsgehalt %	Zugfestigkeitsgehalt %	Feuchtigkeitsgehalt %	Zugfestigkeitsgehalt %
0 gedarrt........	100	20	42	40	29.5
10	70	25	35	50	29
15	55	30	35	60	28,5

Irgendwelche Zahlenwerte für die Festigkeit des Endproduktes, also des Sperrholzes aus den Festigkeitszahlen für die einzelnen Furniere errechnen zu können, ist heute noch nicht möglich, es ist auch zweifelhaft, ob man dazu später in der Lage sein wird, wenn noch mehr Forschungsergebnisse auf diesem Gebiet vorliegen werden, da die Wechselwirkungen von z. B. Holz, Feuchtig-

[1]) Maschinenbau 1929.

keit, Leim, Druck, Temperatur und Leimdauer aufeinander bei den verschiedenen Herstellungsmethoden sehr verschiedenartige sind. Inwiefern die verschiedenen Zustände des Furniers Einfluß auf die Beschaffenheit des Sperrholzes ausüben, wird bei der Besprechung von Sperrholzuntersuchung noch behandelt werden.

Prüfung von Leimen.

Die Prüfung der Leime an sich interessiert im vorliegenden Fall weniger, da sie nur in Verbindung mit den Furnieren im Sperrholz in den Rahmen dieses Buches gehören.

Da jedoch der Leim einen sehr wesentlichen Bestandteil des Sperrholzes bildet, weil von der Güte der Verleimung der einzelnen Lagen miteinander es abhängt, ob man die Vorteile der Holzkombination, die man Sperrholz nennt, auch erreichen kann, dürfte es immerhin interessant sein, einiges über die üblichen Untersuchungsmethoden zur Klassifikation der Leime zu sagen und auf die diesbezügliche Literatur kurz hinzuweisen.

Für den in der Holzbearbeitung wohl am längsten im Gebrauch befindlichen tierischen Leim hat die Vereinigung der amerikanischen Leimfabrikanten, „The National Association of Glue Manufacturers in Atlantic City", bereits vor Jahren Standardmethoden für die Beurteilung der einzelnen Leimsorten nach der Viskosität und der Gallertefestigkeit herausgegeben. Diese Vorschriften sind neu überarbeitet worden. Die am 10. April 1930 beschlossene neue Fassung ist am 15. Juli 1930 in Kraft gesetzt worden. Diese Vorschrift umfaßt die Probenahme und Vorbereitung der Muster, die Untersuchung der Muster, die Viskositätsbestimmung, die Bestimmung der Gallertefestigkeit, die für die Untersuchung anerkannte Apparatur, sowie die allgemeinen Vorsichtsmaßnahmen.[1])

In Deutschland befaßt sich der Reichsausschuß für Lieferbedingungen im Reichskuratorium für Wirtschaftlichkeit in Berlin mit diesen Fragen. Es ist anzunehmen, daß in Kürze für tierische Leime auch von ihm ähnliche Bestimmungen herausgegeben werden. Für die Untersuchung von Kasein und Blutalbuminleimen sind ebenfalls derartige Arbeiten im Gange. Für Pflanzenleime sind, wie in Band I, Seite 246, bemerkt, bereits Lieferbedingungen veröffentlicht worden, jedoch beziehen sie sich auf Leime, die anderen Zwecken dienen als der Sperrholzverleimung.

Die bisher erwähnten Untersuchungsmethoden von Leimen beziehen sich auf die Beschaffenheit der Leime an sich, sie beschränken sich auf Untersuchung der chemischen Beschaffenheit, wie auch Untersuchung der Viskosität

[1]) Die deutsche Übersetzung dieser Vorschrift befindet sich in der Zeitschrift „Kunstdünger und Leim" 1930, S. 253 ff.

und Gallertefestigkeit. Daß der Anteil der chemischen Untersuchung kein geringer ist, zeigt Figur 133, die einen Blick in das Betriebslaboratorium einer großen holländischen Sperrplattenfabrik zeigt.

Diese Untersuchungen interessieren den Verbraucher von Sperrholz wenig, wohl den Fabrikanten. Sie zeigen aber dem Verbraucher von Sperrholz, daß der Fabrikant die Möglichkeit hat, sich von der gleichmäßigen Beschaffenheit des von ihm verarbeiteten Leimes durch laufende Kontrolle der hereinkommen-

Fig. 133. Blick in das Untersuchungslaboratorium einer großen holländischen Sperrholzfabrik. Links sind die Feuchtigkeitsmesser und Temperaturmesser zu sehen, ein kleiner Trockenschrank zur Feststellung der Holzfeuchtigkeit, sowie eine ganze Anzahl von chemischen Untersuchungseinrichtungen, die hauptsächlich für die Untersuchung der Leime, jedoch auch des chemischen Verhaltens des fertigen Produktes benutzt werden.

(Dank dem Entgegenkommen der Firma N. V. Houtindustrie „Picus", Eindhoven.)

den Ware zu überzeugen, daß also in dieser Beziehung die Sperrholzfertigung hinter irgendeiner anderen wissenschaftlich betriebenen Werkstoff-Fabrikation nicht zurücksteht. Es gibt eine ganze Anzahl von Werken, die einen besonderen Chemiker in ihrem Laboratorium beschäftigen.

Mehr Interesse haben für die Sperrholzverbraucher die Untersuchungen, welche die Bindefähigkeit der Leime mit Holz selbst zeigen. Der Einfluß der verschiedenen Komponenten der Leime auf ihre Bindefähigkeit hat man erforscht, desgleichen auch die Beziehungen zwischen gewissen physikalischen Eigenschaften, z. B. der Viskosität und der Leimbindefähigkeit, so daß man schädliche Beimengungen vermeiden und auch schon aus den Laboratoriumsversuchen am Leim selbst schließen kann, ob für einen bestimmten Zweck der eine oder der andere Leim geeigneter sein wird.

Man hat auch versucht, die Leimbindefestigkeit durch einen direkten Zerreißversuch an genormten Stücken feststellen zu wollen. Die beiden wesentlichsten Methoden sollen hier erwähnt werden. Es sei jedoch vorweg gesagt, daß den dabei gewonnenen Zahlen für die Sperrholzindustrie keine Bedeutung zukommt. Zur Untersuchung von Sperrholzverleimungen werden andere Wege gegangen. Es müssen andere Wege gegangen werden, weil die Vorgänge beim Verleimen zu verwickelter Natur sind, um aus einem irgendwie genormten Versuch, z. B. bei einem bestimmten Holz, bestimmter Feuchtigkeit des Holzes und vor allen Dingen bei einer bestimmten Lage des Faserverlaufes der ver-

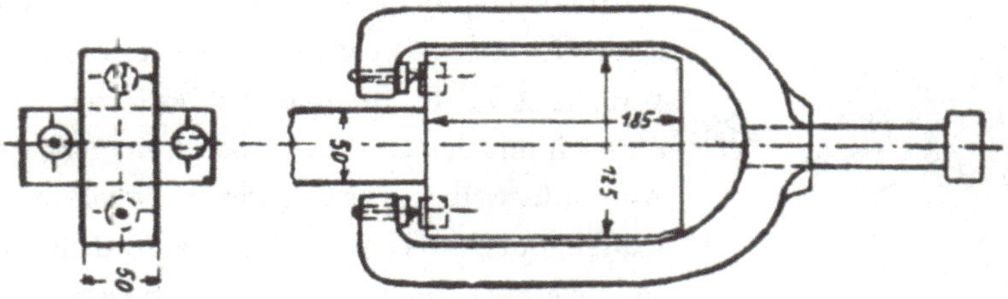

Fig. 134. Prüfung nach Rudeloff. Zwei Prüfungsklötze aus Rotbuchenholz mit den Abmessungen, die in der Figur eingezeichnet sind, werden gleichmäßig miteinander unter Druck verleimt. Die Klötze werden in Zugbacken eingespannt. Neben der Leimfläche werden symmetrisch zur Mitte und den Breitseiten der Klötzchen Bohrungen vorgesehen, in die Stahlzylinder so eingesetzt werden, daß der Grund der in die herausragenden Endflächen eingearbeiteten Vertiefungen in der Ebene der Mitte der Leimfuge liegt. In diese Vertiefungen, Hohlkugel und Hohlzylinder, greifen beim späteren Zugversuch die Dorne der Einspannklauen ein.

leimten Stücke zueinander, auf anders geartete Fälle Schlüsse ziehen zu können. Es gibt auch keine Möglichkeit, aus der genormten Bindezahl etwa durch Verhältniszahlen auf Bindungen, die Abweichungen gegenüber der genormten zeigen, schließen zu können.

Das Verfahren, welches wohl am meisten Anerkennung gefunden hat, ist das Verfahren von Rudeloff.

Von dem Gedanken ausgehend, daß die Klebkraft eines brauchbaren Leimes meist größer ist als die Querfestigkeit oder Scherfestigkeit des Holzes, wählte Rudeloff eine Hirnholzverleimung als Probe, um auf alle Fälle Bruch der Holzfaser zu vermeiden, und zwar bediente er sich der Rotbuche. Figur 134 zeigt die Anordnung. Zwei Rotbuchenstücke von 185 mm Höhe, 125 mm Breite und 50 mm Stärke ($7^5/_{16}'' \times 4^{15}/_{16}'' \times 2''$) werden in Kreuzform miteinander verleimt, wie in Figur 134 gezeigt. Die Stücke kommen in Einspannklauen, die Leimfuge wird dann auf Zug beansprucht.[1]) Es wird selbst von den Verfechtern dieser Methode zu-

---

[1]) Eingehende Beschreibung des Verfahrens siehe „Prüfung v. Tischlerleim nach Rudeloff“ von Prof. Dr. Johs. Stamer, Berlin-Lichterfelde, Wirtschaftliche Technik 1929, S. 227.

gegeben, daß es außerordentlich schwer ist, die Leimfläche so einwandfrei herzustellen, daß wirklich vergleichbare Ergebnisse zu erzielen sind. Es gehört eine außerordentliche Geschicklichkeit dazu, die Leimfläche richtig zu bearbeiten. Maschinelle Einrichtungen zur Herstellung der Fläche mit der erforderlichen Genauigkeit sind bis jetzt nicht vorhanden. Es darf bei dieser Methode nicht übersehen werden, daß nicht nur der Zustand der Holzprobe, sondern vor allen Dingen auch der Zustand des Leimes, die Aufbringungsart, die Zeit, die vom Aufbringen bis zum Zusammenpressen der Stücke verstreicht, der Preßdruck, Temperatur usw. Einfluß auf das Ergebnis haben. Die Schwierigkeiten für die Ausführung dieser Proben werden meist unterschätzt, und es ist kaum anzunehmen, daß diese Proben, selbst wenn sie von den zuständigen Ausschüssen propagiert werden sollten, je eine praktische Rolle spielen werden. Die im ersten Bande, Kapitel XVI, S. 240 und 242 zitierten Arbeiten, die sich mit der Leimfrage befassen, geben weitere Aufschlüsse über diese Fragen.[1]) Erwähnt soll hier lediglich noch werden, daß in den Vereinigten Staaten, wie auch in England man eine andere Untersuchungsanordnung für die Bindefestigkeit eines Leimes benutzt, und zwar wird, wie in Figur 135 gezeigt, eine richtiggehende Fugenverleimung parallel zur Faser vorgenommen. Aber auch diese Versuche, die mit hartem Ahorn ausgeführt werden, haben keinen Anspruch darauf, Zahlen zu ergeben, welche von Interesse für den Sperrholzfabrikanten oder Sperrholzverbraucher sein können. Sie sind lediglich der Vollständigkeit wegen hier noch erwähnt.

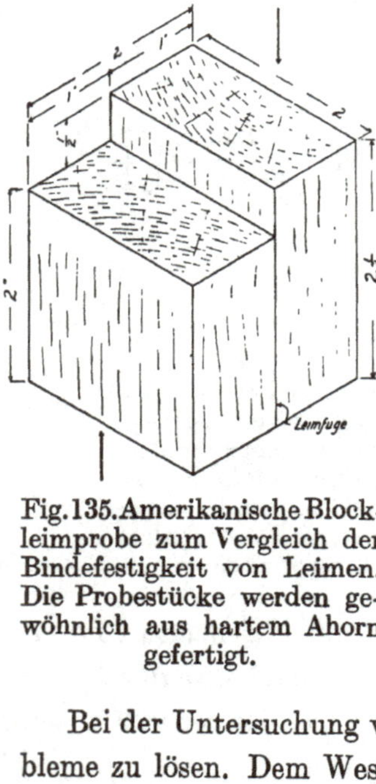

Fig. 135. Amerikanische Blockleimprobe zum Vergleich der Bindefestigkeit von Leimen. Die Probestücke werden gewöhnlich aus hartem Ahorn gefertigt.

Bei der Untersuchung von Sperrholzverleimungen sind anders geartete Probleme zu lösen. Dem Wesen des Sperrholzes nach kommen weder Hirnverleimungen noch Verleimungen von Flächen mit gleichem Faserverlauf als wesentlich in Frage, vielmehr Verleimungen von Holzflächen, bei denen die Faserrichtungen sich möglichst unter 90^0 schneiden. Der Einfluß von Leimdruck, Leimtemperatur, Leimdauer, des Feuchtigkeitsgehaltes des Leimes beim Aufbringen desselben, der Feuchtigkeitsgehalt des Holzes und der Aufnahmegrad von Leimfeuchtigkeit durch das Holz spielen eine sehr große Rolle für den Erfolg der Verleimung. Es ist freilich nicht möglich, mit einem auf Grund seiner chemischen Zusammensetzung nicht wasserfestem Leim eine wasserfeste Verleimung herbeizuführen. Es ist aber sehr wohl möglich, mit Leimen gleicher Art, bei

[1]) Adhäsion zwischen Leim und Holz von F. L. Browne und Don Brouse. The Gluing of wood von T. R. Truax. Die Bedeutung der mechanischen Holzleimprobe für die Auswahl von Holzleim von T. R. Truax, F. L. Browne und Don Brouse.

solchen, die nach den reinen Leimuntersuchungsmethoden schlechtere Ergebnisse ergeben müßten, bessere Leimbindungen zu erhalten als mit solchen, die nach diesen Untersuchungsmethoden höhere Werte erwarten lassen, d. h. es

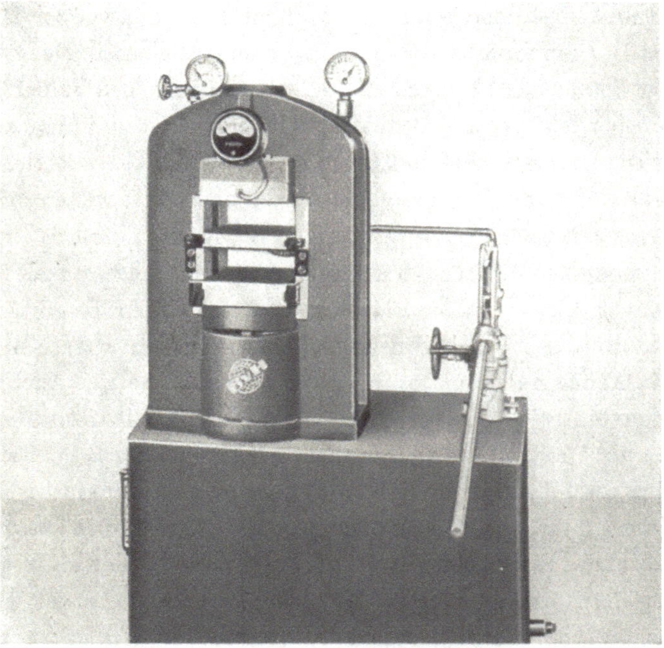

Fig. 136. Eine Laboratoriumspresse, bestehend aus einem profilierten Stahlgußrahmen, dessen unterer Teil vom Zylinder gebildet wird. Diese kleine Presse hat z. B. Preßflächen von 200 × 300 mm ($7^7/_8''$ × $11^{13}/_{16}''$). Es sind zwei Preßöffnungen vorhanden, die von massiven SM-Stahlplatten begrenzt sind, von denen die oberste unter der Begrenzungsfläche der Rahmenöffnung wärmeisoliert befestigt ist, während die unterste auf dem Tisch des Kolbens der hydraulischen Presse ebenfalls wärmeisoliert aufliegt. Die mittelste Platte ruht auf kleinen Aufhängeböckchen. Diese Platte wird beim Hochgehen des Kolbens nach Schluß der unteren Öffnung mit gehoben und gegen die obere Preßplatte gedrückt. Die SM-Stahlplatten sind mit Bohrungen versehen, welche schlangenförmig verlaufen. Die Bohrsysteme der drei Platten sind durch biegsame Schläuche hintereinander geschaltet und können vom Dampf zur Heizung oder Kühlwasser zur Kühlung durchflossen werden. Die Temperatur wird durch ein elektrisches Pyrometer (Eisen-Konstantan) gemessen. Der Anzeigeapparat ist das Instrument in der Mitte. Links befindet sich das Manometer, welches den Dampf bzw. Kühlwasserdruck anzeigt, rechts das Manometer, welches den Wasserdruck unter dem Kolben anzeigt. Rechts neben der Presse ist die kleine Handpumpe mit 2 Kolben sichtbar, mit der der hydraulische Druck erzeugt wird. Gewöhnlich wird die ganze Presse auf einen Tisch oder Wasserkasten montiert, so daß die Etagen sich ungefähr in Leibeshöhe befinden.

(Dank dem Entgegenkommen
der Firma Niederrheinische Maschinenfabrik Becker & Hüllen A. G., Krefeld.)

hängt bei der gleichen Leimart zum mindesten von der Art der Ausführung der Verleimung unter Umständen ebensoviel ab, wie von der Zusammensetzung des Leimes selbst. Der Gang der Fertigung bei der Herstellung von Sperrholz übt also einen entscheidenden Einfluß auf die Verleimung aus. (Die Untersuchung des Leimes allein kann jedoch natürlich Aufschluß geben über dessen

Gleichmäßigkeit und über Erfüllung der Lieferverpflichtungen, die der Leimfabrikant eingegangen ist.)

Deswegen sieht man auch in den modern geleiteten Sperrholzbetrieben in den Laboratorien kleine Versuchspressen stehen, mit Hilfe derer man die günstigste Verarbeitungsmethode für die bestimmten Leimsorten bei den in Frage kommenden Hölzern erprobt, dadurch, daß man in kleinerem Maßstabe sie mit den in Frage kommenden Hölzern zu Sperrplatten im selben Fabrikationsgang, wie er später betriebsmäßig ausgeführt wird, verarbeitet und diese dann untersucht. Es wird oft eingewendet, daß das, was sich auf der Laboratoriumspresse — eine solche ist in Figur 136 dargestellt — ergibt, nicht ohne weiteres übertragbar ist auf die Verarbeitung in den großen Betriebspressen. Das ist nur bedingt richtig. In modernen Anlagen besteht heute keine Schwierigkeit mehr, den Leimdruck auch über die größte Fläche konstant zu halten. Es gibt sehr präzise arbeitende automatische Leimdruckregler, die praktisch während der ganzen Leimzeit auch ohne Akkumulator den Druck konstant halten. Auch die gleichmäßige Leimtemperatur ist über große Preßflächen erzielbar mit der Genauigkeit, die für die Verleimung von Sperrholz billigerweise verlangt werden kann. Richtig ist es, daß die Abkühlungsverhältnisse an den Kanten bei der kleinen Presse andere sind, wie bei einer großen, jedoch hat das keinen ausschlaggebenden Einfluß auf das Endergebnis. Auch die Frage der schnellen und regelmäßigen Beschickung der Presse ist auch für die größte Presse heute so gelöst, daß darin keine Schwierigkeiten mehr bestehen. Im großen und ganzen ist man in den Betrieben, die diese Frage studieren, zu der Erkenntnis gekommen, daß Sperrholzleimversuche, die auf solchen Laboratoriumspressen ausgeführt werden, einen sehr guten Anhalt für die betriebsmäßig günstigsten Zahlen ermitteln lassen, die für einen gegebenen Fall zur Erzielung einer bestimmten Qualität notwendig sind. Freilich muß man sich daran gewöhnen, systematisch zu arbeiten, genau so systematisch, wie man seit Jahrzehnten es gewohnt ist, in der Stahl- und Metallindustrie zu arbeiten. Es wird nur zu oft verkannt, wie wichtig es ist für jeden Versuch, den man anstellt, die Untersuchungsbedingungen und die erzielten Zahlen schriftlich festzulegen und diese Festlegungen zu sammeln. Es werden Beispiele gegeben werden, die den hohen Wert solcher Versuche zeigen. Damit sind wir jedoch bereits von dem Gebiet der Leimuntersuchung auf das der Sperrholzuntersuchung an sich angelangt. Diese beiden lassen sich, wenn der Effekt der Verleimung geprüft werden soll, nicht scharf voneinander trennen und sollen deshalb weiter im nächsten Kapitel besprochen werden.

Prüfung von Sperrholz.

Genau wie bei jedem anderen Werkstoff sind auch bei Sperrholz die Ansprüche verschieden, je nach dem Verwendungszweck.

Soweit Handelsbräuche bestehen, die Aufschluß darüber geben, was bisher für die Beurteilung maßgebend war, so weisen diese, wie im nächsten Kapitel gezeigt wird, lediglich Anforderungen auf, die sich mehr auf das äußere Ansehen und mitunter auch auf den Aufbau, als auf die innere Qualität beziehen. Die Schutzmarke einer gut geleiteten Fabrik sagt häufig mehr aus wie eine Untersuchung nach der Oberflächenbeschaffenheit. Ein Notbehelf, der da angängig ist, wo mit Rücksicht auf den Verwendungszweck z. B. Stärken verwendet werden, die vom Festigkeitsstandpunkt aus unwirtschaftlich wären, so z. B. im Möbelbau, jedoch auch hier spielt schon die Leimbindung eine bedeutende Rolle.

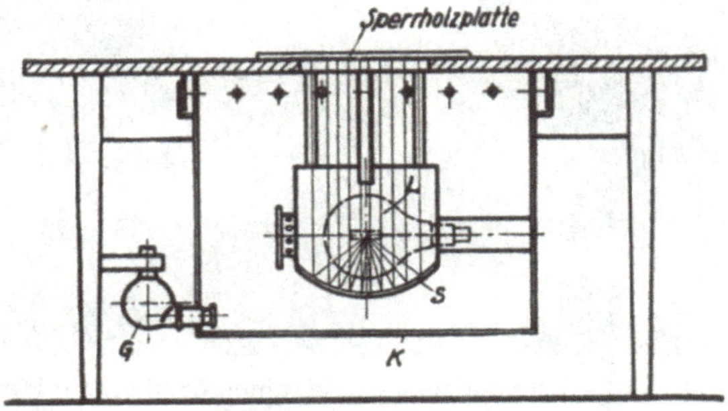

Fig. 137. Durchleuchtungsvorrichtung von Sperrholz.
L = Lichtquelle
S = Parabolspiegel
K = lichtdichter Kasten
G = Gebläse zur Kühlung.
(Dank dem Entgegenkommen der Deutschen Versuchsanstalt für Luftfahrt, E. V., Berlin-Adlershof.)

Die Prüfung nach der Oberflächenbeschaffenheit geschieht in derselben Weise wie bei anderen Werkstoffen. Was den Aufbau anbelangt, so ist derselbe einmal aus den Schnittflächen ersichtlich, wo man noch sicherer gehen will, wird derselbe beim Zerteilen des Werkstoffes an den neu entstandenen Schnittflächen weiter geprüft.

Man hat neuerdings auch Methoden entwickelt, die prüfen lassen, ob auch der Aufbau der Innenlage einwandfrei ist. Dieser Fortschritt ist den Prüfstellen für Flugzeugsperrholz zu verdanken, an das bekanntlich sehr hohe Anforderungen gestellt werden.

Diese Prüfung geschieht in recht einfacher Weise mit Hilfe einer Durchleuchtung der Platten. In Figur 137 ist ein Durchleuchtungsapparat abgebildet, wie ihn die Deutsche Versuchsanstalt für Luftfahrt, E. V., Berlin-Adlershof, für ihre Untersuchungen benutzt. Eine Starklichtlampe mit parabolischem Spiegel ist in einem lichtdichten Kasten unter einer Tischplatte angeordnet. In der Platte befindet sich ein schmaler Schlitz, durch den der konzentrierte Lichtstrahl geht. Der Kasten ist belüftet, die Sperrplatte wird langsam über den Tisch geschoben. Man kann deutlich den Faserverlauf der Inneneinlage erkennen, die Fugen, und kann auch Leimfehler, wie z.B. ungleichmäßige Leimverteilung, Leimknoten usw.

Fig. 138. Durchleuchtungsbild einer dreifachen Birkenplatte. Gerader Faserverlauf der Außen- und Innenlage.

(Dank dem Entgegenkommen der Deutschen Versuchsanstalt für Luftfahrt, E.V., Berlin-Adlershof.)

Fig. 139. Durchleuchtungsbild einer dreifachen Birkenplatte. Ausgestanzte Aststelle mit Füllstück.

(Dank dem Entgegenkommen der Deutschen Versuchsanstalt für Luftfahrt, E.V., Berlin-Adlershof.)

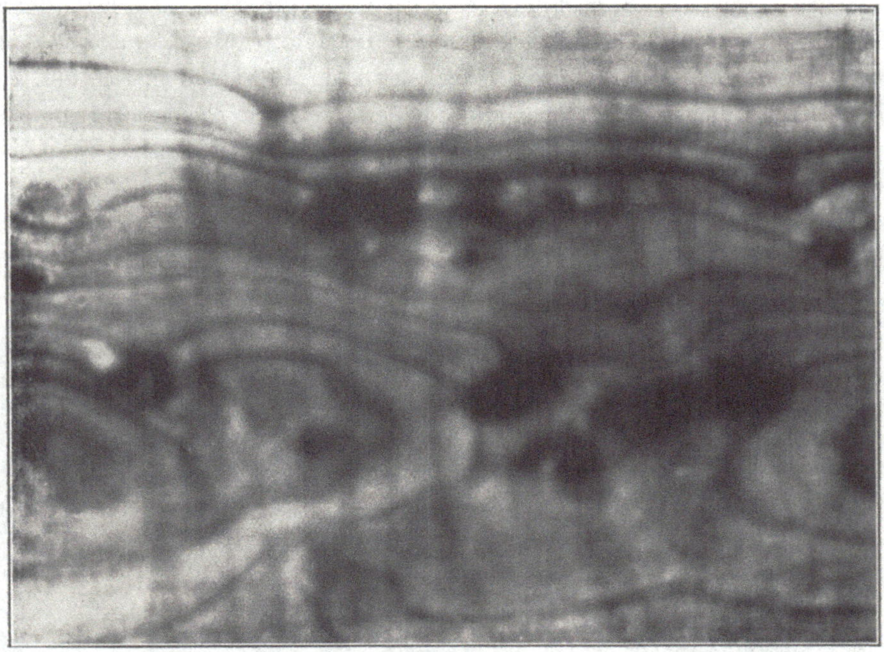

Fig. 140. Durchleuchtungsbild einer dreifachen Birkenplatte. Sperrholz mit ästiger und verwachsener Innenlage.
(Dank dem Entgegenkommen der Deutschen Versuchsanstalt fur Luftfahrt, E.V., Berlin-Adlershof.)

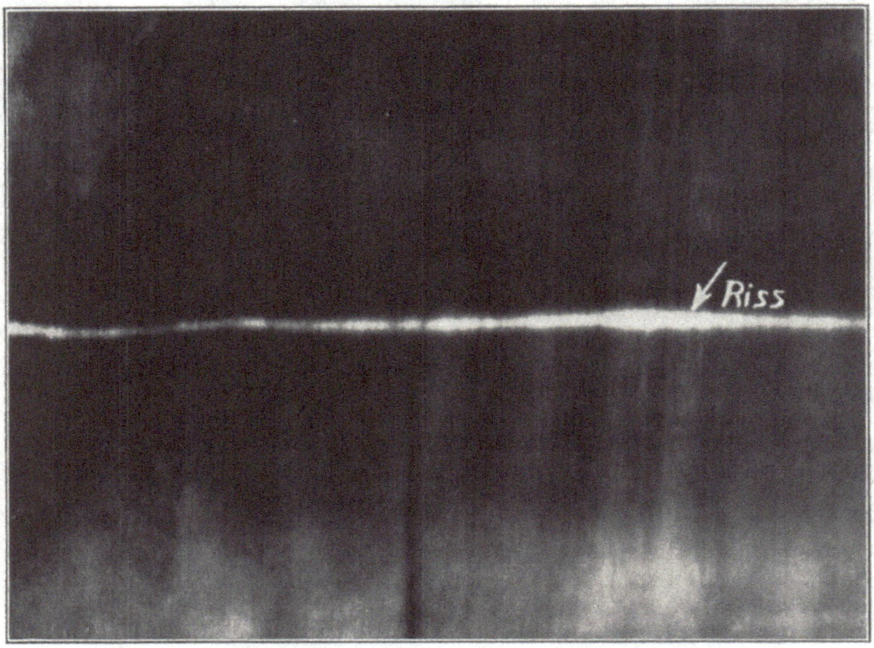

Fig. 141. Durchleuchtungsbild einer dreifachen Birkenplatte. Sperrholz mit Riß in der Innenlage.
(Dank dem Entgegenkommen der Deutschen Versuchsanstalt für Luftfahrt, E.V., Berlin-Adlershof.)

deutlich sehen. Die Vorrichtung ist auch so eingerichtet, daß man durch Herausnahme eines Einsatzstückes in der Tischplatte photographische Aufnahmen von der Durchleuchtung vornehmen kann. In Figur 138, 139, 140, 141 und 142 sind derartige Durchleuchtungsbilder gezeigt, welche dem 121. Bericht der Deutschen Versuchsanstalt für Luftfahrt E. V. mit deren gütiger Erlaubnis entnommen sind.[1])

Diese Untersuchungsmethode gestattet jedoch nur Sperrplatten bis zur Stärke von etwa $2^1/_2$ mm zu prüfen. Die gegebenen Bilder stammen von Platten,

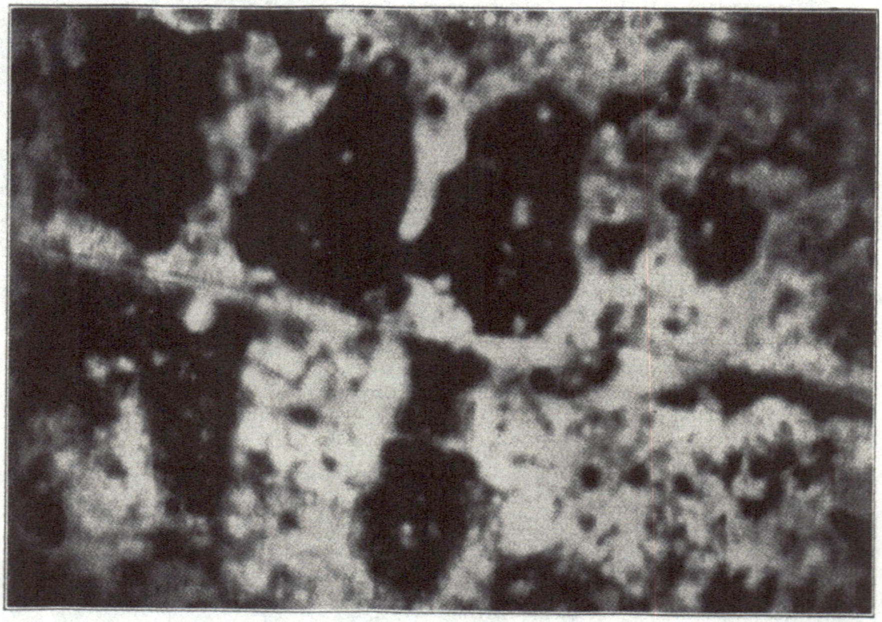

Fig. 142. Durchleuchtungsbild einer dreifachen Birkenplatte. Sperrholz mit schlechter Leimung. An den dunklen Stellen hat der Leim nicht abgebunden.
(Dank dem Entgegenkommen der Deutschen Versuchsanstalt für Luftfahrt, E.V., Berlin-Adlershof.)

die teils 1, teils 1,5 mm stark waren. Für die Durchleuchtung stärkerer Platten, besonders Platten mit aufgebauter Mittellage müssen Röntgenapparate zugezogen werden, deren Anwendung jedoch heute keinerlei Schwierigkeiten mehr bietet.

Die Untersuchung der Stärken erfolgt entweder in der bekannten Weise mit Mikrometerschrauben oder Stärkenmesser, mit direktem Anzeigeapparat, die bereits recht handlich mit einer Genauigkeit von einem Hundertstel Millimeter preiswert zu haben sind.

Figur 143 zeigt einen Stärkenmesser mit sehr großer Ausladung, der ebenfalls eine Genauigkeit von 0,01 mm ergibt.

---

[1]) Flugzeugsperrholz und seine Prüfung von Max Dobberke und Karl Schaivogel. Bericht der Deutschen Versuchsanstalt für Luftfahrt, E. V., Berlin-Adlershof.

Fig. 143. Stärkenmesser für Sperrplatten mit großer Ausladung, zeigt auf 0,01 mm genau.
(Dank dem Entgegenkommen der Deutschen Versuchsanstalt für Luftfahrt, E. V., Berlin-Adlershof.)

Der Feuchtigkeitsgehalt der Platten wird in genau derselben Weise bestimmt wie der Feuchtigkeitsgehalt von Furnieren oder Einlagen, wie eingehend in Band I, Seite 129, beschrieben.

Diese Untersuchungen sind dort unbedingt notwendig, wo man Wert darauf legt, genauen Aufschluß über die Festigkeit, vor allen Dingen über die Biegefähigkeit von Sperrplatten zu erhalten. Es wird bei der Besprechung von Versuchsergebnissen an der betreffenden Stelle noch darauf hingewiesen werden.

Es ist bereits erwähnt worden, daß auch für Sperrholz, wie es der Möbelbau gebraucht, die Prüfung der Leimbindefestigkeit eine große Rolle spielt, und in vielen Fällen auch die Prüfung auf Festigkeit gegen Feuchtigkeit und den Einfluß von Mikroorganismen. Diese Prüfungen spielen noch eine ganz besondere Rolle für Sperrhölzer, an die hohe Anforderungen gestellt werden und die für mehr technische Zwecke verwendet werden. Sie sollen bei der Erörterung der hierfür maßgebenden Untersuchungsmethoden besprochen werden.

Sperrholz für technische Zwecke.

Die Notwendigkeit, Flugzeugsperrholz einer sehr eingehenden Prüfung zu unterziehen, da von seiner Zuverlässigkeit Menschenleben abhängen, hat zunächst zu der Entwicklung von Prüf- und Abnahmebedingungen für Flugzeugsperrholz geführt. Die hierfür ausgearbeiteten Methoden können ganz allgemein auch für Furnierplatten bis zu etwa 6 mm Stärke für technische Zwecke angewendet werden. Zahllose und jahrelange Untersuchungen haben zur Aufstellung von festen Abnahmebedingungen für Flugzeugsperrholz geführt, die von Zeit zu Zeit mit der sich mehr und mehr vervollkommnenden Technik der Sperrholzherstellung Änderungen und Nachträge erfahren. Die letzte Ausgabe der Bauvorschriften für Flugzeuge vom November 1930, herausgegeben von der Deutschen Versuchsanstalt für Luftfahrt, E. V., enthält für die Abnahme von Sperrholz folgende Vorschriften:

„*Aufbau:* Einzellagen in beliebiger, jedoch ungerader Anzahl, wasserfest so miteinander verleimt, daß die Fasern benachbarter Einzellagen sich rechtwinklig kreuzen. Die Dicke der Zwischenlagen soll bei dreifachem Sperrholz mindestens gleich der Dicke einer Außenlage sein und die Gesamtdicke beider Außenlagen nicht überschreiten. Bei fünf- und mehrfachem Sperrholz soll die Dicke einer Einzellage nicht mehr als das Doppelte irgendeiner anderen Lage betragen.

Auswahl. Äste unter 6 mm mittlerem Durchmesser höchstens 5 in jeder Holzlage, auf 1 m^2 verteilt. Abweichungen in der Dicke $\pm$ 10% bis 3 mm Dicke und über 3 mm $\pm$ 5% zulässig.

Risse: eingesetzte Füllstücke in Innen- und Außenlagen, Blasen, Falten unzulässig. Leichtes Abschleifen der Außenseiten zulässig, sofern die Festig-

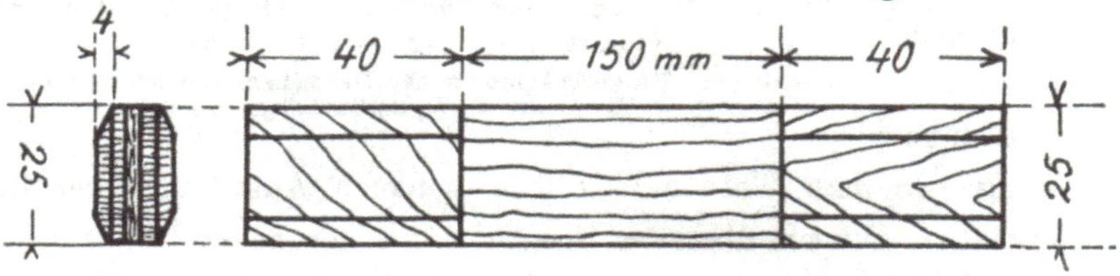

Fig. 144. Sperrholzzugstab zur Bestimmung der Zugfestigkeit.

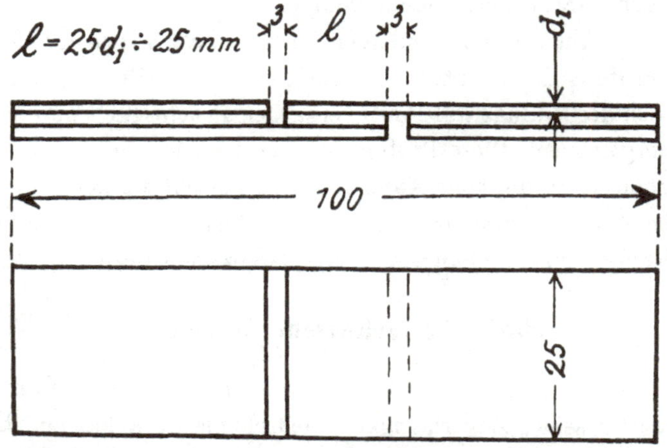

Fig. 145. Sperrholzstab zur Bestimmung der Scherfestigkeit der Leimbindung nach den Vorschriften der Deutschen Versuchsanstalt für Luftfahrt, E. V., Berlin-Adlershof.

keitseigenschaften hierdurch nicht beeinträchtigt werden. Beschaffenheit der Innenlagen mit Durchleuchtung feststellen.

Prüfung: a) Zugfestigkeit des Gesamt-Sperrholzquerschnittes für Birke als Mittel aus je 3 Proben mindestens (kg/cm²): Längs- + Querfestigkeit 1400, Querfestigkeit 450.

Probekörper nach Abbildung 144 oder glatte Streifen von 250 mm Länge. Bei einer Sperrholzdicke über 4 mm sind die Einspannköpfe des Probestabes so zu bemessen, daß die Flächenpressung in der Einspannung 100 kg/cm² nicht übersteigt. (Profilierte Probestäbe.)

b) Leimfestigkeit als Mittelwert von 5 Proben: Lufttrocken 20 kg/qcm², naß nach 48stündigem Lagern unter Wasser 10 kg/qcm², Probekörper für die DVL nach Abbildung 145.

c) Wasserbeständigkeit: Nach dreitägigem Lagern unter Wasser bei Raumtemperatur und nach zweitägigem Trocknen an der Luft darf keine Rißbildung und kein Abblättern der Lagen bemerkbar sein. Größe der Proben mindestens 5×5 cm.

d) Biegefähigkeit: Längs- und Querproben über eine Form mit einem Durchmesser gleich der 50fachen Sperrholzdicke einmal hin und her biegen. Biegewinkel 180°. Dabei dürfen weder Risse auftreten, noch Lagen abblättern.

e) Feuchtigkeitsgehalt: 7—15% (bezieht sich auf die Methode, die in Band I auf Seite 129 beschrieben ist)."

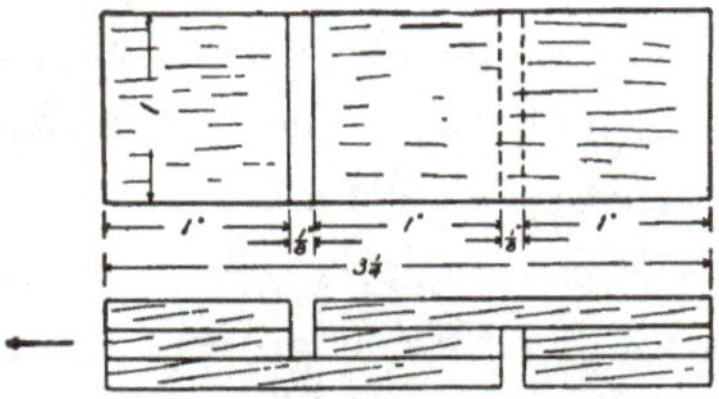

Fig. 146. Probestab für die Bestimmung der Scherfestigkeit der Leimbindung an dünnen Sperrplatten nach den Vorschriften der amerikanischen und britischen Regierung.

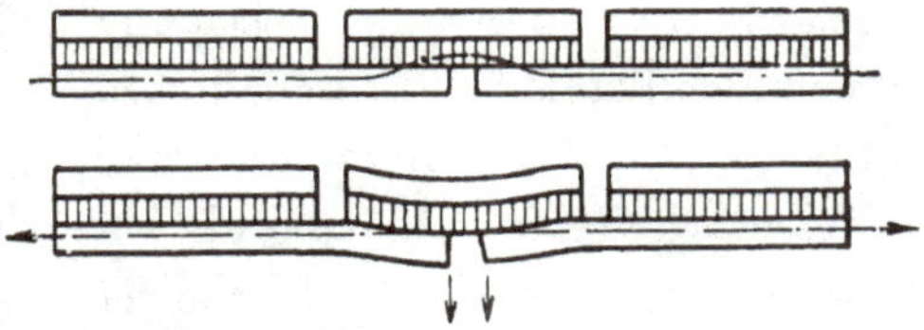

Fig. 147. Probestab für die Bestimmung der Scherfestigkeit der Leimbindung an dünnen Platten nach den Vorschriften der französischen Regierung. Oben der Stab vor dem Versuch, unten der Stab in der Verformung unter Last.

Aus den wiedergegebenen Lieferungsbedingungen für Flugzeugsperrholz geht hervor, daß sachgemäß hergestellte Sperrplatten auch höheren technischen Ansprüchen bereits genügen. In anderen Staaten bestehen ähnliche Vorschriften, jedoch ist Einheitlichkeit auf diesem Gebiete international noch nicht erreicht. Zum Teil liegt das daran, daß in Deutschland die Flugzeuge nur friedlichen Zwecken dienen, während in den anderen Staaten die Vorschriften hauptsächlich von den militärischen Stellen ausgearbeitet werden. Sehr deutlich tritt die Verschiedenheit hervor, z. B. bei Betrachtung der in den verschiedenen Ländern üblichen Stabform, an denen die Leimfestigkeit festgestellt wird. Figur 145 zeigt den Stab, wie er in Deutschland Vorschrift ist. Figur 146, wie ihn die amerikanische und britische Regierung adoptiert hat, Figur 147 den Stab, wie er in Frankreich Norm ist.

Eine kleine Betrachtung wird ohne weiteres zeigen, daß die mit diesen verschiedenen Stäben erhaltenen Werte für die Leimfestigkeit nicht ohne weiteres miteinander vergleichbar sind. Um die Scherfestigkeit der Leimbindung an den Probestäben prüfen zu können, werden, wie in den Figuren 145 bis 147 gezeigt, die Außenfurniere quer zur Faserrichtung durchgeschnitten, so daß die an den beiden Enden des Prüfstabes angreifenden Zugkräfte die bestehen gebliebenen Leimflächen auf Scherung beanspruchen. Das Einschneiden der Außenfurniere kann nun in verschiedener Weise geschehen. Drei Möglichkeiten sind in Figur 148 als Beispiel gezeigt. Da die Zugkräfte der Zerreißmaschine in der Mittelachse des lose eingespannten Prüfstabes angreifen, werden dieselben innerhalb des Stabes, so wie die Pfeillinien es zeigen, sich fortpflanzen, d. h. es wird keine reine Scherbeanspruchung auftreten, sondern, wie in Figur 149 gezeigt, beim deutschen Stab, wie auch beim englischen und amerikanischen Stab ein Einbiegen der Außenfurniere und damit zusätzliche Biegungsbeanspruchungen, die einem Abhebeversuch des Außenfurniers gleichkommen. Je nach dem Stärkenverhältnis der drei Lagen wird dieser Fehler größer oder kleiner werden, er wächst mit der Stärke der Mittellagen. In Figur 147 ist gezeigt, daß beim französischen Stab die Verhältnisse etwas günstiger liegen. Der hauptsächlichste Unterschied zwischen dem deutschen und dem amerikanischen und englischen Stab ist der, daß in Deutschland die Versuchslänge in Abhängigkeit gebracht worden ist von der Stärke der Furniere. Da, wie soeben erwähnt, die Größe des Fehlers mit der Stärke der Furniere wächst, hat man die Möglichkeit, dadurch einen gewissen Ausgleich zu schaffen. Man hat auch versucht, den Fehler, den die Biegungsbeanspruchungen bei dieser Probe verursachen, dadurch zu vermindern, daß man die Zugklauen möglichst reibungslos an Gleitflächen so geführt hat, daß sie gezwungen sind, während des ganzen Versuches die Lage ihrer Längsachsen gegeneinander nicht zu ändern; das verringert wohl den Fehler, kann ihn aber nicht ganz beheben, weil immer eine gewisse freie, nicht eingespannte Meßlänge vorhanden sein muß, in

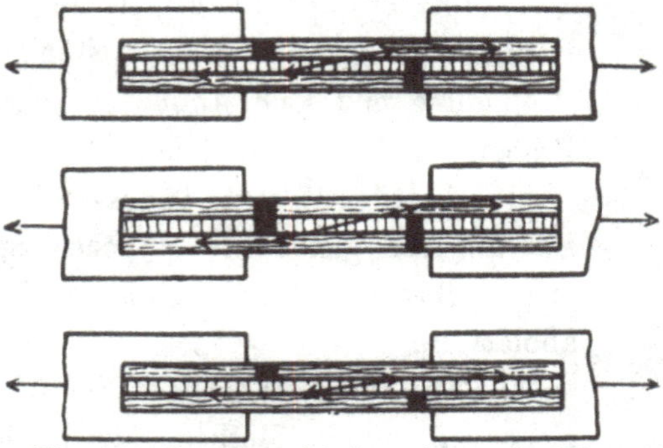

Fig. 148. Drei verschiedene Arten des Einschneidens der Probestäbe. Die schwarzen Stellen sind die Einschnitte, aus denen das Holz entfernt ist. In der obersten Darstellung ist links von der Meßstelle ein Außenfurnier und rechts von ihr ein Außen- und ein Mittelfurnier durchschnitten. In der mittleren Darstellung sind auf den beiden Seiten der Meßstellen einmal das obere Furnier und die Mittellage und auf anderen das untere Furnier und die Mittellage durchschnitten. Es ist das die Art der deutschen, englischen und amerikanischen Einheitsstäbe. In Figur 148 sind nur die Außenlagen durchschnitten, die Mittellage ist nicht geschnitten. Die Beanspruchungslinie zeigt, daß der unterste Stab die geringste Biegungsbeanspruchung aufweisen wird, jedoch tritt die wenn auch geringe Festigkeit quer zur Faser der Mittellage als Fehlerquelle auf.

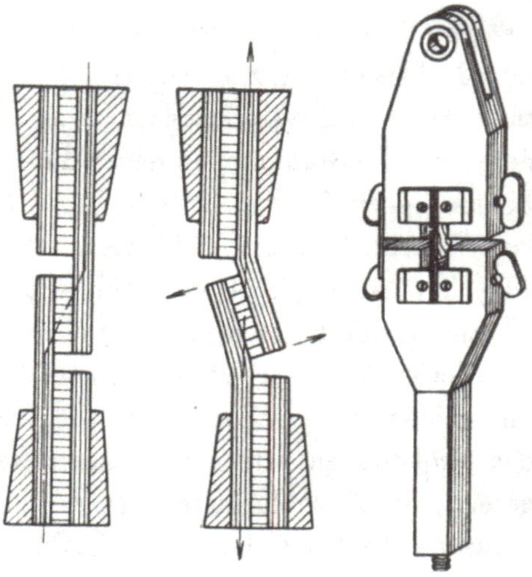

Fig. 149. Verformung der belasteten Leimprobe des deutschen, englischen und amerikanischen Einheitsstabes infolge des Biegemomentes. Rechts der Stab in den Zugstücken der Zerreißmaschine eingespannt.

der sich die Biegungsbeanspruchungen doch auswirken können. Wie man sich beim fünffach verleimten Sperrholz zu helfen versucht, zeigt Figur 150. Die Ansichten darüber, welche der Schnittmethoden die gleichmäßigsten Resultate ergibt, gehen auseinander. Das hat man jedoch erreicht, daß bei schwachen Furnierplatten die Versuchsanordnung, wie sie heute von der Versuchsanstalt für Luftfahrt für Deutschland normalisiert worden ist, recht brauchbare Vergleichsergebnisse erzielen läßt. Wer sich näher über diese Fragen informieren will, sei auf die Arbeit „Der Einfluß der Leimung auf die Güte von Flugzeugsperrholz" von Otto Kraemer hingewiesen, in der diese Fragen sehr eingehend behandelt werden, und aus der Figur 149 und 150 übernommen sind.[1])

Fig. 150. Probestab für mehrfach verleimte Furnierplatten. Links ist nur das mittlere Furnier in der Längsfaser durch eine Anbohrung durchschnitten, rechts sowohl das Mittelfurnier, wie auch die beiden Absperrfurniere.

Eine Zerreißmaschine, wie sie für die Anstellung derartiger Versuche in Gebrauch ist, ist in Figur 151 gezeigt. Man sieht die Zugklauen, und zwar handelt es sich hier um eine Maschine, in der die Klauen geführt sind. Durch Drehung des Handrades wird die Zugkraft erzeugt, der Zeiger, der mit einem Schleppzeiger über die Skala der Maschine geht, zeigt die jeweils wirkende Zugkraft an.

Fig. 151. Zerreißmaschine zur Feststellung der Leimbindefestigkeit von Sperrplatten. Rechts die beiden gabelförmigen Zugstücke, die sich in einer Führung bewegen, zwischen ihren Klauen der eingespannte Zerreißstab. Durch Drehung des Handrades wird die Zugkraft erzeugt. Der Zeiger mit Schleppzeiger, der über die Skala spielt, zeigt die ausgeübte Kraft an.

(Dank dem Entgegenkommen der Firma Th. Goldschmid A. G., Essen, und A. v. Tarnogrocki, Essen.)

Prüfung von Flugzeugsperrholz.

Am besten wird wohl der Gang einer Untersuchung von Sperrholz für Flugzeuge dadurch illustriert, daß ein Bericht der Deutschen Versuchsanstalt für Luftfahrt über eine ausgeführte Prüfung von Birkensperrholz für Flugzeugbau hier vollständig wiedergegeben wird.[2])

Prüfung von Birkensperrholz K 25/19.

Berlin-Adlershof, den 7. November 1930.

[1]) 193. Bericht der Deutschen Versuchsanstalt für Luftfahrt, E. V., Berlin-Adlershof, „Luftfahrtforschung 1930, Heft 2".

[2]) Der Deutschen Versuchsanstalt für Luftfahrt sei an dieser Stelle für die Überlassung des Berichts K 25/19 vom 7. 11. 30 und die Genehmigung zum Abdruck hier besonderer Dank abgestattet.

Prüfung von Birkensperrholz von verschiedener Dicke.

Birkensperrholzplatten von verschiedener Dicke und verschiedenem Aufbau wurden zur Prüfung auf ihre Eignung als Flugzeugsperrholz eingeliefert.

Die Prüfung auf Zugfestigkeit, Leimfestigkeit, Wasserfestigkeit und Biegefähigkeit ergab, daß sämtliche Platten den Anforderungen der Bauvorschriften für Flugzeuge 1928 genügen.

Prüfung von Birkensperrholz von verschiedener Dicke.

Von der Firma Brüning & Sohn wurden 6 Birkensperrholzplatten von verschiedener Dicke zur Prüfung auf ihre Eignung als Flugzeugsperrholz eingeliefert. Die Platten hatten die für Flugzeugsperrholz üblichen Abmessungen von 100×120 cm und waren auf beiden Seiten leicht geschliffen.

Versuchsdurchführung:

Die Prüfung des Sperrholzes erfolgte nach den von den Bauvorschriften für Flugzeuge 1928 Nr. 1121—1124 für die Sperrholzprüfung festgelegten Prüfverfahren. Nach diesen wurden folgende Prüfungen durchgeführt:

1. Durchleuchtung der Platten.
2. Bestimmung der Dickenabmessungen und des Dickenverhältnisses.
3. Ermittlung von spezifischem Gewicht und Feuchtigkeitsgehalt.
4. Prüfung der Zugfestigkeit längs und quer zur Faserrichtung an je drei Proben.
5. Prüfung der Biegefähigkeit längs und quer zur Faserrichtung.
6. Prüfung der Leimfestigkeit im lufttrockenen Zustand, sowie nach 48stündiger Wasserlagerung an je fünf Proben.

Versuchsergebnisse:

1. Die Durchleuchtung konnte nur beim dreifachen Sperrholz vorgenommen werden, die übrigen Platten waren für die vorhandene Durchleuchtungseinrichtung zu dick. Fehler in den Innenfurnieren und in der Verleimung wurden an diesen Platten nicht festgestellt.

2. Die Dickenschwankungen der Platten wurden mit dem DVL-Dickenmesser (siehe 121. DVL-Bericht, Lufoheft 3, Bd. 3) gemessen und sind in Zahlentafel 1 zusammengestellt. Aus dieser Zusammenstellung geht auch das Dickenverhältnis der einzelnen Furniere hervor. (Fig. 143 dieses Buches.)

Die Dicken der gemessenen Platten weichen höchstens ± 5 v. H. vom gemessenen Mittelwert ab und liegen damit innerhalb der zulässigen Höchstwerte von ± 10 v. H. bei dünnem Sperrholz und ± 5 v. H. bei dicken Platten.

Die Unterschiede zwischen Nennwert und Meßwert sind dagegen bei Platte 2, 4 und 6 recht erheblich.

Auch das Dickenverhältnis der Furniere innerhalb einer Platte zeigt beim fünffachen Sperrholz zum Teil starke Schwankungen.

3. Das spezifische Gewicht des Sperrholzes (an Platten von 10 × 10 cm Kantenlänge festgestellt) sowie der Feuchtigkeitsgehalt der Platten gehen ebenfalls aus Zahlentafel 1 hervor.

Beide liegen innerhalb der für normales Birkensperrholz üblichen Grenzen.

4. Die Zugfestigkeitswerte der einzelnen Platten entsprechen dem jeweiligen Dickenverhältnis des Sperrholzes. Sie sind bei Platte II — VI längs und quer zur äußeren Faserrichtung gut ausgeglichen. (Mittelwerte siehe Zahlentafel 1.)

Die Streuungen der Einzelwerte sind für dreifaches Sperrholz aus Zahlentafel 2 und für fünffaches Sperrholz aus Zahlentafel 3 ersichtlich.

Die Festigkeitswerte genügen bei sämtlichen Platten den in den BVF 1928 gestellten Anforderungen.

5. Die Leimfestigkeit des Sperrholzes gibt Zahlentafel 4 und 5 wieder. Sie erfüllt bei allen geprüften Platten sowohl im lufttrockenen Zustand als auch nach 48stündiger Wasserlagerung die vom Flugzeugbau gestellten Anforderungen von 20 kg/cm² Leimfestigkeit bezw. 10 kg/cm² Wasserfestigkeit.

Die bei Platte II und III ermittelten niedrigeren Leimfestigkeitswerte (im Vergleich zu Platte I) dürften zum großen Teil durch die Probestabform bedingt sein. Bei dickem dreifachen Sperrholz treten bei der Prüfung mit dem in Zahlentafel 4 gezeigten Probestab erhebliche Biegekräfte auf, die z. B. bei einem 3 mm dicken Sperrholz bereits eine Verminderung des Leimfestigkeitswertes um 30 bis 50 v. H. hervorrufen können.

6. Die Prüfung der Biegefähigkeit wurde nur beim dreifachen Sperrholz durchgeführt. Die Anforderungen, nach denen sich das Sperrholz über einen Radius von 50facher Sperrholzdicke ohne Brucherscheinung (beim Normalfeuchtigkeitsgehalt) biegen lassen muß, wurde von allen dreifachen Platten erfüllt, wie aus Zahlentafel 6 hervorgeht. Für das dicke fünffache Sperrholz dürften derartig starke Krümmungen kaum in Frage kommen.

Zusammenfassung:

Die Prüfung des eingelieferten Sperrholzes auf Zugfestigkeit, Leimfestigkeit, Wasserfestigkeit und Biegefähigkeit ergab, daß sämtliche geprüfte Platten den Anforderungen der BVF 1928 genügen.

Der Abteilungsleiter: Paul Brenner.

Der Bearbeiter: Otto Kraemer.

Zahlentafel 1.

Zusammenstellung von Dickenabmessungen, spez. Gewicht und Zugfestigkeit von 6 Birkensperrholzplatten (kaseinverleimt).

Platte Nr.	Dicke mm	Aufbau in mm	Dickenschwankungen in mm	Spez. Gewicht	Mittlere Zugfestigkeit kg/cm²		Feuchtigkeitsgehalt
					längs	quer	
I	1,2	0,4 × 0,4 × 0,4	1,24 — 1,35	0,80	1490	797	10,7
II	2	0,6 × 1,2 × 0,6	2,25 — 2,45	0,72	1020	1020	11,5
III	3	0,8 × 1,6 × 0,8	2,85 — 3,15	0,75	1130	1210	10,5
IV[1])	4	0,8 × 1,0 × 0,8 × 1,0 × 0,8	4,35 — 4,60	0,82	1130	939	11,0
V[1])	5	0,8 × 1,2 × 0,8 × 1,2 × 0,8	4,98 — 5,28	0,84	819	809	10,2
VI[1])	6	1,0 × 1,6 × 1,0 × 1,6 × 1,0	6,22 — 6,35	0,81	1040	1060	11,2

[1]) Das Dickenverhältnis (Aufbau) der 5fachen Platten schwankt sehr stark.

Zahlentafel 2.

Zugfestigkeit des dreifachen Sperrholzes (Einzelwerte).
Probeabmessungen: 230 × 25 (prismatisch ohne Einspannköpfe).

Platten- Nr.	Platten- Dicke mm	Faserrichtung	Probe-Nr.	Proben- Dicke cm	Proben- Breite cm	Bruchbelastung kg	Zugfestigkeit kg/cm²	Mittelwert
I	1,2	längs	1	0,133	2,52	500	1490	
			2	0,130	2,52	480	1470	
			3	0,133	2,52	505	1510	1490
		quer	4	0,130	2,53	275	835	
			5	0,134	2,52	250	740	
			6	0,133	2,53	275	817	797
II	2,0	längs	1	0,244	2,52	590	960	
			2	0,240	2,52	605	1000	
			3	0,235	2,52	650	1100	1020
		quer	4	0,233	2,52	570	971	
			5	0,237	2,52	610	1020	
			6	0,236	2,52	640	1080	1020
III	3,0	längs	1	0,315	2,52	940	1180	
			2	0,308	2,52	890	1050	
			3	0,312	2,52	920	1170	1130
		quer	4	0,307	2,52	920	1190	
			5	0,303	2,52	960	1260	
			6	0,312	2,52	920	1170	1210

Zahlentafel 3.

Zugfestigkeit des fünffachen Sperrholzes.
Probestabform:

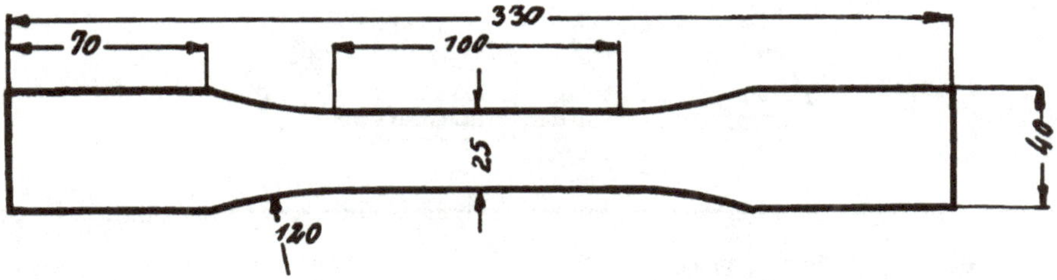

Platten- Nr.	Platten- Dicke mm	Faser-richtung	Probe-Nr.	Proben- Dicke cm	Proben- Breite cm	Bruch-belastung kg	Zug-festigkeit kg/cm²	Mittel-wert
IV	4,4	längs	1	0,439	2,53	1260	1140	
			2	0,442	2,54	1370	1220	
			3	0,446	2,53	1160	1030	1130
		quer	4	0,435	2,50	920	847	
			5	0,440	2,50	1090	992	
			6	0,443	2,52	1090	977	939
V	5,0	längs	1	0,528	2,49	1090	830	
			2	0,520	2,50	1020	785	
			3	0,509	2,52	1080	842	819
		quer	4	0,499	2,51	1090	871	
			5	0,499	2,50	1070	855	
			6	0,510	2,52	900	701	809
VI	6,3	längs	1	0,625	2,47	1640	1060	
			2	0,622	2,51	1650	1060	
			3	0,630	2,53	1590	998	1040
		quer	4	0,630	2,51	1490	941	
			5	0,632	2,52	1720	1080	
			6	0,634	2,50	1820	1150	1060

Zahlentafel 4.

Prüfung der Leimfestigkeit des dreifachen Sperrholzes.
Probestab für dreifaches Sperrholz:

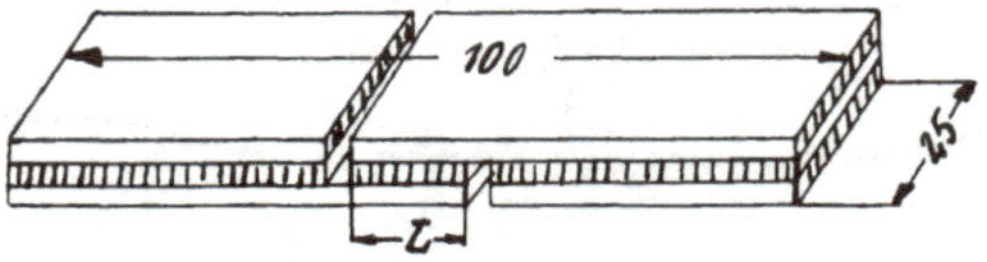

Platten-Nr.	Zustand der Proben	Probe-Nr.	Leimfläche Länge L cm	Leimfläche Breite cm	Bruch-belastung kg	Leim-festigkeit kg/cm²	Mittel-wert
I	trocken	1	0,70	2,50	98	56	
		2	0,68	2,50	82	48	
		3	0,69	2,50	86	50	
		4	0,69	2,50	88	51	
		5	0,69	2,50	89	52	51
	naß	6	0,68	2,50	29	17	
		7	0,68	2,50	29	17	
		8	0,70	2,50	30	17	
		9	0,70	2,50	28	16	
		10	0,69	2,50	30	17	17
II	trocken	1	0,98	2,50	55	22	
		2	0,99	2,50	47	19	
		3	1,00	2,50	59	24	
		4	0,98	2,50	66	27	
		5	0,98	2,50	51	21	23
	naß	6	0,98	2,50	25	10	
		7	0,99	2,50	25	10	
		8	0,98	2,50	25	10	
		9	0,97	2,50	25	10	
		10	0,98	2,50	23	9	10
III	trocken	1	1,52	2,50	89	23	
		2	1,53	2,50	106	28	
		3	1,54	2,50	108	28	
		4	1,58	2,50	112	28	
		5	1,58	2,50	132	33	26
	naß	6	1,52	2,50	45	12	
		7	1,53	2,50	44	11	
		8	1,58	2,50	49	12	
		9	1,58	2,50	46	12	
		10	1,58	2,50	44	11	11,6

Zahlentafel 5.

Prüfung der Leimfestigkeit des fünffachen Sperrholzes.
Probestabform für fünffaches Sperrholz:

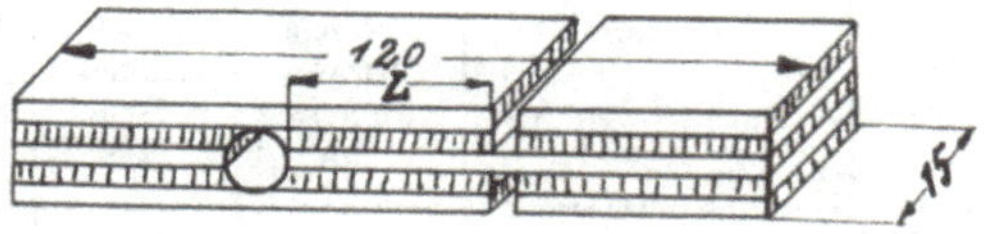

Platten-Nr.	Zustand der Proben	Probe-Nr.	Leimfläche Länge L cm	Leimfläche Breite cm	Bruch-belastung kg	Leim-festigkeit kg/cm²	Mittel-wert
IV	trocken	1	0,73	1,50	89	41	
		2	0,73	1,50	88	40	
		3	0,73	1,50	93	42	
		4	0,73	1,50	83	38	
		5	0,73	1,50	98	45	41
	naß	6	0,76	1,50	28	12	
		7	0,76	1,50	31	14	
		8	0,73	1,50	34	16	
		9	0,73	1,50	39	18	
		10	0,74	1,50	37	17	15
V	trocken	1	1,03	1,50	150	49	
		2	1,01	1,50	135	45	
		3	1,10	1,51	119	36	
		4	1,08	1,51	139	43	
		5	1,08	1,51	133	41	43
	naß	6	1,00	1,50	51	17	
		7	1,02	1,50	47	15	
		8	1,00	1,50	42	14	
		9	1,05	1,50	44	14	
		10	1,02	1,50	48	16	15
VI	trocken	1	1,09	1,50	132	40	
		2	1,15	1,50	155	45	
		3	1,18	1,50	136	38	
		4	1,18	1,50	139	39	
		5	1,16	1,50	165	47	42
	naß	6	1,15	1,50	60	17	
		7	1,15	1,50	63	18	
		8	1,13	1,50	65	19	
		9	1,21	1,50	65	18	
		10	1,20	1,50	55	15	17

Zahlentafel 6.

Prüfung der Biegefähigkeit des dreifachen Sperrholzes.
Probeabmessungen 200 × 25 mm.

Platten-Nr.	Faser-richtung	Probe-Nr.	Proben- Dicke cm	Proben- Breite cm	Anfangs-Biege-halbmesser mm	Biege-halbmess. b. Bruch mm	Vielfaches der Sperrholz-dicke	Feuchtig-keits-gehalt %
I	längs	1 2 3	0,13	2,50	70	20 25 25	15 — 20	10,7
	quer	4 5 6	0,13	2,50	40	10 10 10	7	
II	längs	1 2 3	0,235	2,50	120	90 80 90	33 — 38	11,5
	quer	4 5 6	0,235	2,50	70	30 30 30	13	
III	längs	1 2 3	0,30	2,50	160	120 120 140	40 — 47	10,5
	quer	4 5 6	0,30	2,50	90	60 50 50	16 — 20	

Bericht K 25/19

Es sei zu diesem Bericht noch einiges bemerkt. Zunächst sieht man aus Zahlentafel 1 und 6, daß der Prüfer den Feuchtigkeitsgehalt des Sperrholzes angegeben hat. Derselbe muß stets angegeben werden, da bekanntlich die Festigkeit des Holzes vom Feuchtigkeitsgehalt abhängt, und zwar nicht nur des unverleimten Holzes, sondern auch des Sperrholzes (siehe Tabelle auf Seite 224 für Furniere). Es geht ferner aus dieser Tafel hervor, daß man normalerweise schon Mittelwerte für die Zugfestigkeit erreicht, die recht beträchtlich sind. Ferner wird hier einmal in Zahlen gezeigt, wie Sperrholz ausgleichend auf die Festigkeit in der Richtung der Faser und quer zu derselben (auf das Außenfurnier bezogen) wirkt. Der Vergleich der Zahlen in Tafel 1, 2 und 3 für die Längs- und Querfestigkeit illustriert wohl besser als alles andere die enorme Überlegenheit von Sperrholz gegenüber Massivholz. Zahlentafeln 4 und 5 geben die Scherfestigkeit der Leimbindung an, und zwar beim Versuch mit trockenem Sperrholz, sodann beim Versuch am nassen Probestab, der 48 Stunden in kaltem Wasser gelagert hat. Der Vergleich der Trockenbruchbelastung und Naßbruchbelastung gibt einen vorzüglichen Maßstab für die Feuchtigkeitsbeständigkeit der Leime. Man sieht, daß man diese Proben in sehr einfacher Weise durchführen kann, und daß man Anpreisungen von wasserfesten Verleimungen sehr schnell und einwandfrei auf ihre Berechtigung nachprüfen kann.

Wir sehen an dieser Kaseinverleimung, daß wohl eine gewisse Beständigkeit des Leimes gegen die Einwirkung der Feuchtigkeit vorhanden ist, daß aber die Einwirkung der Feuchtigkeit die Festigkeit der Verleimung außerordentlich beeinträchtigt. Wie bereits in Band I, Kapitel XVI erwähnt, verfügt jedoch die Sperrholzindustrie auch über andere Leimmittel, die tatsächlich als praktisch wasser- und feuchtigkeitsbeständig angesprochen werden können. So entnehme ich zum Vergleich Durchschnittszahlen aus dem Untersuchungsbericht K. F. 37/7. 1 der Deutschen Versuchsanstalt für Luftfahrt aus 10 Versuchsreihen von Birkensperrplatten von 1,8 mm Gesamtstärke, die mit einem Leimfilm („Tego“) verleimt worden sind, bei denen die Mittelwerte sämtlicher Versuche eine Trockenfestigkeit von 41 kg und eine Naßfestigkeit von 36 kg ergeben haben, die Naßfestigkeit liegt also nur zirka 12% unter der Trockenfestigkeit. Der Rückgang der Leimfestigkeit ist hierbei nach dem vorliegenden Bericht nicht auf ein Nachlassen des Bindemittels, sondern auf die geringe Festigkeit der nassen Furniere zurückzuführen, wie dieses aus gezeigten Bruchbildern klar hervorgeht. Man kann also mit Fug und Recht behaupten, daß die Sperrholzindustrie in der Lage ist, wirklich wasserfeste Verleimungen auszuführen.

In Fällen, in denen es sich darum handelt, neue Leime zu erproben oder aber neue Holzarten, werden häufig auch noch Mikroaufnahmen durch Sperrholzquerschnitte zu Rate gezogen, welche zeigen, wie die Verankerung zwischen Holz und Leim erfolgt ist, also ähnliche Bilder wie sie in Band I, in Figur 153 auf Seite 241, dargestellt sind.[1])

Die Prüfung auf Biegefähigkeit ist bereits in dem oben abgedruckten Bericht der Deutschen Versuchsanstalt für Luftfahrt erwähnt worden. Weitere Untersuchungen, die beim fertigen Sperrholz Interesse für die Technik haben, sind außer der Feststellung der Zugfestigkeit auch die Feststellung der Druckfestigkeit, der Scherfestigkeit, der Zugelastizität, des Elastizitätsmoduls. Von einer Dehnung kann man im allgemeinen bei Sperrholz wohl kaum sprechen. Wo dieses geschieht, werden zur Messung der Dehnung ähnliche Apparate benutzt wie bei Metallen, z. B. der Martens-Kennedysche Dehnungsmesser.

Sehr interessante Anregungen für Untersuchungen von Sperrholz sind in der bereits einmal zitierten Arbeit „Vergleichende Untersuchungen an Vollholz und Sperrholz aus Okumé“, die auf Veranlassung von Dir. Dipl.-Ing. Christians der

---

[1]) S. a. Kraemer, Der Einfluß der Leimung auf die Güte von Sperrholz. Luftfahrtforschung 1930, S. 67.

Schütte-Lanz-Holzwerke A.-G., Mannheim-Rheinau, an der Untersuchungsanstalt der Technischen Hochschule, Karlsruhe, durchgeführt worden sind. Die Arbeit ist von Christians und Prof. Dr. Gaber veröffentlicht.[1]) Dort finden sich auch zahlenmäßige Angaben über die Widerstandsfähigkeit gegen Abnutzung, die durch Sandstrahlgebläse festgestellt worden ist, die sich jedoch nur auf Okumé beschränkt. Wer sich für die Untersuchungsmethoden und Vergleichsversuche zwischen Sperrholz und Vollholz interessiert, sei auf die erwähnte Arbeit hingewiesen.

Eine Einrichtung zur Prüfung der Scherfestigkeit, wie sie ebenfalls in der Deutschen Versuchsanstalt für Luftfahrt in Benutzung ist, ist in Fig. 152[2]) gezeigt. Der Untersuchungsstab hat die gleiche Abmessung wie der Stab für die Feststellung der Zugfestigkeit, er wird, wie in Figur 152 ersichtlich, in den Apparat eingespannt. Sperrholz zeigt überraschend hohe Scherfestigkeitswerte. So erhält man bei dreifach abgesperrtem Birkensperrholz mit Kasein verleimt, längs der Faser der Außenfurniere 200—250 kg pro cm² Bruchfestigkeit, quer zur Faser der Außenfurniere 180—230 kg pro cm² und diagonal 370—400 kg pro cm² Bruchbelastung beim obigen Scherversuch.

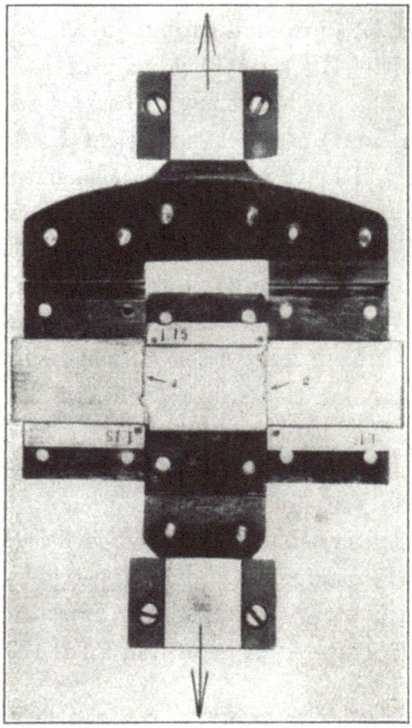

Fig. 152. Vorrichtung zur Untersuchung der Scherfestigkeit von Sperrholz mit geprüfter Sperrholzprobe. a zeigt die Scherfläche.

Es ist kurz gezeigt worden, daß die Möglichkeit besteht, an Sperrholz so ziemlich alle Untersuchungen vorzunehmen, welche bei anderen Werkstoffen dazu dienen, um dem Konstrukteur die Mittel und die Zahlen an die Hand zu geben, welche er bei Verwendung des Werkstoffes für seine Konstruktion kennen muß. Nur in einer Beziehung muß vorläufig noch eine Einschränkung gemacht werden, und das ist folgende. Die ganzen Betrachtungen haben sich bisher auf verhältnismäßig dünne Sperrplatten, die aus Furnieren aufgebaut sind, erstreckt. Soweit die Feststellung von Zugfestigkeit, Druckfestigkeit, Elastizitätsmodul, Scherfestigkeit usf. der Sperrplatte in verschiedenen Richtungen zur Faser der Außenfurniere in Frage kommt, kann man dieselben oder

[1]) „Maschinenbau" 1929, S. 385.

[2]) Aus „Flugzeugsperrholz und seine Prüfung" von Max Dobberke und Carl Schaivogel, 121. Bericht der Deutschen Versuchsanstalt für Luftfahrt, E. V.

ähnliche Vorrichtungen auch für die stärkeren Platten benutzen, die für die schwachen Platten in Anwendung sind. Nicht angängig ist es jedoch, die Scherfestigkeit der Leimbindung nach denselben Methoden zu bestimmen, weil, wie vorher eingehend besprochen, bei diesen Methoden, durch die mit wachsender Stärke der Sperrplatte und besonders der Innenlage zunehmende Beeinträchtigung der reinen Scherbeanspruchung durch auftretende Biegungsbeanspruchungen, vergleichbare Ziffern sich nicht mehr erreichen lassen.

Im Institut für Mechanische Technologie der Technischen Hochschule zu Berlin, Professor Riebensahm, wird das Problem der Festsetzung geeigneter Prüfverfahren für Sperrholzplatten, besonders starker Platten, bereits seit längerer Zeit bearbeitet. Dabei hat sich gezeigt, daß es gerade bei starkem Sperrholz notwendig ist, sich vor der Festsetzung irgendwelcher neuen, allgemein zu verwendenden Prüfmethoden über die grundsätzlichen Kraftwirkungsverhältnisse klar zu werden. In dieser Richtung sind umfangreiche Untersuchungen vorgenommen und zu einem Abschluß gebracht worden.[1]) Diese Untersuchungen zeigen. daß, da die günstigeren Festigkeitseigenschaften des Sperrholzes gegenüber Vollholz insbesondere auf den Einfluß der auftretenden Scherkräfte zurückzuführen sind, die Scherfestigkeit der verleimten Schichten als grundsätzliches Merkmal für die Güte einer Sperrholzverbindung anzusprechen ist. In Auswertung dieser Erkenntnis werden Untersuchungen zur Ermittlung der günstigsten Probestabform und einfachsten Versuchsdurchführung zur Ermittlung der Scherfestigkeit durchgeführt. Diese Arbeiten sind noch nicht abgeschlossen. Hierbei hat sich jedoch bisher bereits gezeigt, daß ein größerer Teil der zur Zeit üblichen Scherversuche einer Abänderung bedarf.

Weiterhin haben die bis jetzt vorliegenden Untersuchungen vor allem die schon früher seitens des genannten Instituts vertretene Ansicht bestätigt, daß es unbedingt erforderlich ist, für die Abnahmeprüfung von Sperrplatten ganz spezielle Verfahren auszuarbeiten, bei denen größere Plattenflächen einer Beanspruchung unterworfen werden. Hier kommt vor allen Dingen der Durchdrückversuch einer runden oder rechteckigen Platte mit allseitiger Auflagerung und der Torsionsversuch mit Platten bestimmter Normgröße in Betracht. Entsprechende Untersuchungen sind zur Zeit in Arbeit und werden demnächst auch für die Prüfung starker Platten zur Verfügung stehen.

Die Scherfestigkeit der Leimbindung, die auch bei stärkeren Platten auftritt, kann man immerhin jetzt schon aus Versuchen an schwächeren beurteilen, die man mit denselben Außenfurnieren und derselben Holzart der Einlagen macht, aus denen die starke Platte aufgebaut ist, wenn man sicherstellt, daß die Aufnahme der Feuchtigkeit aus dem Leim bei Verwendung von nassem Leim in derselben Weise erfolgen kann, wie bei der starken Platte, das heißt, wenn die Einzellagen

[1]) Einfluß von Schichtung und Verleimung auf Furniersperrholz von Dr.-Ing. Schepelmann, Berlin.

so stark gewählt sind, daß die Aufnahme der Leimfeuchtigkeit durch sie etwa die gleiche ist wie bei Ausführung der Einzellagen aus stärkerem Holz. Bekanntlich dringt die Leimfeuchtigkeit nur in einer gewissen Tiefe in das Holz ein.

Betriebsuntersuchungen.

Die Untersuchungsergebnisse des Werklaboratoriums müssen in erster Linie als Wegweiser für die Fabrikation gewertet werden. Sie zeigen, welche Betriebsverhältnisse für einen bestimmten vorliegenden Fall in wirtschaftlichster Weise die besten Ergebnisse erzielen lassen. Es wäre unwirtschaftlich, wollte man z. B. auf das Geratewohl hin Sperrholzplatten für Flugzeugbau schaffen oder für irgendeinen anderen Spezialzweck, ohne vorher durch Untersuchung die wirtschaftlichsten Werte für die Faktoren festzustellen, welche die Qualität beeinflussen, um bereits ein möglichst an die Anforderungen heranreichendes Fabrikat zu erzielen. Daß solche Versuche sehr aufschlußreich sind, soll jetzt noch an einzelnen Untersuchungsergebnissen neueren Datums gezeigt werden.

Für die Verwendung des Leimfilms Tego, der zur Ausnutzung seiner Eigenschaften eine höhere Leimtemperatur verlangt wie andere Leime, wollte ein Betrieb, bei dem damals die Ergebnisse noch nicht vorlagen, die nachwiesen, daß eine Beeinträchtigung der Furniere durch die Temperatur von 140° nicht eintritt, feststellen, ob nicht durch eine Verlängerung der Leimdauer bei niedrigerer Leimtemperatur dasselbe Ergebnis erzielbar wäre, wie in kürzerer Zeit bei hoher Temperatur. Figuren 153 und 154 zeigen die Ergebnisse dieser Versuche. Es wurde die Festigkeit der Leimbindung an Probestäben, nach Figur 145, auf der Maschine, die in Figur 151 abgebildet ist, in Abhängigkeit von der Leimdauer bei verschiedenen Leimtemperaturen festgestellt. Figur 153 zeigt die gefundene Trockenfestigkeitswerte, Figur 154 die der Naßfestigkeit. Die Figuren zeigen deutlich, daß die Festigkeit, die bei 100° C erst nach 20 Minuten erreicht wird, bereits bei 110° C in 7 Minuten zu verzeichnen ist. Aus dem Verlauf der Kurven zwischen 15 und 20 Minuten für 100° C kann ohne weiteres geschlossen werden, daß es nicht möglich sein wird, bei stundenlanger Leimdauer auch nur die Festigkeitswerte zu erreichen, die bei 130° C bis 140° C schon in 5 Minuten zu verzeichnen sind. Es geht klar aus dieser Kurvenschar hervor, daß es unwirtschaftlich wäre, bei Temperatur von 100° C zu arbeiten und die Leimdauer zu verlängern. Dasselbe gilt für 110° C und 120° C gegenüber 130° und 140° C.

Eine Betrachtung der Figur 154 zeigt für die Naßfestigkeit noch krassere Ergebnisse. Es ist bereits früher erwähnt worden, daß die Naßfestigkeit im wesentlichen eine Funktion der Leimtemperatur ist.

Bei Harthölzern spielt für die erzielte Endfestigkeit nicht nur der Leimbindung, sondern des Sperrholzes an sich der Leimdruck eine ziemlich bedeutende Rolle. Nun wächst aber hauptsächlich mit dem Leimdruck bei gleichem Feuch-

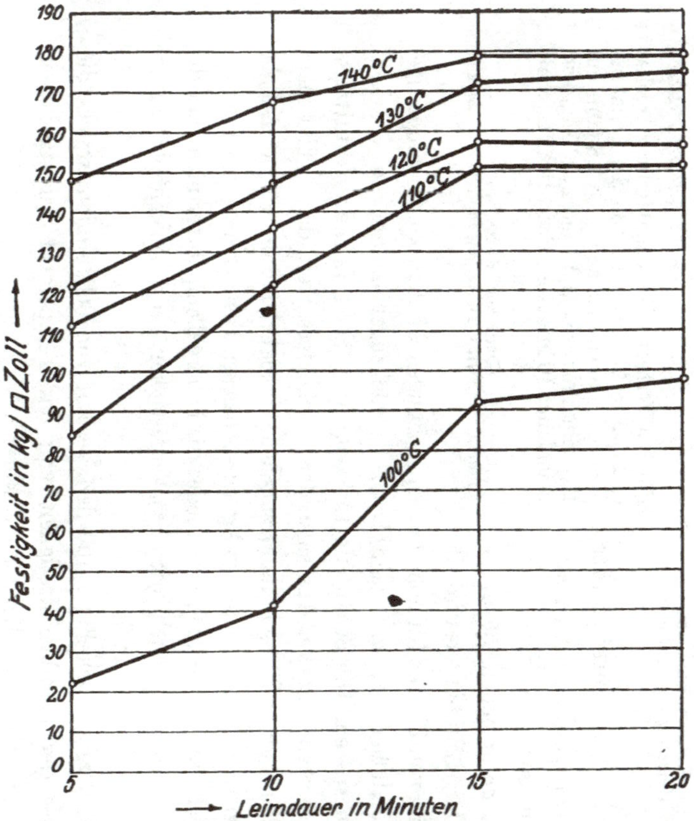

Fig. 153. Trockenfestigkeit der Leimbindung als Funktion der Leimdauer bei verschiedenen Temperaturen. Eine Sperrplatte aus 3 × 1,8 mm Gaboonfurnieren, hergestellt mit Tegoleimfilm unter einem Leimdruck von 10 kg/qcm. Feuchtigkeitsgehalt der Furniere beim Verleimen 10%.

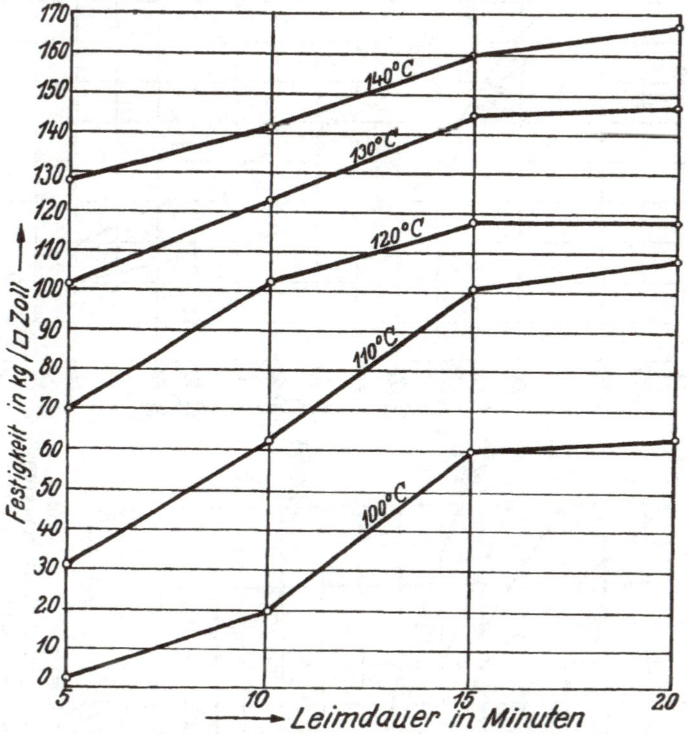

Fig. 154. Naßfestigkeit der Leimbindung als Funktion der Leimdauer für verschiedene Temperaturen. Gaboonsperrholz 3 × 1,8 mm mit Tegoleimfilm unter 10 kg/qcm Leimdruck hergestellt. Feuchtigkeitsgehalt der Furniere beim Verleimen 10%.

(Dank dem Entgegenkommen der Firma Th. Goldschmidt A. G., Essen.)

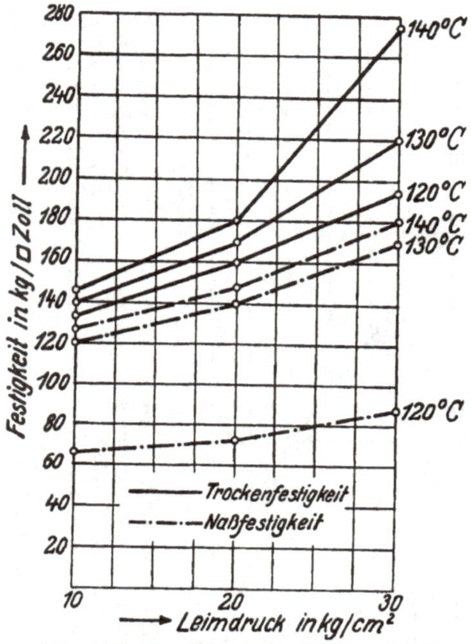

Fig. 155. Trocken- und Naßfestigkeit der Leimbindung in Abhängigkeit vom Leimdruck, unter verschiedenen Leimtemperaturen. Sperrholz aus lettischer Birke 3 × 1,8 mm, mit Tegoleimfilm verleimt, Leimdauer 10 Minuten. Feuchtigkeitsgehalt der Furniere 10%.

(Dank dem Entgegenkommen der Firma Th. Goldschmidt A. G., Essen.)

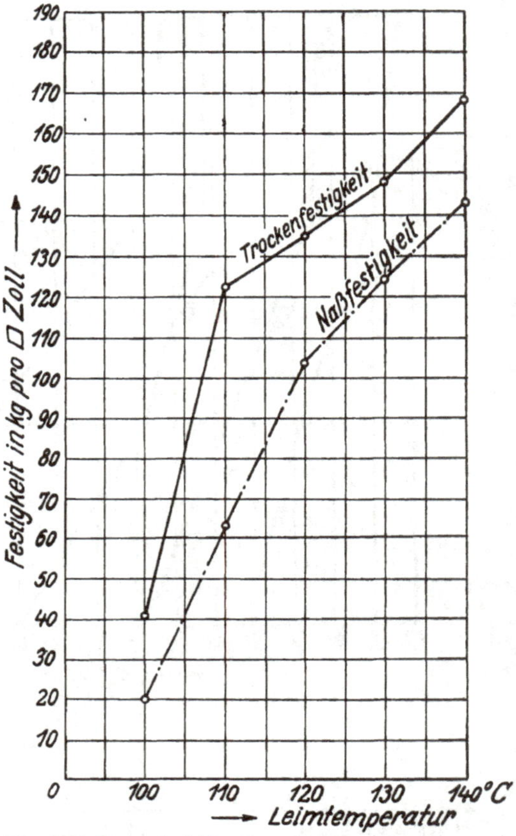

Fig. 156. Festigkeit der Leimbindung, trocken und naß in Abhängigkeit von der Leimtemperatur. Gaboonsperrholz 3 × 1,8 mm, mit Tegoleimfilm verleimt, Leimdruck 10 kg/qcm, Leimdauer 10 Minuten. Feuchtigkeitsgehalt der Furniere 10%.

(Dank dem Entgegenkommen der Firma Th. Goldschmidt A. G., Essen.)

tigkeitsgehalt der Furniere der Schwund, wenn auch bei diesen harten Hölzern nicht sehr wesentlich. Es galt zu untersuchen, ob unter Wahrung der Leimbindefestigkeit bei Lieferung von Platten für hohe Beanspruchungen, ähnlich wie für Flugzeuge, es wirtschaftlicher ist, mit dem Druck zurückzugehen, um an Stärkenschwund zu sparen. Die Schaulinie 155 zeigt von 20 kg Leimdruck aufwärts ein so entschiedenes starkes Ansteigen der Trockenfestigkeit, daß es hier nicht geraten scheint, unter 20 kg hinunterzugehen, vielmehr, daß die wirtschaftliche Festigkeit etwa zwischen 25 und 30 kg zu suchen sei. Bemerkenswert ist gerade bei dieser Schaulinie, wie auch hier wieder die höhere Temperatur nicht nur die Naßfestigkeit, sondern auch die Trockenfestigkeit von Birkenholz außerordentlich günstig beeinflußt.

Schließlich zeigt noch Figur 156 den Verlauf von Schaulinien, welche die Abhängigkeit der Leimbindefestigkeit von der Temperatur bei gegebenem Leimdruck und gegebener Leimdauer zeigen.

Natürlich muß man bei derartigen vergleichenden Versuchen darauf bedacht sein, Probestäbe mit möglichst einwandfreiem Faserverlauf der Außenfurniere zu wählen. Ungleichmäßigkeiten machen sich in Streuungen der Ergebnisse bemerkbar. Figur 157 zeigt 2 Schaulinien, die Scherfestigkeit der Leimbindung in Abhängigkeit von der Temperatur für lettische Birke und Leimfilm

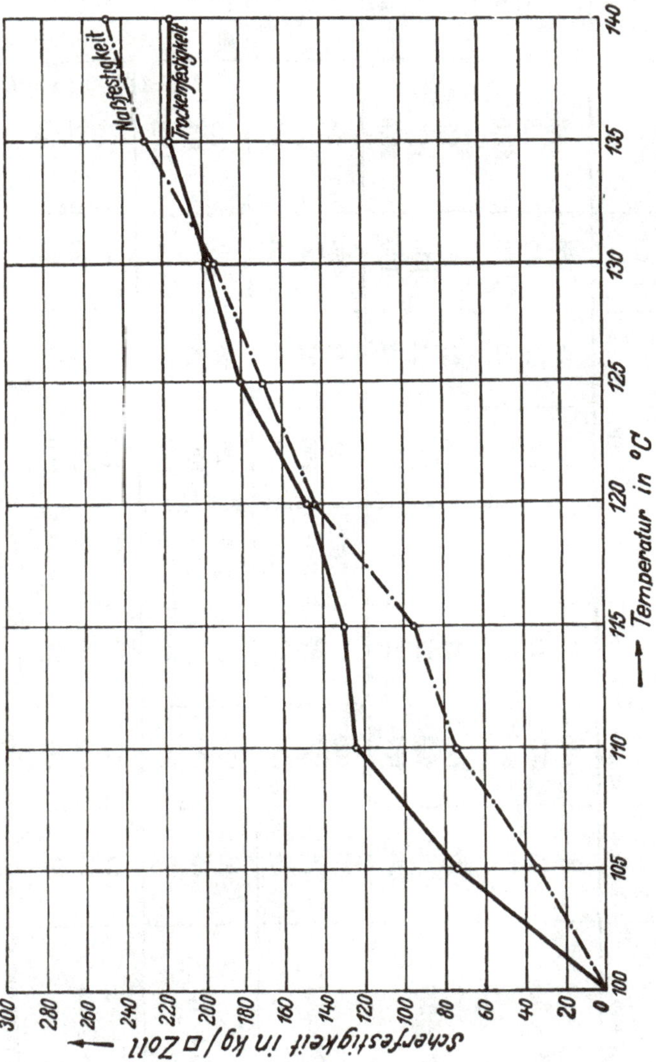

Fig. 157. Einfluß der Temperatur auf die Scherfestigkeit der Leimbindung bei lettischer Birke, 3 × 1,5 mm, mit Tegoleimfilm verleimt, Leimdauer 10 Minuten, Leimdruck 20 kg/qcm. Der Verlauf der Schaulinie zeigt den Einfluß, den die nicht völlige Gleichmäßigkeit des Faserverlaufes der Außenfurniere in den Probestäben mit sich bringt. Bemerkenswert ist, daß die Naßfestigkeit bei diesem Birkensperrholz bei Temperaturen von über 130° C die Trockenfestigkeit überschreitet. Ein Ergebnis, das bei Birke häufig zu finden ist.

(Dank dem Entgegenkommen der Firma Th. Goldschmidt A. G., Essen.)

Tego darstellt. Man sieht am unregelmäßigen Verlauf der Verbindungslinien der Meßpunkte den Einfluß des Faserverlaufes in den Probestäben. Bemerkenswert ist es, daß bei Birke bei Tegofilmverleimungen die Naßfestigkeit nicht selten die Trockenfestigkeit sogar übertrifft.

Es dürfte durch diese Schaulinien deutlich gezeigt sein, welche wesentlichen Aufschlüsse Zerreißversuche, besonders Scherversuche der Leimbindung für

Einfluß des Leimdruckes auf Leimbindung und Plattenfestigkeit

Tegoleimfilm. — Leimdauer 10 Min. — Leimtemperatur 130° C. — Feuchtigkeitsgehalt der Furniere 10%.

Holzart	Furnierstärken	Leimdruck	Scherfestigkeit der Leimbindung						Holzschwund beim Pressen	Zugfestigkeit der Sperrplatte[1])	
			Trocken			Naß					
	mm	kg/qcm	kg/Zoll²	kg/cm²	Holzbruch %	kg/Zoll²	kg/cm²	Holzbruch %	%	Insgesamt kg	[2]) kg/qcm
Gaboon	3 × 2,9	10	185	29	100	123	19	20	6,2	487	234
		15	207	32	100	140	22	10	6,8	482	233
		20	355	55	100	131	20	50	32,0	600	405
Kiefer	3 × 2,9	10	171	27	50	136	21	50	9,5	760	400
		15	208	32	75	157	24	100	15,3	805	447
		20	187	29	100	142	22	100	39,0	1187	965
Erle	3 × 2,15	10	169	26	100	141	22	25	2,4	612	394
		15	176	27	100	156	24	50	3,1	625	400
		20	231	36	100	178	28	75	9,3	742	510
Buche	3 × 1,1	10	171	27	75	129	20	0	7,8	490	662
		15	173	27	75	106	16	10	9,1	512	680
		20	201	31	75	127	20	10	15,2	557	800
Birke	3 × 1,5	10	175	27	75	123	19	10	4,5	680	647
		15	229	36	10	219	34	75	4,5	775	730
		20	205	32	50	200	31	75	13,3	850	870

[1]) In der Faserrichtung der beiden Außenfurniere.

[2]) Bei Berechnung dieser Zahl ist die genaue gemessene Breite an der Bruchstelle jedes einzelnen Probestabes in Rechnung gesetzt.

die Betriebsführung bieten. Die Scherfestigkeit der Leimbindung steht auch in einem gewissen Verhältnis zur Zugfestigkeit der Sperrplatte als Ganzes. Die nebenstehende Tabelle zeigt den Einfluß des Leimdruckes auf die Leimbindung und die Plattenfestigkeit für 5 verschiedene Holzarten und zeigt auch den Holzschwund. Eine Tabelle, die den Kopf zeigt, wie die hier vorliegende, hat den Zweck, den wirtschaftlichen Leimdruck mit Rücksicht auf den Holzschwund zu finden. Ein Vergleich der Zahlen der Scherfestigkeit der Leimbindung zeigt deutlich, daß zur Erreichung derselben Scherfestigkeit der Leimbindung von etwa 31—32 kg pro qcm ein Hartholz, wie Buche, einem bedeutend höheren Leimdruck, 20 kg pro qcm, ausgesetzt werden muß, wie z. B. Kiefer 15 kg pro qcm, wobei der Schwund, etwa 15%, bei beiden der gleiche ist. Freilich ist die erzeugte Zugfestigkeit der Buchensperrplatte als Ganzes dabei ungefähr doppelt so groß wie die der Kiefer. Also auch über die Auswahl von Hölzern für die verschiedenen Zwecke sind derartige Untersuchungen dem Sperrholzfabrikanten unentbehrlich. (Bemerkt sei hier, daß die zur Verfügung stehende Buche geringerer Qualität war, gewöhnlich erhält man bei guter Buche wesentlich höhere Zugfestigkeiten für die Sperrplatte selbst.)

Soweit der Sperrholzverbraucher das Sperrholz für technische Zwecke benötigt, wird auch er für die Abnahme die besprochenen Untersuchungen nicht entbehren können, und auch der Möbelfabrikant wird unter Umständen ein Interesse daran haben, sich an Stichproben, die durch derartige Zerreißversuche an gelieferten Platten angestellt werden können, davon zu überzeugen, ob die Verleimung eine gleichmäßig gute ist, gegebenenfalls, ob sie den Namen einer wasserfesten Verleimung verdient.

Ein sehr einfacher Versuch legt das viel umstrittene Gebiet der Widerstandsfähigkeit gegen Schimmel und Mikroorganismen klar. Man hat nur notwendig, ein paar Abschnitte der fraglichen Sperrplatte in einem entsprechenden Gefäß mit Nährboden von Schimmelpilzen, z. B. rohen Kartoffelscheiben, zu stapeln, und wird schon nach wenigen Tagen oder Wochen erkennen können, wie schnell manche Leime von den Schimmelpilzen aufgezehrt oder angegriffen sind. Es bedarf keines Brutofens dazu. Der Aufenthalt in einem normal temperierten Raum genügt vollkommen hierfür. Figur 158 zeigt das Ergebnis derartiger Versuche. Die Proben, die mit Hautleim, Blutalbumin oder der angeblich wasserfesten schwedischen Kaltverleimung geleimt waren, waren bereits nach 2 Wochen auseinandergefallen. Kasein-Kaltverleimung hält etwa doppelt so lange. Blutalbumin und Kasein in Mischung fielen in etwa nicht ganz 6 Wochen auseinander. Von den nassen Leimen hielt sich relativ am besten die Kasein-Verleimung auf warmem Wege. Der Tegoleimfilm, der gegen Mikroorganismen völlig unempfindlich ist, zeigte keine Beeinträchtigung der Leimfestigkeit, im Gegenteil, es zeigte sich die bei diesem Leime übliche Erhöhung der Festigkeit

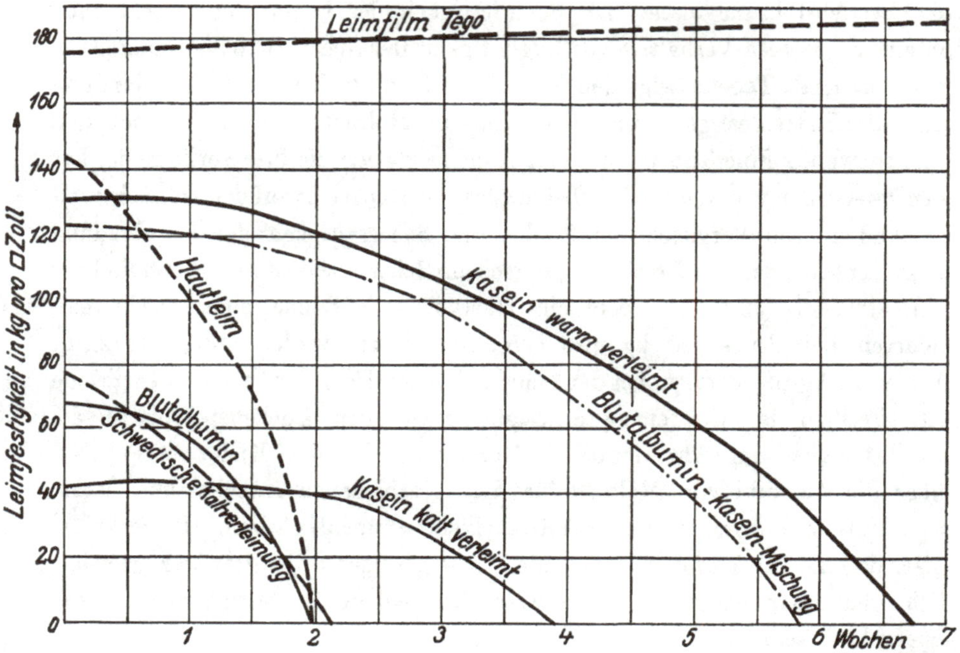

Fig. 158. Einfluß von Schimmelpilzen auf Sperrhölzer bei Verwendung verschiedener Leime. Sperrholzproben wurden in einem geschlossenen Gefäß bei normaler Temperatur und Feuchtigkeit mit rohen Kartoffelscheiben abwechselnd übereinander gestapelt. Schon nach kurzer Zeit bildete sich Schimmel, der in die Zwischenräume zwischen den Furnieren, wo Angriffsmöglichkeiten gegeben waren, eindrang. Die Leimfestigkeit der Proben wurde jede Woche an der Zerreißmaschine geprüft. In der Zeit, in der die Kurven die unterste Linie des Diagramms schneiden, war keine Festigkeit mehr festzustellen. In den meisten Fällen waren die Furniere auseinandergefallen, der Leim von den Pilzen zerstört. Am besten verhielt sich von nassen Leimen Kasein in Warmverleimung. Der Trockenleimfilm ist der einzige, der bei dem Versuch von Bakterien nicht angegriffen worden ist, auch die Furniere selbst zeigen im Gegensatz zu denen der anderen Proben keine Beeinträchtigung, der Film wirkt auf sie schützend wie eine Imprägnierung.

beim Altern. Die Beigabe von Desinfektionsmitteln in nasse Leime bewirkt meist nur eine größere Widerstandsfähigkeit des unverarbeiteten Leimes gegenüber Mikroorganismen, nicht aber des abgebundenen Leimes, wenn auch nur geringe Temperaturerhöhungen eingetreten sind. Es werden gewöhnlich eine ganze Anzahl Stäbe der verschiedenen Proben in dem Untersuchungsgefäß untergebracht und nach je einer Woche eine Serie hiervon auf der Zerreißmaschine geprüft. Ebensogut wie mit Schimmelpilzen kann man den Versuch auch mit anderen Mikroorganismen anstellen. Der Versuch zeigt auch ferner, daß es der Sperrholzindustrie heute möglich ist, auch Platten zu liefern, die auch als Ganzes nicht nur gegen den Einfluß der Nässe, sondern auch gegen Mikroorganismen unempfindlich sind.

Das letzte Kapitel hat wohl gezeigt, daß die Möglichkeiten, die Herstellung von Sperrholz in betriebswissenschaftlicher Weise durch Prüfungsmethoden zu unterstützen, durchaus gegeben sind, und es kann verraten werden, daß bei

Aufnahme von neuen Leimen, neuen Arbeitsbedingungen gewöhnlich diejenigen Werke am schnellsten von den Vorteilen der technischen Neuerung profitiert haben, die über Laboratorium und Zerreißmaschine verfügten und sie fachmännisch richtig benutzten. Auch der Abnehmer kann heute bereits infolge der bereits erprobten Prüfungsmethoden für Betriebskontrolle und Abnahme von den Vorteilen vollen Gebrauch machen, die die Anwendung des Sperrholzprinzips in der Veredelung von Holz als Werkstoff gebracht hat.

Kapitel XV.

Klassifikation und Handelsbräuche.

Allgemeines.

Bis zur Wiederöffnung der alten ägyptischen Pyramiden-Gräber zeigte die Geschichte der Hauptsache nach nur in der Verwendung von Möbeln und in beschränktem Maße für Innenausstattungen die Benutzung von Furnieren und Sperrholz. Erst die ägyptischen Stücke zeigten, daß man auch für technische Zwecke, wenn man sich so ausdrücken darf, für Reisekoffer z. B., die Vorteile des abgesperrten und furnierten Holzes benutzte.

Es ist damit nicht gesagt, daß nicht auch in verschiedenen vergangenen Perioden in der Technik dieser Zeiten Sperrholz und Furnier auch für andere Zwecke Verwendung gefunden haben. Wir besitzen aber Zeugen für diese Verwendung kaum, und zwar deswegen, weil das, was außerhalb des Hauses Verwendung fand, zu sehr dem Verderben ausgesetzt war. Bis zur Aufnahme der Sperrholzfertigung im fabrikationsmäßigen Betriebe war und blieb der Hauptverwendungszweck für Furnier und Sperrholz der Möbelbau und die Innenausstattung. Es ist daher nicht verwunderlich, daß auch die Handelsbräuche fast vollständig auf diesen Verwendungszweck zugeschnitten waren und es zum größten Teil jetzt noch sind.

Diese Handelsbräuche sind ein Unikum in der Reihe der Handelsbräuche für Werkstoffe, als das Sperrholz doch unbedingt nach dem heutigen Standpunkt der Technik angesprochen werden muß, im Sinne seiner Verwendung nicht nur für die Herstellung von Luxusartikeln, sondern für die wirtschaftliche Verarbeitung in der Technik, und zwar auch in der Möbeltechnik. Das Künstleratelier, das sich mit der Möbelfertigung abgeben wollte, das seine Produkte nur vom Standpunkt der Kunst und nicht der Wirtschaftlichkeit aus beurteilte, zählt zu so seltenen Ausnahmen, daß diese hier völlig außer Betracht bleiben können.

Es ist bereits betont worden, daß Kunst und Technik Hand in Hand arbeiten können und müssen, wenn die Kunst nicht verkümmern will, und die Technik sich nicht dem Menschen als Individuum selbst entfremden will.

Die heutigen Handelsbräuche erinnern so ungefähr an die patriarchalischen Zustände bei der Auswahl der Braut. Das Äußere und Geäußerte mußte schön und ansprechend sein, genau so, wie beim Sperrholz die äußere Beschaffenheit die maßgebende Rolle bei der Beurteilung spielt. Die inneren Qualitäten des Mädchens beurteilte man nach der Familie, aus der es stammte, beim Sperrholz nach der Fabrik, die es erzeugt, oder nach der Schutzmarke. Daß solche Zustände in unserem modernen Wirtschaftsleben und unserer modernen Technik unhaltbar sind, braucht hier nicht betont zu werden, sie erschweren jedem Aufstrebenden die Möglichkeit — die alte Familie fehlt — und führen zu einem Stagnieren der Entwicklung, das der Verbreitung von Sperrholz und seiner weitgehenden Verwendung für die vielen Zwecke, für die es geeignet ist, den Weg verbauen. Der neu Aufstrebende wird zu schädigenden Preisunterbietungen gezwungen.

Es sollen hier zunächst Handelsbräuche, soweit sie überhaupt als anerkannt in verschiedenen Ländern bestehen, wiedergegeben werden. (Es interessieren hier nur die Handelsbräuche, die die Qualität kennzeichnen. Die Lieferbedingungen, die das rein Kaufmännische behandeln, gehören nicht hierher und sind auch nicht berücksichtigt.)

Internationale Abmachungen bestehen nicht, und es ist auch nicht gesagt, daß wenn die Fabrikanten eines Landes z. B. für ihren Export Handelsbräuche aufgestellt haben, diese eine internationale Bedeutung haben, denn das ist nur dann der Fall, wenn der Auslandskäufer diese Bedingungen anerkennt. In Zeiten guten Geschäftsganges ist in dieser Beziehung der Erzeuger der Stärkere, in Zeiten des schlechten Geschäftsganges der Käufer. Wir werden im nachfolgenden sehen, daß die Handelsgewohnheiten in den einzelnen Ländern noch recht weit auseinander gehen, und daß es eine recht dankenswerte Aufgabe wäre, diese schwierige Frage auf eine internationale Norm zu bringen, wenigstens zwischen den Ländern, die in regem Warenaustausch in Sperrholz und Furnieren stehen.

Bei den nachfolgenden Betrachtungen sind nur wirklich ernst zu nehmende Bestimmungen und Vorschläge berücksichtigt worden. Vorschläge, wie sie seinerzeit z. B. von dem polnischen Sperrholzverband gemacht worden sind, die auf dem englischen Markt sehr energisch zurückgewiesen wurden, lohnen der Diskussion nicht, sie hätten lediglich als Beispiel dafür dienen können, wie wenig Verständnis bei manchen Sperrholzfabrikanten dafür vorhanden ist, daß man eine gute Sperrplatte nur dann erzeugen kann, wenn man nicht nur auf die Qualität der Außenfurniere sieht, sondern auch für Mittellagen einwandfreies und auf die Außenlagen abgestimmtes Material verwendet.

Leider existieren mit Ausnahme in den Vereinigten Staaten, Deutschland und Frankreich von größeren Verbänden aufgestellte Bestimmungen überhaupt nicht. Es sind für England Handelsbräuche angegeben worden, wie sie große, maßgebende Firmen für sich selbst aufgestellt haben, um einen Anhalt darüber zu geben, was in diesem für die Fabrikation und den Handel mit Furnieren und Sperrholz in Europa sehr stark in Betracht kommenden Lande für notwendig und zweckmäßig erachtet wird. Schließlich soll noch der Versuch gemacht werden, zu untersuchen, inwieweit für Sperrholz als Werkstoff Handelsbräuche eingeführt werden können, die etwa dem entsprechen, was die Technik bei anderen Werkstoffen gewohnt ist.

Vereinigte Staaten von Amerika.

Qualitätsregeln für Furniere.

In den Vereinigten Staaten haben ursprünglich verschiedene Gruppen von Furnierfabrikanten für die von ihnen gefertigten Furnierarten in den verschiedenen Bezirken eigene Regeln aufgestellt, die schließlich zu einer Zusammenfassung in die Bestimmungen gedient haben, welche von der „National Veneer and Panel Association“ aufgestellt worden sind.

Als im Jahre 1922 diese Vereinigung der „National Hardwood Lumber Association“ angegliedert worden war, wurden auch diese Bestimmungen in die Qualitätsbestimmungen für Holz der letztgenannten Gesellschaft eingearbeitet. Diese Bestimmungen sind im Jahre 1925 neu herausgegeben worden und enthalten für die verschiedenartigsten Hölzer sehr spezifizierte Angaben über die Beschaffenheit von Furnieren, wie sie für die verschiedenen Verwendungszwecke, so z. B. die Außenfurniere, Rückenfurniere, Absperrfurniere, Mittellagen, Schubbödenkästen usw., festgelegt worden sind. So werden gemeinsam behandelt Schälfurniere aus Cottonwood, Zypressen, Gum, Pappel, Sykamore, Tupelo und Yellow-pine. In einem getrennten Abschnitt dann Schälfurniere von Roteiche, Weißeiche und Kastanie. Ein anderer Abschnitt behandelt Schälfurniere von Esche, Linde, Buche, Birke, Rüster und Ahorn. Dem geviertelten Eichenfurnier ist ein besonderer Abschnitt gewidmet. Es ist kaum für den Leserkreis dieses Buches von Interesse, die einzelnen Unterschiede, welche diese Regeln für die verschiedenen Gruppen von Schälfurnieren aufweisen, zu kennen, da die wenigsten für den europäischen Markt von Bedeutung sind. Es sollen jedoch im nachfolgenden auch für Lieferung von Furnieren zwei Beispiele dieser Regeln gegeben werden, und zwar ein Beispiel für Schälfurniere und eines für Messerfurniere.

Geschälte Esche, Linde, Buche, Birke, Rüster und Ahorn.

1. Grad *(Außenfurnier, faces)*. Ware jeder Stärke muß frei sein von Astknoten, jedoch sind zugelassen Splint, schließende Risse und leichte Verfärbungen.

1. Wahl (select Nr. 1). Furniere aller Stärken, wie für Grad 1, jedoch ausgesucht nach Farbe.

2. Grad *(gesunde Rückseiten, Absperrfurniere, Mittellagen und Schubladenböden, sound backs, crossbandings, center stock and drawer bottoms)*. Bei allen Stärken sind gesunde Äste, feste tote Äste, schließende Risse, kleine Wurmlöcher, Verfärbungen zulässig. Glatter Schnitt ist erforderlich.

3. Grad *(Ausgemusterte Rückseiten und Kistenware, reject backs and box stock)*. Bei allen Stärken sind Äste, Wurmlöcher, Verfärbungen, Vertiefungen,

Astlöcher nicht über 1″ (25,4 mm) im Durchmesser zugelassen. Der Schnitt kann lose oder fest sein. Offene Risse und Brüche dürfen eine Breite von $^1/_2$″ (13 mm) und 25% der Länge des Furniers nicht überschreiten.

Ausgewählte Furniere (Selected sheet stock). Klare Außenseiten, nicht nach Farbe gewählt, beliebiger Breiten von $5^1/_4$″ bis 38″ (133 bis 965 mm) breit und 42″ (1067 mm) lang und länger. In allen Stärken bis zu $^1/_{15}$″ (1,7 mm) einschließlich soll die Breite 9 bis 38″ (229 bis 965 mm) betragen. Die Länge soll sein 42″ (1067 mm) und mehr, muß jedoch enthalten 75% von mindestens 62″ (1575 mm) Länge für alle Stärken. Zwischen $^1/_{12}$ bis $^1/_8$″ (2,12 bis 3,175 mm) soll die Breite $5^1/_4$ bis 38″ (133 bis 965 mm) betragen, 50% hiervon jedoch mindestens 11″ (279,4 mm) oder mehr. Die Länge soll betragen 42″ (1067 mm) und mehr; 75% hiervon 82″ (2388 mm) und mehr.

Standard-Furniere (Standard sheet stock), unsortiert nach Farbe beliebiger Breite zwischen $5^1/_4$ und 38″ (133 bis 965 mm) und mindestens 42″ (1067 mm) lang. In allen Stärken bis zu $^1/_{15}$″ (1,7 mm) einschließlich müssen die Furniere 9 bis 38″ breit sein (229 bis 965 mm) und mindestens 42″ lang (1067 mm), wobei 75% 62″ (1575 mm) und länger sein müssen. 75% müssen klare Decken sein und alle Zuschnitte in der vollen Länge und vollen Breite. Schmaler als 9″ (229 mm) geschnittene Furniere kommen nicht in Anrechnung. In allen Stärken von $^1/_{12}$ bis $^1/_8$″ (2,12 bis 3,175 mm) einschließlich müssen die Furniere zwischen $5^1/_4$ bis 38″ (133 und 965 mm) breit sein. 50% 11″ (279,4 mm) oder breiter. Die Länge muß mindestens 42″ (1067 mm) betragen. 75% jedoch mindestens 82″ (2388 mm) lang sein.

Alle Furniere müssen klar auf volle Längen und Breiten geschnitten sein. Schmalere Furniere als $5^1/_4$″ (139 mm) kommen nicht zur Anrechnung.

Vom Stamm fallend (log run) ist Ware beliebiger Stärke nicht nach Farbe gewählt, beliebiger Breite und Länge, zwischen 6 bis 38″ (152,4 bis 965 mm) Breite und mindestens 42″ (1067 mm) Länge. 75% hiervon müssen mindestens 12″ (305 mm) oder breiter sein. 50% 82″ (2388 mm) und länger. 50% der Lieferung muß Außenfurnier nach Grad 1 umfassen. Furniere unter 6″ (152,4 mm) Breite und 42″ (1067 mm) Länge kommen nicht in Anrechnung. Der Rest der Ware muß dem Grad 2 und 3 entsprechen.

Gevierteltes Eichenfurnier (Quartered oak veneer).

Vermessung.

Alle Stärken werden mit dem Bandmaß gemessen. Die Breiten sind in der Mitte des Flitches gemessen.

Bei Berechnung der Abmessungen in Quadratfuß des Flitches wird die wahre Länge des Flitches zugrunde gelegt. Durch Multiplikation der Breite in Fuß mit der Länge des Flitches in Fuß und der Stärke in Zoll erhält man die Zahl der „Quadratfuß“, die der Flitch enthält.

Bei Bestimmung der Breite eines schrägen Flitches gilt die Durchschnittsbreite als Breite des Flitches.

Bei der Berücksichtigung von Fehlern wird der Flitch als eine Einheit betrachtet, die Prozentzahl von Fehlern, die für jeden Grad nachstehend gegeben ist, bezieht sich auf die gesamten Quadratfuß, die der Flitch enthält.

Geschnitten (Cutting). Die Bezeichnung cutting (zugeschnitten), wie sie in diesen Regeln benutzt wird, ist so aufzufassen, daß es sich um ein zusammenhängendes Furnierstück handelt, das keine Fehler enthält.

Zeichnung (Figure). Im Ganzen müssen alle Flitches 90% Maserbildung zeigen.

Graduierung (Grades). Es werden zwei Furniergrade unterschieden. *Standard und gewöhnliche (common).*

Standard-Grad. Alle Flitches, in denen die Fehler nicht 10% der total vermessenen Quadratfuß überschreiten, werden ganz in Anrechnung gebracht.

Flitches, die nicht mehr als 20% Fehler aufweisen, können auf Flitches zugeschnitten werden, die nicht mehr als 10% des gesamten Quadratfuß Fehler aufweisen, um den Flitch im Furniergrad zu heben.

Beim Abschätzen von Fehlern werden keine Abschnitte angerechnet, die weniger als 6″ (152,4 mm) breit und 24″ (610 mm) lang sind. Heller Splint wird nicht als Fehler angesehen, die Breite muß 6″ (152,4 mm) und mehr nach Spezifikation betragen, die Länge muß mindestens 4 Fuß (1219 mm) oder größer sein, nicht mehr als 50% dürfen kürzer sein als 7 Fuß (2134 mm).

Gewöhnlicher Grad (Common grad). Die Flitches müssen mindestens zu $^2/_3$ klar geschnitten sein. Abschnitte von weniger als 5″ (127 mm) Breite und 18″ (457 mm) Länge sind unzulässig. Heller Splint wird nicht als Fehler angesehen. Die Breiten sollen mindestens 5″ (127 mm), aber nicht mehr als 10″ (254 mm) betragen. Die Länge muß mindestens 4 Fuß (1219 mm) sein. Nicht über 50% dürfen weniger als 7 Fuß (2134 mm) betragen.

Bemerkung. Von diesen Regeln abweichende Spezifikationen von Furnieren müssen Gegenstand einer besonderen Abmachung zwischen Käufer und Verkäufer sein.

Standard-Qualitätsregeln für Sperrholz.

In U. S. A. sind die verschiedensten Normen für die Fabrikation und den Vertrieb von Sperrholz aufgestellt worden, aber keine einzige derselben hat den Gegenstand erschöpfend erfaßt. Die Klassifizierung, welche die National Hardwood Lumber Association zur Zeit anerkannt hat, ist aus einer Überarbeitung der Normentafel entstanden, welche die Plywood Manufactures Association seinerzeit ausgearbeitet hatte. Diese Tafel sowohl in ihrer ursprünglichen, wie auch in ihrer revidierten Form bildet nur ein Gerippe. Es werden in ihr weder die verschiedenen Holzarten noch das Stärkenverhältnis zwischen Außenfurnier, Absperrfurnier und Einlagen berücksichtigt, noch auch die Art des betreffenden Leimes und andere wichtige Momente, die für die erschöpfende Klassifikation eines so vielseitigen Produktes, wie Sperrholz, notwendig sind.

Die revidierte Ausgabe der National Hardwood Lumber Association im Jahre 1925 für die Klassifikation von Sperrholz soll hier wörtlich wiedergegeben werden, da auch aus dem Leserkreis dieses Werkes Sperrholz nach Amerika eingeführt und bezogen wird.

A. Spezifikation für Vorderfurniere von Panelen und Tischplatten.

Klasse A. (Grade A.) Gezeichnetes und schlichtes Holz, ausgesucht nach einheitlicher Maserung und Farbe. Bedeutende Verfärbungen, Oberflächeneindrücke, Splint, Äste und Wurmlöcher sind entfernt. Glatte Oberflächen (siehe Anmerkung 2 und 3).

Klasse 1. (Grade 1.) Maserung und Faser beliebig, nur nach Farbe abgestimmt, dichte Fugen, Splint, geringfügige Verfärbung und gesunde Knoten werden nicht als Fehler angesehen. Kunstgerechte Ausbesserungen sind zulässig. Geschliffen oder geziehklingt (siehe Anmerkung 2 und 3).

Klasse 2. (Grade 2.) Weder nach Farbe noch nach Faserverlauf abgestimmt. Geringfügige offene Fugen, Splint mit Verfärbungen, Wirbel, gesunde Äste und Ausbesserungen zulässig. Geschliffen oder geziehklingt.

Klasse 3. (Grade 3.) Alle Holzarten zugelassen. Abgestorbene, verfärbte, starke Äste, Verfärbungen, Wirbel, loser Schnitt und offene Fugen zulässig. Ungesandet, Fugenpapier nicht entfernt.

B. Spezifikation für Rückenseiten von Panelen und gute Rückenseiten von Tischlerplatten,
wie für Klasse 1 für Vorderfurniere.

C. Spezifikation für gesunde Rückenseiten,
wie Klasse 2 für Vorderseiten.

Ausgesonderte Rückenseiten. Alle Holzarten zugelassen. Geliefert auf Panelen mit einer guten Vorderseite, es sei denn, daß eine andere Klasse vorgeschrieben ist. Abgestorbene, kranke, verfärbte Äste, Wurmlöcher, Risse, loser oder rauher Schnitt und offene Fugen sind zulässig. Nicht geschliffen, Fugenpapier ist nicht entfernt.

Anmerkungen.

Anmerkung 1. Lieferungsvorschriften für Vorder- und Rückenfurniere, die von diesen Regeln abweichen, unterliegen besonderen Abmachungen zwischen Käufer und Verkäufer.

Anmerkung 2. In manchen Fällen ist es wünschenswert, den Splint zuzulassen, um die Zeichnung bei Walnuß, gemasertem Gumholz oder anderen Holzarten bei Vorderseiten besser abzustimmen und zusammensetzen zu können. Mit Rücksicht hierauf ist die Bestimmung der Entfernung des Splints als freigestellt anzusehen.

Anmerkung 3. Schwache, mineralische Streifungen werden bei Schlicht- und Spiegeleiche nicht als Fehler angesehen.

Spezifikation für Holzmittellagen.

Klasse A. (Grade A.) Verwendung irgendeines geeigneten Mittellagenholzes. Verschiedene Holzarten in derselben Mittellage sind nicht zulässig. Gesunde Äste, Ausbesserungen und geringe Defekte sind zulässig. Alle Fugen mit der Maschine gefügt und dicht verleimt, alle Außenkanten müssen fehlerlos sein.

Klasse 1. (Grade 1.) Alle Holzarten sind zulässig. Verschiedenartige Hölzer in derselben Mittellage sind nicht zulässig. Schwach geöffnete Fugen sind zulässig.

Klasse 2. (Grade 2.) Alle Holzarten sind zulässig. In derselben Einlage können verschiedene Hölzer verwendet werden. Das Holz muß im allgemeinen gesund sein, jedoch sind abgestorbene, verfärbte, kleine Astlöcher, Wurmlöcher und Risse zulässig.

Anmerkung. Spezifikationen für Mittellagenholz, die von diesen Regeln abweichen, unterliegen besonderen Abmachungen zwischen Käufer und Verkäufer.

Qualitätstafel für Sperrholz.

Die ursprüngliche Tafelform, die im Jahre 1921 von der Plywood Manufacturers Association angenommen worden war, wird hier ebenfalls wiedergegeben, da sie immer noch bei vielen Sperrholzfabrikanten sowohl mit Rücksicht auf ihre Anordnung wie auch mit Rücksicht auf ihre Einteilung in Gebrauch ist.

Aufbau		Edelgemaserte Hölzer: **AA** Extra Qualität	Edelgemaserte Hölzer: **A** Beste Standard Qualität	Schlichte Hölzer: **B** Standard Qualität	Schlichte Hölzer: **C** Sichtbare Teile, für die Abstimmung nach Farbe unnötig	Schlichte Hölzer: **D** Teilweise sichtbare Teile
Vorderfurnier		Sorgfältig auf Zeichnung und Farbe abgestimmt. Nur geleimte Fugen. Furniere klar in Farbe völlig fehlerfrei, Splint, Verfärbungen, Wurmlöcher, gesunde Äste u. s. w. nicht zulässig. Mit der Maschine vor und von Hand nachgeschliffen.	Beliebige Maserzeichnung, im allg. nach Farbtönung abgestimmt. Streifen, kleine Flecken und gesunde Äste zugelassen. Geziehklingt od. geschliffen	Klare Furniere nach Farbe ausgesucht und abgestimmt. Richtig gefügt, mit Papierstreifen zusammengesetzt. Saubere kunstgerechte Ausbesserungen zugelassen. Geziehklingt od. geschliffen	Dicht gefügte Furniere weder nach Farbe noch Maserbild abgestimmt zugelassen. Mineralische Flecke oder natürliche Verfärbungen in nichtabgestorbenem Holz zählen nicht als Fehler. Geziehklingt od. geschliffen	Furniere dürfen Fehlfarbenstellen und Flecken haben, desgl. kleine Äste mit Rinde oder Mark in der Mitte, verpflockte Wurmlöcher, geschlossene Randrisse, dürfen lose od. rauh geschnitten sein, wenn fest verleimt. Leicht geöffnete Fugen sind zulässig. Geziehklingt od. geschliffen
Vorderes Absperrfurnier		Aus einem Stück fehlerlosem Furnier, dicht geschnitten.	Zusammensetzen gestattet, wenn richtig gefügt und mit Papierstreifen verbunden.		Zusammensetzen gestattet ohne Fügen und Fugenverbindung.	Nur dreifach abgesperrt.
Mittellage	Schnittholz	Versch. Holzart. unzulässig. Äste und Fehlstellen ausgeschnitten. Alle Fugen maschinengefügt und dicht verleimt.	Jedes geeignete Mittelholz, feste und gesunde Äste, Einsätze, geringere Fehler, gesägte Fugen und leicht offene Fugen zugelassen.			Ohne Schnittholzmittellagen gefertigt.
Mittellage	Schälfurnier	Lagerware aus einem Stück oder gefugenleimt, fehlerlos glatt und gut geschält.	Zusammensetzen gestattet, wenn richtig gefügt und mit Papierstreifen verbunden.		Zusammensetzen gestattet ohne Fügung u. Verbindung.	
Hinteres Absperrfurnier		Wie vorderes Absperrfurnier, jedoch zusammensetzen gestattet, wenn gut gefügt u. verbunden.	Wie vorderes Absperrfurnier			Nur dreifach abgesperrt.
Rückenfurnier	Ausgemustert	Unzulässig, wenn nicht besonders vorgeschrieben.	Zugelassen: Furniere mit Verfärbungen, Flecken, kleinen Ästen mit Rinde oder Mark in der Mitte, Wurmlöchern, Kantenrissen, losem oder rauhem Schnitt, sowie offene Fugen.			
Rückenfurnier	Fehlerfrei	Zulässig: Gefügte Furniere mit dichten Fugen, nicht nach Farbe od. Zeichnung abgestimmt, Wirbel, Äste, kunstgerechte Ausbesserungen, mineralische Flecke od. natürl. Verfärbungen gesunden Holzes. Geziehklingt od. geschliffen. — Für höhere Ansprüche Vorschriften wie fur Vorderfurnier.				
Copyright 1921 Plywood Manufacturers Association Alle Rechte vorbeh.		**AAA**		**DD** (unsichtbar verarbeitet)		
		Vorderfurnier als Edelfurnier symmetrisch auf Stoß u. Muster zusammengesetzt, sonst wie AA.		Zulässig: Jede Holzart, offene Fugen oder Risse nicht über 1/2″ (127 mm) Breite und 12″ (305 mm) Länge oder der halben Panellänge, jedoch nicht über 24″ (610 mm), Wurmlöcher, Vertiefungen und Astlöcher, jedoch nicht über 2″ (50,8 mm) Durchmesser; rauher oder loser Schnitt, Verfärbungen und Flecke.		

Deutschland.

Handelsbräuche für Furniere.

Die einzigen im Druck niedergelegten Handelsbräuche sind die, welche die Handelskammer zu Berlin unter dem 1. Oktober 1920 in dem kleinen Heftchen „Handelsbräuche für Verkäufe in ausländischen Hölzern, in Laubhölzern und Furnieren von Händlern an Verbraucher“ niedergelegt hat.

Aus dem Titel geht nicht hervor, daß diese Bräuche auch für Lieferungen zwischen Hersteller und Händler maßgebend sind, trotzdem auch in Deutschland eine große Anzahl ausländischer Hölzer durch Messerung oder Schälung zu Furnieren verarbeitet werden. Die Vorschriften gelten auch nur innerhalb des Bezirkes der Handelskammer zu Berlin, sind wohl aber auch außerhalb Berlins in Deutschland im allgemeinen im Gebrauch.

Da es sich hier nicht um die Bräuche handelt, welche die Abwicklung des Geschäftes an sich behandeln, sondern die Bedingungen, welche sich mit dem Zustand der Furniere befassen, so sind auch nur diese hier wiedergegeben. Es handelt sich im ganzen um 2 Paragraphen, betitelt „Maßbestimmung für Furniere“, und zwar § 12 und § 13.

§ 12 besagt:

„Bei Furnieren, die nach Maß gehandelt werden, ist die Breite mit Splint von Zentimeter zu Zentimeter, die Länge von 5 zu 5 cm zu messen.

Für Pakete mit Baumkante ist das mittelste Blatt für die Breite maßgebend.

Für faule Äste, kranke Stellen und Wurmlöcher muß ein Abschlag in Länge, Breite oder entsprechend dem fehlerhaften Holze erfolgen. Für gesunden Kern oder Riß wird kein Abschlag gewährt. Bei Blindfurnieren hat für kleine Wurmlöcher kein Abschlag zu erfolgen.“

§ 13 besagt:

„Bei Maserfurnieren dürfen bis 5% verschnittene Blätter nicht beanstandet werden.“

Handelsbräuche für deutsche Sperrplatten.

Die Mehrzahl der deutschen Sperrholzfabrikanten beliefern den Markt durch Sperrholzhändler.

Zwischen dem Verband der Deutschen Sperrholzfabrikanten E. V. und dem Verband der Deutschen Sperrholzhändler sind Handelsbräuche am 13. April 1926 für den Handel von Sperrplatten im Inlandverkehr vereinbart worden. Diese Handelsbräuche haben eine Überarbeitung erfahren. Die Überarbeitung hat im September 1930 die Anerkennung der beiden genannten Verbände erhalten. Der Inhalt dieser überarbeiteten Handelsbräuche sei nachstehend wiedergegeben.

Handelsgebräuche für deutsche Sperrplatten im Inlandsverkehr.

Definition (oder Bezeichnung):

Man unterscheidet zwischen:

a) Furnierplatten („schwachen“ Sperrholzplatten), die aus drei- oder mehrfach aufeinander gelegten, geschälten oder gemesserten Furnieren verleimt sind, und deren Faserrichtung im allgemeinen kreuzweise zueinander verläuft;

b) Tischlerplatten („starken“ Sperrholzplatten), bestehend aus einer aus Holzleisten, Holzstäben oder Holzstreifen zusammengeleimten Mittellage mit beiderseits aufgeleimten Absperrfurnieren.

Qualität. Man unterscheidet bei:

a) **Furnierplatten:**

Normal-Qualität (sog. I. Qualität), die stets, wenn nichts Besonderes vereinbart ist, geliefert wird;

II. Qualität, III. Qualität und Ausschuß-Qualität.

Normal-Qualität (I. Qualität): gekennzeichnet dadurch, daß die eine Seite der Platte fehlerfrei ist, wobei jedoch dichte Fugen und Farbfehler erlaubt sind, während die zweite Seite mit geringen Fehlern behaftet sein darf. Als solche gelten besonders Risse bis etwa 2 mm Breite und 150 mm Länge, feste Äste etwa bis zur Größe eines Dreimarkstückes, kleinste lose Äste, Pfropfen, rauhe Schälstellen, einzelne Wurmlöcher, sowie gelegentlich nicht ganz dichte Fugstellen.

Es ist zulässig, bei Bestellung dieser Qualität bis zu 20% der Menge Platten mit beiderseits kleinen Fehlern (II. Qualität) ohne Preisnachlaß mitzuliefern.

II. Qualität: gekennzeichnet dadurch, daß beiderseits Risse bis etwa 2 mm Breite und 150 mm Länge, feste Äste etwa bis zur Größe eines Dreimarkstückes, kleinste lose Äste, Pfropfen, rauhe Schälstellen, einzelne Wurmlöcher, sowie gelegentlich nicht ganz dichte Fugstellen erlaubt sind.

III. Qualität: gekennzeichnet dadurch, daß beiderseits grobe Fehler, wie offene Äste, Wurmlöcher, breite und lange Risse jeder Größe, rauhe und gebrochen-geschälte Furniere erlaubt sind.

Ausschuß-Qualität: gekennzeichnet dadurch, daß sowohl hinsichtlich des Aussehens der Platten als auch ihrer Verleimung keinerlei Ansprüche gestellt werden dürfen. Diese Qualität ist unter Verzichtleistung auf jegliche Mängelrüge abzunehmen.

b) **Tischlerplatten:**

Normal-Qualität (sog. I. Qualität), die stets, wenn nichts Besonderes vereinbart ist, geliefert wird;

II. Qualität und Ausschuß-Qualität;

Normal-Qualität (I. Qualität): gekennzeichnet dadurch, daß die eine Seite der Platte fehlerfrei ist, wobei jedoch dichte Fugen und Farbfehler erlaubt sind, während die zweite Seite mit geringen Fehlern behaftet sein darf. Als solche gelten besonders Risse bis etwa 2 mm Breite und 150 mm Länge, feste Äste etwa bis zur Größe eines Dreimarkstückes, kleinste lose Äste, Pfropfen, rauhe Schälstellen, einzelne Wurmlöcher, sowie gelegentlich nicht ganz dichte Fugstellen.

Es ist zulässig, bei Bestellung dieser Qualität bis zu 20% der Menge Platten mit beiderseitig kleinen Fehlern ohne Preisnachlaß mitzuliefern.

II. Qualität: gekennzeichnet dadurch, daß beiderseits Risse, Fugen, Äste, Pfropfen, rauhe Schälstellen, Wurmlöcher erlaubt sind.

Ausschuß-Qualität: gekennzeichnet dadurch, daß sowohl hinsichtlich des Aussehens der Platten als auch ihrer Verleimung keinerlei Ansprüche gestellt werden dürfen. Diese Qualität ist unter Verzichtleistung auf jegliche Mängelrüge abzunehmen.

Bei sämtlichen Qualitäten, mit Ausnahme der Ausschuß-Platten, ist eine gute Verleimung zu gewährleisten. Als wasserfest wird eine Verleimung bezeichnet, die vorübergehender Feuchtigkeit standhält.

Stärke: Die für die einzelnen Platten angegebenen Stärken verstehen sich „circa". Bei Platten bis 5 mm Stärke einschließlich ist eine Toleranz von 10% nach oben und unten, und für Platten über 5 mm eine solche von 5%, mindestens aber 0,4 mm gestattet. Es soll jedoch möglichst die Lieferung insgesamt als Durchschnitt die angegebene Stärke erreichen. Die Stärkenangaben bei geschliffenen, geschlichteten oder ähnlich bearbeiteten Platten bezeichnet die Stärke der Platte vor der Bearbeitung.

Mengen und Maße: Die Bezeichnung „Waggonladung" bezieht sich mangels näherer Angabe auf einen 15 Tonnen-Waggon. Bei Bestellungen in vorgeschriebenen Maßen ist dem Lieferanten für die Liefermenge pro Format ein Spielraum von 10% mehr oder weniger gestattet. Die Platten werden, roh zugeschnitten geliefert, müssen jedoch groß genug sein, um das verlangte Format zu erzielen.

Die aufgegebene erste Maßzahl bezieht sich stets auf die Faserrichtung der Außenseite. Wird bei Verkäufen der Flächeninhalt in „circa" angegeben, so bedeutet dies eine Toleranz bis 10% des Flächeninhalts.

Verpackung: Als Verpackung für das Inland ist bei „Furnierplatten" bis ca. 8 mm Stärke Drahtbündelung üblich, welche im Preise einbegriffen ist. Jede andere Verpackung wird besonders berechnet und nicht zurückgenommen. „Tischlerplatten" werden unverpackt geliefert.

Preise: Die Preise gelten im allgemeinen pro qm Sperrholz. Runde, ovale, trapezförmige und ähnliche Platten werden nach dem Rechteck berechnet, aus welchem sie geschnitten werden können.

Mängelrüge: Erkennbare Mängel sind sofort zu beanstanden. Die Untersuchungspflicht erstreckt sich auf die gesamte Lieferung. Bis zur Sicherung des Beweises ist die hierfür erforderliche Menge im gelieferten Zustande zubelassen.

Für versteckte Fehler haftet der Fabrikant für die Dauer von 3 Monaten nach Empfang. Für nachweisbar mangelhaft gelieferte Ware wird baldmöglichst kostenfreier Ersatz geleistet.

Weitergehende Ansprüche sind grundsätzlich ausgeschlossen.

Man sieht, daß während in Amerika auch dem Aufbau der Mittellagen eine gewisse Aufmerksamkeit geschenkt worden ist, dies hier nicht der Fall ist, hingegen hat man wenigstens den Anlauf gemacht, über die Art der Verleimung etwas zu sagen. Ob die Definition der wasserfesten Verleimung in der geschehenen Form eine glückliche ist, darüber gehen die Meinungen auseinander. Vom technischen Standpunkte aus ist sie sehr anfechtbar. Es ist sehr wohl möglich, heute bereits die Wasserfestigkeit der Verleimung schärfer zu definieren. Es darf jedoch nicht außer acht gelassen werden, daß die vorliegenden Handelsbräuche wohl ausschließlich die Verwendung von Sperrholz für Möbel und Panele im Auge hatten.

England.

Man ist wohl in englischen Broker- und Händlerkreisen seit langem schon mit Überlegungen über Qualitätsnormen beschäftigt, zu einer endgültigen Lösung ist man noch nicht gekommen. Wie in Amerika, so wird auch in England bei den namhaften Händlerfirmen ein Unterschied gemacht zwischen den Sperrplatten, welche aus den verschiedenen Holzarten gefertigt werden, und vor allen Dingen auch ein Unterschied nach dem Herstellungsland. Da in London Produkte fast aller enropäischen Herstellungsländer gehandelt werden, erhält man dort einen ziemlichen Überblick über das, was maßgebende Firmen zur Zeit als Qualitätsbestimmungen anerkennen. Aus der nachfolgenden Zusammenstellung, welche in liebenswürdiger Weise von der Firma C. Leary & Co., London E. C. 4, dem deutschen Verfasser für diesen vorliegenden Zweck zur Verfügung gestellt worden sind, kann man folgendes entnehmen:

Birkensperrholz.

Sperrholz aus Finnland.

AA-Qualität, beiderseitig frei von allen Fehlern.

A-Qualität. Eine Seite frei von allen Fehlern, auf der anderen Seite sind nur wenige, kleine, gesunde Äste zugelassen.

B-Qualität. Auf beiden Seiten sind kleine, gesunde Äste zugelassen.

BB-Qualität. Mehr Äste als bei der B-Qualität. Auch ausgefallene Äste sind zulässig. 80% der Platten müssen frei von Überleimern sein.

Offene Spalten sind in keiner der obigen Qualitäten zulässig.

Sperrholz aus Lettland.

AA-Qualität. Beide Seiten frei von Fehlern.

A-Qualität. Eine Seite vollkommen fehlerfrei, die andere Seite darf wenige, gesunde Äste enthalten.

B-Qualität. Gesunde Äste sind auf beiden Seiten zulässig und ein kleiner Prozentsatz von Rissen.

BB-Qualität. Einige Äste beiderseitig zulässig, desgleichen ein kleiner Prozentsatz von ausgefallenen Ästen und Rissen und gelegentlich Überleimer.

Sperrholz aus Rußland.

AA-Qualität. Beide Seiten frei von Fehlern.

A-Qualität. Eine Seite frei von Fehlern, auf der anderen Seite nur wenige kleine gesunde Äste zugelassen.

B-Qualität. Weniger gesunde Äste zugelassen, als bei finnischer Ware.

BB-Qualität. Gesunde Äste sind zulässig, jedoch nur sehr wenig ausgefallene Äste. Praktisch frei von Überleimern und frei von offenen Rissen.

Sperrholz aus Polen und Schweden.

Das Ursprungsmaterial ist ästiger als die vorher behandelten, dementsprechend die Qualitätsbestimmung wie folgt:

AA-Qualität. Nur vereinzelt gesunde, kleine Äste auf einer Seite.

A-Qualität. Vereinzelte, gesunde Äste auf beiden Seiten.

B-Qualität. Gesunde und tote Äste auf beiden Seiten.

BB-Qualität. Größere und—oder ausgefallene Äste und Risse auf beiden Seiten.

Eichensperrholz.

AA-Qualität. Die Furniere müssen gut auf Muster zusammengesetzt und gefügt sein. Eine Seite muß vollkommen fehlerfrei sein, die Rückseite darf nur sehr geringfügige Fehler aufweisen. Die Plattenoberflächen müssen gut abgearbeitet sein.

A-Qualität. Nur geringfügige Fehler auf einer Seite und gute Fügung. Die Rückseite darf wenige leichte Fehler einschließlich gelegentlicher schlechter Fugen aufweisen.

Erlensperrholz.

AA-Qualität. Beide Seiten fehlerfrei.

A-Qualität. Eine Seite völlig fehlerfrei, die andere Seite praktisch fehlerfrei.

B-Qualität. Geringe Defekte auf beiden Seiten, wie kleine gesunde Äste, gelegentliche Risse und gelegentlicher rauher Schnitt.

BB-Qualität. Größere Äste, Risse und ein größerer Prozentsatz rauher Schnitt.

BBB- und C-Qualität. Mehr Äste, Risse und rauher Schnitt zulässig als bei BB.

S-Qualität. Größere ausgefallene Äste, Risse, Überleimer und rauher Schnitt zulässig.

Gaboonsperrholz.

AA-Qualität. Beide Seiten fehlerfrei. Keine Überleimer und offene Risse.

A-Qualität. Eine Seite fehlerfrei, auf der anderen Seite vereinzelte kleine feste Äste zulässig.

B-Qualität. Auf beiden Seiten einige wenige gesunde Äste und kleine Wurmlöcher zulässig, jedoch praktisch frei von Rissen.

Gaboon-Multiplexplatte.

Frei von allen Fehlern und gut gefügt.

Die oben angeführten Qualitäten, gleichgültig, ob dreifach oder mehrfach verleimt, müssen frei sein von offenen Rissen, Überleimern und rauhem Schnitt. Die Platten müssen gut gesandet oder geziehklingt sein.

Gaboon-Stäbchenplatten.

Die Platten müssen gut gefügt sein, die Außenfurniere frei von allen Fehlern. In der Stäbchen-Lamelierung dürfen weder Löcher noch Erhöhungen vorhanden sein.

Gaboon-Stäbchenplatten mit **Kiefern-** *oder* **Fichteneinlage** *und Tischlerplatten.*

AA-Qualität. Wie alle Platten, die nur aus Gaboon hergestellt sind.

A-Qualität. Der Aufbau muß vollkommen fehlerfrei sein. Das Rückenfurnier darf wenige, gesunde Äste enthalten.

Oregon-Pine-Sperrholz.

AA-Qualität. Beide Seiten fehlerfrei und frei von offenen Rissen.

A-Qualität. Eine Seite fehlerfrei und nicht verfärbt. Die Rückseite vereinzelt geringe Fehler und geringfügige Verfärbungen. Praktisch frei von offenen Rissen.

B-Qualität. Vereinzelte, geringe Fehler und Verfärbungen auf beiden Seiten zulässig. Desgleichen wenige offene Risse, doch frei von Überleimern. Ein größerer Prozentsatz muß einseitig vollkommen frei von Fehlern sein.

Eine andere Londoner Firma[1]) klassifiziert ihre Waren, ohne Unterschied auf Herkunftsland und Holzart, wie folgt:

AA-Qualität, bezeichnet erste Qualität vollkommen frei von allen Fehlern.

---

[1]) The London Plywood u. Timber Co. Ldt. London.

A-Qualität gilt als zweite Qualität. Eine Seite vollkommen fehlerfrei, die Rückseite kann geringe Fehler enthalten.

AB-Qualität gilt als zweite Qualität. Eine Seite vollkommen sauber, die andere Seite darf etwas größere Fehler haben, wie für A-Qualität angegeben.

B-Qualität ist dritte Qualität, zeigt geringe Fehler auf beiden Seiten.

BB-Qualität ist vierte Qualität, zeigt Fehler auf beiden Seiten.

Dimension. Länge und Breite werden in Zoll angegeben. Die erste Dimension gilt immer als in der Richtung der Faser des Außenfurniers gemessen, z. B. 60″ × 48″ bedeutet, daß die Platte 60″ lang und 48″ breit ist, wobei die Faser des Außenfurniers in der Richtung von 60″ verläuft.

Da in manchen Fabrikationsländern, die den Londoner Markt beliefern, nach Millimeter gearbeitet wird, während in London nur nach Zoll gehandelt wird, ist die folgende Tabelle von Interesse, die von derselben Firma stammt. Sie gibt in ihren Bedingungen an: Die Stärke wird entweder in Millimeter oder in Bruchteilen von Zoll oder in beiden Maßstäben gemessen. Als Äquivalent gilt folgende Gegenüberstellung:

mm	3	4	4 1/2	5	6	8	9	12 1/2	15	18	22
Zoll	1/8	3/16	3/16	3/16	1/4	5/16	3/8	1/2	5/8	3/4	7/8
	annähernd	annähernd	stark		annähernd						

Auf Grund der genauen Kenntnis des englischen Marktes wurde die *Firma C. Leary & Co.*, der die zuerst gegebene Klassifizierung zu verdanken ist, gebeten, ihren Standpunkt über die Möglichkeit einer besseren und einheitlichen Klassifizierung bekanntzugeben. Dieselbe ist der Meinung, daß, wenn man die angegebene Klassifizierung stabilisieren könnte, man schon zu einem zufriedenstellenden Zustand gelangt wäre. Sie befürchtet aber, daß es nicht möglich sein wird, eine Standard-Klassifizierung für die Platten, die aus verschiedenen Ländern stammen, zu erreichen, vor allen Dingen mit Rücksicht auf das in verschiedenen Ländern verschieden geartete Rohmaterial.

Hauptsächlich aber sieht die Firma die Schwierigkeit auf psychologischem Gebiet. Die Erfahrung hat gezeigt, daß so oft man auch mit einem Lande zu einem Übereinkommen über die Klassifizierung gelangt war, dieses Übereinkommen, die Probe einer schlechten Konjunktur nicht überstanden hat. Solange die Konjunktur gut ist, besteht keine Versuchung, die Klassifizierung zu ändern, sobald aber das Angebot die Nachfrage übersteigt und die Konkurrenz zwischen den Werken groß wird, so war es bis jetzt immer unmöglich, zu verhindern, daß irgendein Konkurrent seine Klassifikation verbesserte, was im Grunde genommen nichts anderes bedeutet als eine Preisunterschreitung. Selbst bei Gaboon, für dessen Verarbeitung besonders bei den großen Firmen fast durchweg dieselben Einrichtungen bestehen, ist es schwer, zu einer einheitlichen Klassifikation zu kommen, mit Rücksicht auf die verschiedenen Verwendungsmöglichkeiten von minderwertigen Furnieren in den einzelnen Werken, von denen das eine mehr als Inneneinlagen verwenden kann, wie das andere.

Frankreich.

Das „Syndicat des Fabricants des Panneaux Contreplaqués de France“ hat folgende Bestimmungen aufgestellt:

1. Klasse. Eine schöne Außenseite, die einige kleine, gesunde Astknoten zuläßt und kleine geschlossene Risse. Die andere Außenseite mit festen Ästen, Rissen und geringfügigen Wurmlöchern.

2. Klasse. Beide Außenseiten mit Fehlern, wie starke, feste Astknoten, Wurmlöchern und Rissen.

3. Klasse. Beide Oberflächen mit starken Fehlern, wie fehlerhafte Astknoten, Maserwirbeln, größeren Rissen, starken Wurmlöchern und sonstigen Holzfehlern, in allen drei Klassen sind Fugen in jedem Verhältnis gestattet.

Außer diesen drei Qualitäten, die im Inlande verkauft werden, liefern die französischen Fabriken für den Export folgende Qualitäten:

AA-Qualität. Beide Seiten fehlerfrei und ohne Fugen.

A-Qualität. Eine Seite fehlerfrei, die andere Seite Äste, geschlossene Risse, leichte Verfärbungen, aber keine Wurmlöcher zulässig. Fugen sind auf einer oder auf beiden Seiten zulässig, jedoch nicht mehr als bei 50% der Fläche.[1])

Andere europäische Länder

Für die übrigen Länder Europas, soweit der Osten Europas in Frage kommt, wird die Klassifizierung der dort gefertigten Sperrplatten hauptsächlich von den Abnehmern bestimmt. Das sind die Händler in England, Deutschland, Schweden, Frankreich, Holland usw. Im großen ganzen sind die Klassifizierungen ähnlich denjenigen, die für den Londoner Markt gegeben wurden. Soweit in Österreich und Ungarn noch Naßverleimungen geübt werden, entsprechen die Klassifikationen denen der Oststaaten, soweit trockene Furniere verarbeitet werden, sind im allgemeinen ähnliche Klassifikationen auch für die übrigen Länder üblich, wie sie für die deutschen Sperrhölzer genannt sind.

Aus all den Klassifikationen geht klar hervor, daß letzten Endes das Äußere den Ausschlag gibt. Die Technik kann mit solch einer Klassifikation nichts an-

---

[1]) Diese Angaben stammen von der Firma „Cie Nantaise des Bois Déroulés et Contreplaqués ‚Océan‘, Paris“, der bei dieser Gelegenheit der Dank für die freundlich erteilten Aufschlüsse abgestattet sei.

fangen, denn in den seltensten Fällen spielt in der Technik das äußere Ansehen die überragende Bedeutung und in den seltensten Fällen kann die Technik sich damit begnügen, Sperrholz nach diesen Klassifikationen einzuteilen.

Technische Klassifikation.

In Kapitel XIII ist erläutert worden, daß der Verbreitung von Sperrholz dadurch viel Abbruch geschehen ist, daß man Versuche mit ungeeigneten Mitteln angestellt hat. Eine Platte, die für den Möbelbau in Hinsicht auf ihre Oberflächenbeschaffenheit gerade ausreicht, kann für einen technischen Verwendungszweck viel zu teuer sein, und die teuerste Platte, die der Möbelbau heute bezieht, kann für einen technischen Verwendungszweck, der an Leimbindung, Festigkeit und Elastizität hohe Ansprüche stellt, trotz des hohen Preises völlig ungeeignet sein.

Bei einem Werkstoff wie Sperrholz kann ganz ähnlich wie für die übrigen Werkstoffe eine brauchbare Klassifizierung nur durchgeführt werden, wenn dieselbe in erster Linie den *Verwendungszweck* berücksichtigt, nachdem in einer allgemeinen Spezifizierung die einwandfreie Durchführung des Sperrholzprinzips gesichert ist. Bekanntlich ist nicht jedes kreuz und quer verleimte Holz Sperrholz. Die Stärke der einzelnen Lagen zueinander muß in der richtigen Weise abgestimmt sein. Der Faserverlauf der benachbarten Lagen muß sich möglichst rechtwinklig kreuzen, und die Festigkeit und Zuverlässigkeit der Leimbindung muß eine solche sein, daß sie die Vorteile des Aufbaues der Platte aus verschiedenen Lagen sichert.

Auch in der Möbeltechnik und in der Technik der Innenausstattung scheinen die heutigen Handelsbräuche nicht auszureichen und scheinen Ergänzungen zu bedürfen in der Beziehung, daß z. B. in der amerikanischen Spezifikation die Verleimung berücksichtigt wird, und in der deutschen Klassifikation nicht nur auf die Außenfurniere, sondern auch auf die Mittellagen Bezug genommen wird. Hat man es doch erlebt, daß nach polnischen Vorschlägen Platten als Birkensperrplatten bezeichnet werden sollten, auch wenn die Einlage aus ganz anderem Holz besteht. Diese Angaben sind schon deswegen notwendig, weil der Käufer die Holzart der Mittellagen kennen muß, um die für die Weiterverarbeitung des Sperrholzes notwendigen Betriebsmaßnahmen richtig bestimmen zu können. Es sei nur an den Leimdruck erinnert beim Aufbringen von Edelfurnieren bei Verwendung moderner Pressen, der sich hauptsächlich nach der Widerstandsfähigkeit, z. B. bei Tischlerplatten der aufgebauten Mittellage, richtet.

Die Qualitätsbezeichnung der wasserfesten Verleimung in der deutschen Klassifizierung erscheint ungenügend, auch für den Möbelbau und für Innenausstattungen. Auch da ist es wichtig für den Käufer zu wissen, ob er eine wirklich wasserfeste Verleimung vor sich hat oder eine Verleimung, die, nur vorübergehend, Feuchtigkeit ausgesetzt, nicht auseinanderfällt. Am zweckmäßigsten dürfte es sein, wenn in der Qualitätsbezeichnung die verwendete Verleimungsart angegeben ist. Bei starken Platten erscheint es ferner für den Verbraucher wichtig, zu wissen, ob die einzelnen Leisten oder Stäbchen, aus denen die Mittellage sich aufbaut, miteinander verleimt sind oder nicht. Gerade bei Waren, die später eine Hochpolitur erhalten sollen, ist dies für den Käufer von ziemlicher Bedeutung. Was die Oberflächenbeschaffenheit anbelangt, so ist es natürlich unmöglich, solange nicht das Vorurteil gegen eine sauber gefügte und gefugenleimte Außenseite überwunden ist, schärfer zu klassifizieren als schon geschehen. Wo eine Weiterveredlung der Oberfläche durch Aufbringen von Edelfurnier geübt wird, sollten die sauber gefügten und gefugenleimten Außenseiten und der Aufbau der Mittellage aus sauber gefügten und gefugenleimten Stücken durchaus in der Qualität den Sperrplatten zum mindesten gleichgestellt werden, die aus Furnieren aus einem Stück hergestellt werden, denn sie sind diesen nicht nur ebenbürtig, sondern überlegen. Hier muß die technische Einsicht über die Gewohnheit die Oberhand gewinnen, mit Rücksicht auf die innere Qualität und auf die hohe Wirtschaftlichkeit bei der Herstellung und damit auf die Hebung des Absatzes für Sperrholz.

Was die Klassifikation für technische Zwecke anbelangt, so hängt diese ganz von dem Verwendungszweck ab. Daß es möglich ist, eine Basis für die Beurteilung von Sperrholz nach technischen Gesichtspunkten zu treffen, ist im vorigen Kapitel eingehend auseinandergesetzt worden. Besteht aber eine Basis für die Beurteilung, so ist auch die Basis für die Klassifizierung gegeben. Für technische Zwecke kommen Handelsbräuche, wie sie bisher üblich waren, nicht in Frage. Außer der Einhaltung des Sperrholzprinzipes werden für die Klassifizierung nach technischen Gesichtspunkten, die Gesamtfestigkeit des Sperrholzes, seine Elastizität, die Leimbindefestigkeit, die Beständigkeit gegen Einflüsse von Feuchtigkeit und Mikroorganismen und gegen chemische Einflüsse genau so die ausschlaggebende Rolle spielen, wie bei anderen Werkstoffen.

Wer wirklich eine weitgehende Verwendung von Sperrholz fördern will, kann nichts besseres tun, als einmal die Verbraucher über die Vorzüge des Aufbaues des Sperrholzes, wie im vorliegenden Werk geschehen, aufzuklären und mitzuarbeiten daran, dem Werkstoff „Sperrholz“ die Basis für die Beurteilung und Klassifizierung zu schaffen, die die Aufstellung von Handelsbräuchen für die verschiedenen Verwendungszwecke ermöglicht, wie sie bei anderen Werkstoffen, mit denen Sperrholz in Konkurrenz tritt, bereits bestehen.

Sachregister
für Band I und II

Bei den englischen Wörtern sind nur diejenigen Seiten angegeben, auf denen die deutschen Bezeichnungen für sie zu finden sind.

Es bedeuten: **I**=Band I und **II**=Band II, a. = auch, s. = siehe. Die fett gedruckten Zahlen bedeuten die Seiten, auf denen der Gegenstand ausführlich behandelt ist, bei den Holzarten sind die Zahlen der Bezeichnungstabelle und Artbeschreibung vorangesetzt.

A

B

C

D

E

F

G

H

I

J

K

L

M

Q

R

S

T

Y

Z

A. ROLLER

BERLIN N 20

GEGRÜNDET 1855

Spezialfabrik
für Maschinen zur Furnier-
und Sperrholzfabrikation

G. Siempelkamp & Co.
Maschinenfabrik
Krefeld

Furnier-Rollentrockner und Furnier-Atmungstrockner auf dem Montagestand in unserem Werk.

Größte Spezialfabrik
für Sperrholzmaschinen

Niederrheinische Maschinen-Fabrik

Becker & van Hüllen

A.-G. Krefeld

Int. Schutzmarke

Spezialisten für

Sperrholz-Maschinen

Projektierung und Lieferung
kompl. schlüsselfertiger Anlagen

Kostenlose Fachberatung

Modernisierung älterer Anlagen

•

NEUE TYPEN
für wirtschaftlichste Fließfertigung
in Hydraulik-Apparaten, Pressen
Pumpen / Trocknern
Fugenleimmaschinen

•

Mechanische Pressenbeschickung usw.

Für wasserfeste
Holzverleimung

CASEIN

und schwarzes

BLUT-
ALBUMIN

in besten Qualitäten

LEHMANN & VOSS
CHEMISCHE FABRIK
HAMBURG 1 • BIEBERHAUS

FRANZ SCHLOBACH
G. m. b. H.
Furnier- und Sägewerke
BÖHLITZ-EHRENBERG
(LEIPZIG)
Fernsprecher: Sammelnummer 44581 / Gegründet 1846

Furniere / Schnittmaterial / Rundholz
in allen in- und ausländischen Holzarten

Exoten / Sperrplatten / Kiefer / Fichte
Gesamtproduktion auf eigenen Werken jährlich etwa 100000 cbm

*

Zweigwerke:
Hamburg-Wilhelmsburg / Deutsch-Eylau (Ostpr.)
Falkenberg (Mark)

Eine Umwälzung auf dem Gebiete
der Sperrholzherstellung bedeutet die

neuartige Verleimung
mit Tego-Leimfilm

Vorteile:

Trockenverleimung! Einfache Handhabung! Größte Sauberkeit! Gleichmäßige Verteilung des Leimes auf der ganzen Fläche! Unerreichte Leimfestigkeit des trockenen u. gewässerten Sperrholzes! Wetterbeständigkeit und Widerstandsfähigkeit gegen Pilzangriff! Kein Durchschlag! Keine Wellen- u. Blasenbildung!

Th. Goldschmidt A.-G., Essen

Erste Klasse-Furniere werden hergestellt auf

„KAPPEL“-

Hochleistungs-Furnierschälmaschinen

Unsere Maschinen besitzen viele leistungssteigernde Sondereinrichtungen. Verlangen Sie unseren Katalog-Auszug

Maschinenfabrik KAPPEL Akt.-Ges.

Gegründet 1860 **Chemnitz XVI** Gegründet 1860

Die neue hydraulische

Buddenberg Furnier-Fugenleimmaschine

leimt Furniere von 0,5 mm an aufwärts ohne Verwendung von Papierstreifen in wenigen Sekunden stumpf voreinander. Arbeitet präzis, sauber, zuverlässig, höchst wirtschaftlich! Prospekt frei.

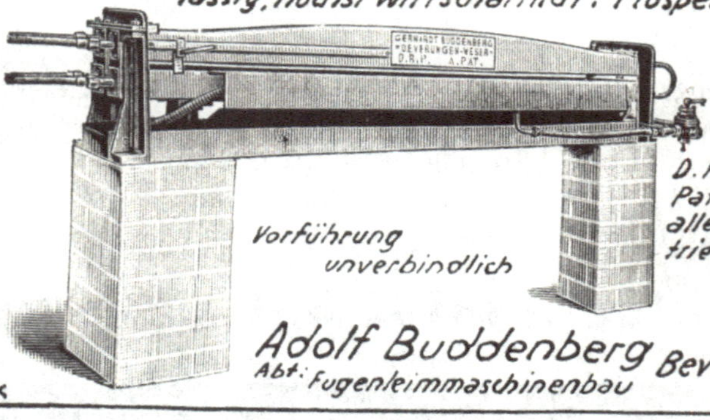

D. R. P. und Patente in allen Industriestaaten.

Vorführung unverbindlich

Adolf Buddenberg Beverungen (Weser)
Abt.: Fugenleimmaschinenbau

K

Sperrholz-
platten

aus Messerfurnieren

GABOON
KIEFER
EICHE

CORONA

INDUSTRIE FÜR
HOLZVERWERTUNG
A.-G.
SPERRHOLZFABRIK
ESSEN-ALTENESSEN

WIESCHEBRINK ESSEN

Carl Haase, Johannisburg-Ostpr.

Großbetrieb für Herstellung von stäbchenverleimten Mittellagen für Tischlerplatten aus feinjährigem ostpreußischem Kiefernholz mit gutem Wuchs und gerader Faser

AUSGEDEHNTE TROCKENKAMMERANLAGEN
Lieferung waggonweise an Sperrholzfabriken

C. LEARY & CO.

Gegründet 1841 Agenten und Makler Gegründet 1841

SPERRHOLZ / WEICHHOLZ / HARTHOLZ

KING WILLIAM STREET HOUSE,
ARTHUR STREET, LONDON, E.C.4

Cables: „LEARY LONDON"

Filialen in Liverpool und Newcastle-on-tyne

Die Technische Buchhandlung der Welt

Spezialisiert auf Holz-, Sperrholz-, Zellstoff- und Papier-Literatur

*

Generalagent der Vereinigten Königreiche und Irlands für das Buch „Furniere und Sperrholz"

STOBART & SON
Cathedral House, 8–11 Paternoster Row, London, E. C. 4

D. R. P.

Veredelungsverfahren für Holzoberflächen

Jedes Holz kann mit den natürlichen Maserungen eines anderen auf **photomechanischem Wege** versehen werden

Masa G. m. b. H., Berlin SW 40

Alexander-Ufer 4

Holztrocken-Anlagen

Neu!

Glänzend bewährte Konstruktion

Furnier-Walzentrockner

Im Betrieb sich bereits hervorragend bewährte Neukonstruktion, welche auch bezüglich Leistung die kühnsten Erwartungen weit übertroffen hat.

Maschinenfabrik

Oscar Sichtig & Co., Karlsruhe 28, Bad.

Späne-Absaugungs-Anlagen

Beilage und Beschickungs-Bleche

aus der Aluminium-Sonderlegierung

GOLDAL

mit **leimabstoßender Oberfläche** D. R. P. a.

Plan-Fest-Dauerhaft-Leicht

Elektrische Heizplatten

für Furnier- und Sperrholzpressen

mit Goldaloberfläche

Berg-Heckmann-Selve-A-G

Zweigniederlassung: C. Berg, Altena in Westf.

M. Krayn, Technischer Verlag G.m.b.H., Berlin W 35, Genthiner Straße 32

FUNK-ABC

Was muß Jeder von der Rundfunktechnik wissen! Mit 239 Abbildungen.

von **Dr. Heinrich Wigge**
Professor für Physik und Funkentelegraphie
an der Gewerbehochschule Köthen (Anhalt)
Preis kartoniert 144 Seiten Umfang 3.50 RM.

Trotz der umfangreichen populären Radioliteratur ist obiges Werk berufen, fast jedem Besitzer eines Radioapparates in allgemeinverständlicher Form die technischen Grundlagen in einer Weise darzustellen, daß jeder ohne Vorkenntnisse seinen Radioapparat verstehen lernt. Professor Wigge hat den Stoff meisterhaft bearbeitet und hat dem so oft geäußerten Wunsche der meisten Radiohörer, die Technik eines Radioapparates kennen zu lernen, im wahrsten Sinne des Wortes erfüllt.

STAHLLAND AMERIKA

von **Otto von Halem**
Leiter der Beratungsstelle für Stahlverwendung, Düsseldorf
Mit 63 Abbildungen. Preis kartoniert 3.50 RM.

Amerika verdankt seinen wirtschaftlichen Aufstieg dem Stahl, dem unentbehrlichen Element der Technik und des täglichen Lebens. Dieses von berufener Feder geschriebene Buch läßt die Vorteile erkennen, die Amerika wirtschaftlich durch die Verwendung von Stahl errungen hat, und zeigt damit neue, gangbare Wege für Deutschlands Industrie und Technik.

Die wirtschaftliche Kraftversorgung für kleinere und mittlere Industrie- und Gewerbe-Betriebe

Von **Paul Niemann,** Oberingenieur, V. D. I.
Mit 92 Textabbildungen, Tabellen, Diagrammen, Betriebskostenübersichten u. a. m. Preis steif broschiert RM. 8.—

Die Kosten der Kraftversorgung bilden heute in Industrie- und Gewerbebetrieben einen sehr wichtigen Faktor. In der vorliegenden Schrift sind die verschiedenen Kraftmaschinenarten in betriebstechnischer und wirtschaftlicher Beziehung erörtert. Selbst ohne umfassende Fachkenntnisse kann jeder aus dem Niemannschen Werk die geeignete Art für seinen Betrieb ersehen.

M. KRAYN, Technischer Verlag G. m. b. H., BERLIN W 35

Der Automobiltransport

Die Organisation des Kraftwagen-Transportwesens unter besonderer Berücksichtigung der neuesten Entwicklung des Lastkraftwagens. Von **Dipl.-Ingenieur A. Lilliendahl.**

Mit 27 Abbildungen im Text. Preis brosch. 8.— RM. geb. 10.— RM.

INHALTSVERZEICHNIS

Einleitung
1. **Das moderne Fahrgestell**
   Anforderungen an das Fahrgestell
   Die Ersatzteil- und Normalisierungsfrage
2. **Massnahmen und Hilfsmittel zur Erhöhung der Transportleistung**
   Erhöhung des Trag- und Zugvermögens
   Sechsradwagen
   Vierrad-Anhänger
   Zweirad-Anhänger
   Sattelschlepper mit Stützwagen
   Vierrad-Antrieb
   Spezial-Sattelschlepper
   Erhöhung der Fahrgeschwindigkeit
   Schnell-Lastwagen
   Beschleunigung des Ladens und Abladens
   Rutschbahnen
   Lastkarren
   Elevatoren
   Krane
   Winden
   Kippwagen
   Kippbarer Stützwagen
   Rollenaufbau
   Die Befreiung des Fahrgestells vom Laden und Entladen
   Absetzbare Aufbauten
   Abhebbare Aufbauten (Behälter)
   Abrollbare Aufbauten
   Befreiung vom Laden und Entladen unter gleichzeitiger Erhöhung des Tragvermögens
3. **Die Kosten des Transportbetriebes**
   Das Veralten des Wagens
   Abnutzung
   Steuern
   Verzinsung des Anlagekapitals
   Versicherung
   Brennstoff
   Öl, Schmiermittel und Putzmaterial
   Reifen
   Wartung und Instandhaltung
   Löhne
   Kontorunkosten
   Garage und Werkstatt
4. **Behandlung und Instandhaltung des Fahrzeuges**
   Behandlung des Wagens
   Überladen
   Zu schnelles Fahren
   Die Pflege des Wagens
   Versorgung mit Betriebsstoffen
   Reinigen
   Die Revision
   Das Überholen
   Die Reparatur
   Öffentliche Garagen und Werkstätten
5. **Überwachung der Transporte und Bestimmung der Fahrstrecke**
6. **Die Beschaffung von Arbeit für die Fahrzeuge**
7. **Die Fahrerfrage**
8. **Die Wahl des Fahrzeuges**
   Bestimmung der Tragfähigkeit
   Aufbau und leistungssteigernde Hilfsmittel
   Elektrische Ausrüstung
   Wahl der Fahrzeugmarke
   Betrieb mit mehreren Fahrzeugen
   Der Kauf gebrauchter Wagen
   Elektrische Lieferungswagen
   Die Verwendung von Traktoren für Transportzwecke
9. **Die Bereifung**
10. **Die Anwendungsgebiete des Lastautos**
   Geschäftswesen
   Industrie
   Landwirtschaft
   Forstwirtschaft
   Kommunalbetrieb
11. **Autotransport und Eisenbahn**

Das Holz in Technik und Gewerbe

seine Verwendungsmöglichkeiten, Eigenschaften, Schäden und Krankheiten

von **Fritz Hoyer,** Ingenieur
Beauftr. Dozent am Polytechnikum in Köthen (Anhalt)

Preis broschiert RM 4.—

Inhaltsübersicht:

I. Die hauptsächlichsten Arten des Nutzholzes, ihre Eigenschaften und Verwendungsmöglichkeiten.
II. Die physikalischen und mechanischen Eigenschaften des Holzes.
III. Die Fehler und die Krankheiten des Holzes.
IV. Die Schädlinge unserer wichtigsten Nutzhölzer.
V. Die Imprägnierung des Holzes.
VI. Das Flammsichermachen des Holzes.
VII. Holz als Baustoff und Ware.
VIII. Die industrielle Verwertung des Holzes.
IX. Sachregister.

Die Verwendung des Holzes ist heute eine viel größere als in früheren Zeiten. Es spielt jetzt in allen Zweigen der Technik eine bedeutende Rolle. — Das vorliegende Büchlein bezweckt, allen, die mit Holz zu tun haben, in kurzen Ausführungen Auskunft über die wichtigsten Fragen zu geben. Es sind nicht nur die einheimischen Holzarten berücksichtigt, sondern auch alle wichtigen ausländischen Hölzer. Besondere Aufmerksamkeit wurde den Krankheiten und Schädlingen des Holzes gewidmet.

WIRUS

Schutzmarke

W. RUHENSTROTH

GÜTERSLOH IN WESTFALEN

*

„Wirus“-Sperrplatten und Tischlerplatten

aus

Gaboon, Kiefer, Oregon-Pine, Abachi, Eiche

Schnelles, sicher. Rechnen ohne Ermüdung durch die in amtl. Auftrage verfaßten

Rechen-Resultate Tabellen zum Ablesen der Resultate von Multiplikationen und Divisionen bis 100×1000 = 100000 in Bruchteilen und ganzen Zahlen. Rechenhilfsmittel für alle Arten des Rechnens mit Zahlen jeder Größe, Radizieren (Wurzelsuchen) nach vereinfachtem Verfahren. Zum praktischen Gebrauch für Stückzahl-, Lohn- und Prozentberechnungen. Mit Seitenregistern zum schnellsten Aufschlagen der Resultate. Fehlerlos! Deutliche Ziffern. Herausgegeben von **F. Triebel,** Revisor der Reichsdruckerei. **5. Auflage.** Preis gebunden M. 15.—. M. Krayn, Technischer Verlag G. m. b. H., Berlin W. 35, Genthiner Straße 32.

»Kuwi«-Sperrholz

»Kuwi« - Tischlerplatten in abgepaßten Maßen von 16 mm Stärke aufwärts, bis 2,25×1,25 Größe.

Patentabsperrung: Luftkanalsystem zwecks absoluter Austrocknung der inneren Leimfeuchtigkeit, kein Welligwerden und Verziehen der Flächen.

Fi Ti Wi, Finsterwalde N. L.

Abteilung »Kuwi«-Sperrholz

Fachberatung

in Fabrikation, Vertrieb, Anwendung und Beurteilung von

SPERRHOLZ

Ausbildung von Spezialmaschinen und modernen Arbeitsweisen

Modernisierung und Rationalisierung von Sperrholzbetrieben

Dir. a. D. L. M. COHN-WEGNER, Civ.-Ing. B.D.C.-I.
Berlin SW 11, Tempelherrenstraße 22

Wichtige Notiz

Den Besitzern von Band II dieses Werkes wird bei Bestellung auf diesem Zettel der I. Band wie folgt vorzugsweise berechnet:

broschiert . . . . (statt RM. 23.—) RM. 20.—
in Leinen gebunden . . . . . (statt RM. 25.—) RM. 21.—
in Sperrholz gebunden . . . (statt RM. 26.—) RM. 22.—

Bestellschein. Der Unterzeichnete bestellt hiermit bei der Buchhandlung

aus M. KRAYN, Technischer Verlag G. m. b. H., BERLIN W 35, von dem Werke

Knight & Wulpi: FURNIERE UND SPERRHOLZ

einzige deutsche autorisierte Ausgabe, herausgegeben von Direktor L. M. COHN-WEGNER

Exemplare

Band I: Vorzüge, Herstellung und Verarbeitung.
Vorzugspreis laut Angebot geh. RM. 20.—, in Leinen geb. RM. 21.—, in Sperrholz geb. RM. 22.—

Band I/II in einem Band
geh. RM. 40.—, in Leinen geb. RM. 43.— in Sperrholz geb. RM. 45.—

und ersucht um sofortige Lieferung nach Erscheinen unter Nachnahme des Betrages

Ort und Datum:

Name und Adresse:

(Gefl. recht deutlich)

FSC
www.fsc.org
MIX
Papier | Fördert
gute Waldnutzung
FSC® C083411

Kolibri 360 GmbH
Ferdinand-Jühlke-Straße 7
99095 Erfurt, Deutschland
produktsicherheit@kolibri360.de